高等职业教育计算机类实例与实训教程系列

网络服务器配置与管理
Windows Server 2008

主　编　李　红　丁晓香

副主编　侯云霞　史国友　何　凤

U0291089

北京邮电大学出版社
·北京·

内 容 简 介

　　《网络服务器配置与管理 Windows Server 2008》全面介绍了使用 Windows Server 2008 基础服务搭建应用服务器的方法,以项目搭建、任务驱动的方式由浅入深地介绍了 Windows Server 2008 的安装与配置、域服务器的创建、文件服务的配置与管理、共享和打印服务的设置、DHCP 服务器的构建与管理、DNS 服务器的构建与管理、Web 服务器的配置与管理、FTP 服务器的构建与管理、邮件服务器的构建与管理、路由和远程访问的配置等操作技术。

　　本书可作为高职高专《网络服务器配置与管理 Windows Server 2008》课程的教材,适合广大初学者学习使用。同时也可作为企业网络管理人员或系统维护人员的参考用书,还可作为高校及各类网络技术培训机构的培训教材。

图书在版编目(CIP)数据

网络服务器配置与管理 Windows Server 2008 / 李红,丁晓香主编. -- 北京 : 北京邮电大学出版社,2013.7
ISBN 978-7-5635-3487-6

Ⅰ. ①网… Ⅱ. ①李… ②丁… Ⅲ. ①Windows 操作系统—网络服务器 Ⅳ. ①TP316.86

中国版本图书馆 CIP 数据核字(2013)第 076288 号

书　　　　名:网络服务器配置与管理 Windows Server 2008
著作责任者:李红　丁晓香　主编
责 任 编 辑:张珊珊
出 版 发 行:北京邮电大学出版社
社　　　　址:北京市海淀区西土城路 10 号(邮编:100876)
发 行 部:电话:010-62282185　传真:010-62283578
E-mail:publish@bupt.edu.cn
经　　　　销:各地新华书店
印　　　　刷:北京联兴华印刷厂
开　　　　本:787 mm×1 092 mm　1/16
印　　　　张:19.5
字　　　　数:484 千字
印　　　　数:1—3 000 册
版　　　　次:2013 年 7 月第 1 版　2013 年 7 月第 1 次印刷

ISBN 978-7-5635-3487-6　　　　　　　　　　　　　　　　　　定　价:39.00 元

前　言

操作系统是计算机的灵魂,在当今信息化技术铺天盖地的时代,掌握并运用操作系统已经成为每个智能设备使用者必备的基础能力之一。Windows Server 操作系统是大家所熟悉的 Microsoft 公司的经典产品,随着其版本的不断推陈出新,Windows Server 2008 版新一代服务器视窗操作系统与先前众多版本相比较而言,融合进去许多新的功能和应用,使这款产品的功能得到了大幅度的提升,管理和使用也变得更加得心应手。

本教材共包含十个项目,全面介绍了使用 Windows Server 2008 基础服务搭建应用服务器的方法,以项目搭建和任务驱动的方式由浅入深地介绍了 Windows Server 2008 的安装与配置、域服务器的创建、文件服务的配置与管理、共享和打印服务的设置、DHCP 服务器的构建与管理、DNS 服务器的构建与管理、Web 服务器的配置与管理、FTP 服务器的构建与管理、邮件服务器的构建与管理、路由和远程访问的配置等操作。通过这十个项目,详细介绍了这款操作系统的实用知识,读者可以通过具体任务的学习,来熟练掌握搭建 Windows Server 2008 基础服务的技术。此外,各项目后面配有一定量的练习题和实训题目,以帮助读者巩固所学的基本技术,提高应用能力。

本教材在整体结构上,重点突出操作系统的配置与管理技能的提升。在各个项目的整体结构上,做到任务分明,但各任务之间又有一定的联系,这为学校或培训机构灵活组织教学内容提供了很好的基础。在内容的剪裁上,避免平铺直叙,尽量做到以动手操作为主,每个项目均图文并茂、步骤严谨、思路清晰,充分体现以技能提升为主要目标的特色,以易学易用为主要编写宗旨。

本书由李红、丁晓香担任主编,侯云霞、史国友、何凤担任副主编。其中项目四、项目五由李红编写,项目八至项目十由丁晓香编写,项目六、项目七由侯云霞编写,项目一、项目三由史国友编写,项目二由何凤编写,全书由李红负责统稿。

由于本书编写时间仓促,书中难免有不妥与疏漏之处,敬请各位读者不吝指正。

编　者

目　录

项目一

安装与配置 Windows Server 2008 系统

项目描述

Windows Server 2008 是微软公司一个最新的服务器操作系统的名称。Windows Server 2008 用于在虚拟化工作负载、支持应用程序和保护网络方面向组织提供最高效的平台。它为开发和可靠地承载 Web 应用程序和服务提供了一个安全、易于管理的平台。从工作组到数据中心，Windows Server 2008 都提供了令人兴奋且很有价值的新功能，对基本操作系统做出了重大改进。

学习目标

➢ 了解 Windows Server 2008 的基本情况
➢ 了解 Windows Server 2008 的几大重点改进
➢ 了解 Windows Server 2008 各版本的区别
➢ 掌握 Windows Server 2008 的安装过程
➢ 掌握 Windows Server 2008 的配置

任务一 Windows Server 2008 系统概述

一、任务描述

某公司需要配置一台服务器，选择系统时，考虑到众多系统版本的优劣性和实用性，最终选择了 Windows Server 2008 系统，以便更好地为企业服务。

二、相关知识

1. Windows Server 2008 的简介

Windows Server 2008 是微软公司一个最新的服务器操作系统的名称，它继承自 Windows Server 2003。Windows Server 2008 在进行开发及测试时的代号为"Windows Server

Longhorn"。

Windows Server 2008 是一套相当于 Windows Vista(代号为 Longhorn)的服务器系统,两者拥有很多相同的功能。Vista 及 Server 2008 与 XP 及 Server 2003 之间存在相似的关系(XP 和 Server 2003 的代号分别为 Whistler 及 Whistler Server)。

Microsoft Windows Server 2008 代表了下一代 Windows Server。使用 Windows Server 继承"Longhorn Server"的 Server 2008,IT 专业人员对其服务器和网络基础结构的控制能力更强,从而可重点关注关键业务需求。Windows Server 2008 通过加强操作系统和保护网络环境提高了安全性。通过加快 IT 系统的部署与维护,使服务器和应用程序的合并与虚拟化更加简单,并提供直观管理工具。Windows Server 2008 还为 IT 专业人员提供了灵活性。Windows Server 2008 为任何组织的服务器和网络基础结构奠定了最好的基础。Windows Server 2008 具有新的增强的基础结构、先进的安全特性和改良后的 Windows 防火墙,支持活动目录用户和组的完全集成。

2. Windows Server 2008 的几大重点改进

(1)更大的灵活性

Windows Server 2008 的设计允许管理员修改其基础结构来适应不断变化的业务需求,同时保持了此操作的灵活性。它允许用户从远程位置(如远程应用程序和终端服务网关)执行程序,这一技术为移动工作人员增强了灵活性。Windows Server 2008 使用 Windows 部署服务(WDS)加速对 IT 系统的部署和维护,使用 Windows Server 虚拟化(WSV)帮助合并服务器。对于需要在分支机构中使用域控制器的组织,Windows Server 2008 提供了一个新配置选项——只读域控制器(RODC),它可以防止在域控制器出现安全问题时暴露用户账户。

(2)更强的控制能力

IT 专业人员使用 Windows Server 2008 能够更好地控制服务器和网络基础结构,从而可以将精力集中在处理关键业务需求上。增强的脚本编写功能和任务自动化功能(例如 Windows Power Shell)可帮助 IT 专业人员自动执行常见的 IT 任务。通过服务器管理器进行的基于角色的安装和管理简化了在企业中管理与保护多个服务器角色的任务。服务器的配置和系统信息是从新的服务器管理器控制台这一集中位置来管理的。IT 人员可以仅安装需要的角色和功能,向导会自动完成许多费时的系统部署任务。增强的系统管理工具(例如,性能和可靠性监视器)提供有关系统的信息,在潜在问题发生之前向 IT 人员发出警告。在 Windows Server 2008 中,所有的电源管理设置已被组策略启用,这样就潜在地节约了成本。控制电源设置通过组策略可以大量节省公司费用。

(3)增强的保护

Windows Server 2008 提供了一系列新的和改进的安全技术,这些技术增强了对操作系统的保护,为企业的运营和发展奠定了坚实的基础。Windows Server 2008 提供了减小内核攻击面的安全创新(例如 PatchGuard),因而使服务器环境更安全、更稳定。通过保护关键服务器服务使之免受文件系统、注册表或网络中异常活动的影响,Windows 服务强化有助于提高系统的安全性。借助网络访问保护(NAP)、只读域控制器(RODC)、公钥基础结构(PKI)增强功能、Windows 服务强化、新的双向 Windows 防火墙和新一代加密支持,Windows Server 2008 操作系统中的安全性也得到了增强。

（4）自修复 NTFS 文件系统

从 DOS 时代开始，文件系统出错就意味着相应的卷必须下线修复，而在 Windows Server 2008 中，一个新的系统服务会在后台默默工作，检测文件系统错误，并且可以在无须关闭服务器的状态下自动将其修复。有了这一新服务，在文件系统发生错误的时候，服务器只会暂时停止无法访问的部分数据，整体运行基本不受影响，所以 CHKDSK 基本就可以退休了。

（5）并行 Session 创建

如果用户有一个终端服务器系统，或者多个用户同时登录了家庭系统，这些就是 Session。在 Windows Server 2008 之前，Session 的创建都是逐一操作的，对于大型系统而言就是个瓶颈。Vista 和 Windows Server 2008 加入了新的 Session 模型，可以同时发起至少 4 个处理器，而如果服务器有 4 个以上的处理器，还可以同时发起更多。

（6）快速关机服务

Windows 的一大历史问题就是关机过程缓慢。在 Windows XP 里，一旦关机开始，系统就会开始一个 20 秒钟的计时，之后提醒用户是否需要手动关闭程序。到了 Windows Server 2008，20 秒钟的倒计时被一种新服务取代，可以在应用程序需要被关闭的时候随时并一直发出信号。开发人员一开始还怀疑这种新方法会不会过多地剥夺应用程序的权利，但现在已经接受了它，认为这是值得的。

3. Windows Server 2008 各版本的区别

Windows Server 2008 有 5 种不同版本，另外还有 3 个不支持 Windows Server Hyper-V 技术的版本，因此共有 8 种版本。以支持各种规模的企业对服务器不断变化的需求。

参阅下述版本摘要，并利用版本比较工具，根据不同的服务器和功能，详细查看各版本间的主要差异。

Windows Server 2008 Standard 是迄今最稳固的 Windows Server 作业系统，其内建的强化 Web 和虚拟化功能，是专为增加服务器基础架构的可靠性和弹性而设计，但亦可节省时间及降低成本。其利用功能强大的工具，可拥有更佳的服务器控制能力，并简化设定和管理工作，而增强的安全性功能则可强化作业系统，以协助保护资料和网络，并可为企业提供扎实且可信赖的网络服务基础。

Windows Server 2008 Enterprise 可提供企业级的平台，部署具有业务关键性的应用程序。其所具备的丛集和热新增（Hot-Add）处理器功能，可协助改善可用性，而整合的身份识别管理功能，可协助改善安全性，利用虚拟化授权权限整合应用程序，则可减少基础架构的成本，因此 Windows Server 2008 Enterprise 能为高度动态、可扩充的 IT 基础架构提供良好的基础。

Windows Server 2008 Datacenter 所提供的企业级平台，可在小型和大型服务器上部署具有业务关键性的应用程序及大规模的虚拟化。其所具备的丛集和动态硬件分割功能,可改善可用性,而利用无限制的虚拟化授权权限整合而成的应用程序,则可减少基础架构的成本,此外,此版本亦可支持 2~64 个处理器,因此 Windows Server 2008 Datacenter 能够提供良好的基础,用以建置企业级虚拟化以及扩充解决方案。

Windows Web Server 2008 是特别为单一用途的 Web 服务器而设计的系统,而且是建立在下一代 Windows Server 2008 中,坚若磐石的 Web 基础架构功能的基础上,其亦整合了重新设计架构的 IIS 7.0、ASP. NET 和 Microsoft . NET Framework,以便提供任何企业快速部署网页、网站、Web 应用程序和 Web 服务。

Windows Server 2008 for Itanium-Based Systems 已针对大型资料库、各种企业和自定应用程序进行最佳化,可提供高可用性和多达 64 个处理器的可扩充性,能符合高要求且具关键性的解决方案之需求。

![Windows HPC Server 2008]

Windows HPC Server 2008 具备的下一代高效能运算(HPC)特性,可给高生产力的 HPC 环境提供企业级的工具,由于其建立于 Windows Server 2008 及 64 位元技术上,因此可有效地扩充至数以千计的处理核心,并可提供管理主控台,协助用户主动监督和维护系统健康状况及稳定性。其所具备的工作排程之兼容性和弹性,可让 Windows 和 Linux 的 HPC 平台间进行整合,亦可支持批次作业以及服务导向架构(SOA)工作负载,而增强的生产力、可扩充的效能以及使用容易等特色,则可使 Windows HPC Server 2008 成为同级中最佳的 Windows 环境。

任务二　安装 Windows Server 2008 系统

一、任务描述

某公司选择了 Windows Server 2008 系统作为公司的服务器系统,Windows Server 2008 系统对硬件有一定要求,安装上有一定技术难度,所以安装前的准备工作必不可少。Windows Server 2008 系统不止一种安装方式,这里选择全新安装。

二、相关知识

1. 安装前的准备

安装 Windows Server 2008 之前,应该了解一下计算机系统应具备的基本条件。按照微软公司官方的建议配置,Windows Server 2008 系统的硬件需求主要有如表 1-1 所示的要求。

表 1-1　Windows Server 2008 系统的硬件需求

硬　件	需　求
处理器	最低：1 GHz(x86 处理器)或 1.4 GHz(x64 处理器) 建议：2 GHz 或以上
内　存	最低：512 MB RAM　　建议：2 GB RAM 或以上 最佳：(完整安装)2 GB RAM 或以上 (服务器核心 Server Core 安装) 1 GB RAM 或以上 最大：(32 位系统)4 GB(标准版)或 64 GB(企业版或数据中心版)(64 位系统)32 GB(标准版)或 2 TB (企业版、数据中心版及安腾版)
可用磁 盘空间	最低：10 GB 建议：40 GB 或以上
光　驱	DVD-ROM 光驱
显示器	支持 Super VGA(800×600)或更高解析度的屏幕
其　他	键盘及 Microsoft 鼠标或兼容的指向装置

为了确保 Windows Server 2008 顺利安装,建议做好以下准备工作。

- 检查应用程序的兼容性:如果要将现有网络操作系统升级到 Windows Server 2008,请先检查现有应用程序的兼容性,以确保升级后这些应用程序仍然可以正常运行。可以通过 Microsoft Application Compatibility Toolkit 来检查应用程序兼容性。
- 拔掉 UPS 连接线:如果 UPS(不间断电源供应系统)与计算机之间通过串线电缆(Serial Cable)串接,请拔掉这条线,因为安装程序会通过串线端口(Serial Port)来监测所连接的设备,这可能会让 UPS 接收到自动关闭的错误命令,因而导致计算机断电。
- 备份数据:安装过程中可能会删除硬盘中的数据,或者可能由于操作不慎造成数据破坏,因此请先备份计算机中的重要数据。
- 停止使用杀毒软件:因为杀毒软件可能会干扰 Windows Server 2008 的安装,例如它可能会因为扫描每一个文件,而让安装速度变得很慢。
- 运行 Windows 内存诊断工具:此程序可以测试计算机内存(RAM)是否正常,内存故障是计算机故障中最常见的故障,在安装过程出现问题的时候有必要检查一下计算机内存是否正常。
- 准备好大容量存储设备的驱动程序:如果服务器设置厂商提供其他驱动程序文件,请将文件放到软盘、CD、DVD 或 U 盘等媒质的根目录内,或将它们存储到 amd64 文件夹(针对 x64 计算机)、i386 文件夹(针对 32 位计算机)或 ia64 文件夹(针对 Itanium 计算机)内,然后在安装过程中选择这些驱动程序。
- 注意 Windows 防火墙的干扰:Windows Server 2008 的 Windows 防火墙默认是启用的,因此如果有应用程序需要接收接入连接(Incoming Connection)的话,这些连接会被防火墙阻挡。因此,可能需要在安装完成后,暂时将防火墙关闭并在防火墙设置中打开该应用程序所使用的连接端口。

2. 安装 Windows Server 2008 的四种方式

(1) 全新安装:将操作系统所在的分区(如 C 盘)格式化后进行全新安装。这种方法可以解决一切 Windows 本身和应用软件的问题(但不包括潜在的硬件冲突问题),以前存在的各种错误将不复存在,用户将获得一个全新的系统环境。但是一切都需要从头开始——安装各种软件和硬件驱动。如果 C 盘保存有用户的重要文件,那么事先还需要做好备份工作。

(2) 升级/覆盖安装:在原有操作系统的基础上进行升级/覆盖安装,可以是同版本 Windows 的安装,也可以是高版本的升级安装。这种安装的好处就是原来操作系统上的所有程序、个人资料、配置信息都可以完整地保留下来,这样既可以在一定程度上修复 Windows 系统的种种错误,又不会破坏已经安装的应用软件,也不需重新安装硬件的驱动程序,这是一种比较简单、安全的方法。但事实上,采取升级/覆盖安装 Windows 的方法往往无法彻底修复系统错误,不能保证彻底解决所有问题。

(3) 自动安装:以上方式都需要人工干预,如果能让电脑自动安装该多好啊。其实微软早就为用户想好了,只要一个小小的程序就可以实现自动安装。用户可以事先准备好需要填入的各种信息,生成一个应答程序,让安装程序自动填写,省时省力。

(4) 系统克隆:如果嫌安装缓慢麻烦,系统克隆安装一定是用户的最佳选择。这种方法需要借助第三方软件(如 norton ghost),将已经安装好的系统做成镜像保存好后,需要时只用几分钟就可以恢复。不过用系统克隆的方法,被克隆分区上的所有资料都会丢失,需要先做硬盘数据的备份。

3. 全新安装 Windows Server 2008 系统的过程

在进行 Windows Server 2008 全新安装的时候,在完成安装前的准备工作之后,将 Windows Server 2008 系统光盘放入 DVD 光驱中,重新启动计算机,由光驱引导系统,可以参照以下步骤完成安装操作。

(1) 当系统通过 Windows Server 2008 DVD 光盘引导之后,将出现如图 1-1 所示的 Windows 系统安装的加载界面。

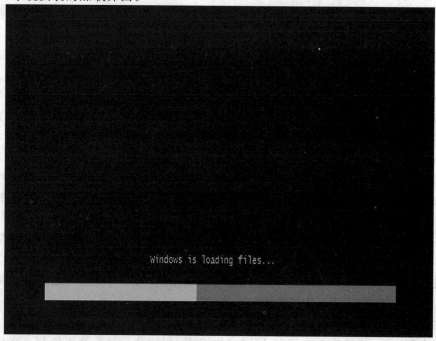

图 1-1　Windows 预加载界面

（2）预加载完成后进入如图 1-2 所示的窗口，需要选择安装的语言、时间格式和键盘类型等设置，一般情况下都直接采用系统默认的中文设置即可，单击"下一步"按钮继续操作。

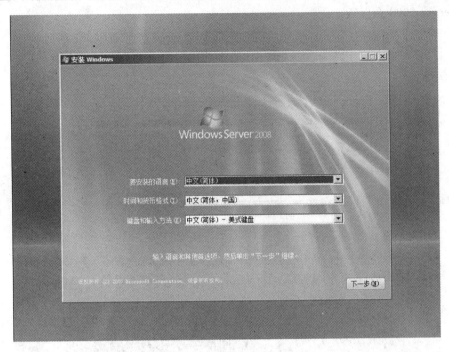

图 1-2 设置语言格式

（3）在如图 1-3 所示的窗口中单击"现在安装"按钮开始 Windows Server 2008 系统的安装操作。

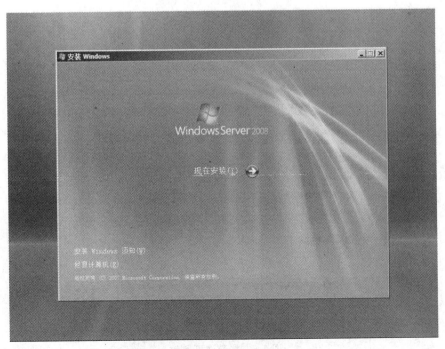

图 1-3 单击"现在安装"按钮

（4）在如图 1-4 所示的窗口选择需要安装的 Windows Server 2008 的版本，例如在此选择"Windows Server 2008 Enterprise（完全安装）"一项，单击"下一步"按钮，开始安装 Windows Server 2008 企业版。

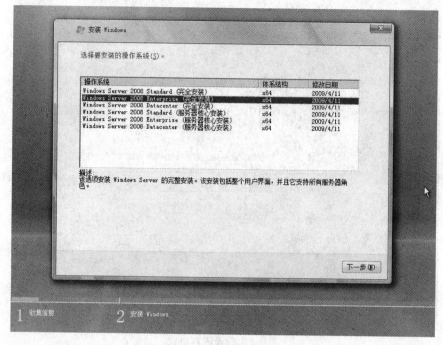

图 1-4　选择安装版本

（5）在如图 1-5 所示的许可协议对话框中提供了 Windows Server 2008 的许可条款，勾选左下部"我接受许可条款"复选框之后，单击"下一步"按钮继续安装。

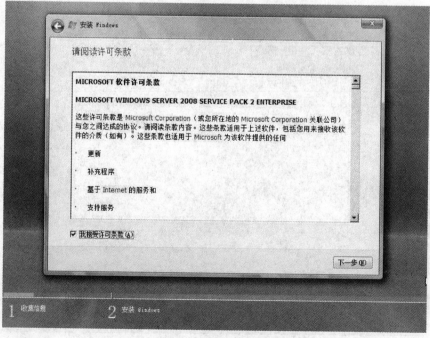

图 1-5　接受许可条款

（6）由于是全新安装 Windows Server 2008，因此在如图 1-6 所示的窗口中直接单击“自定义”选项就可以继续安装操作。此时“升级”选项是不可选的，因为计算机内必须有以前版本的 Windows Server 2003 系统才可以升级安装。

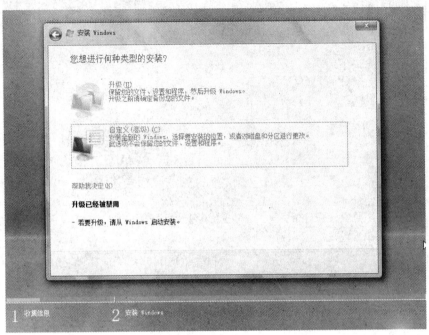

图 1-6　全新安装 Windows Sever 2008

（7）在安装过程中需要选取安装系统文件的磁盘或分区，此时从列表中选取拥有足够大小且为 NTFS 结构的分区即可。

（8）Windows Server 2008 系统开始安装操作，此时经历复制 Windows 文件和展开文件两个步骤。

（9）在复制和展开系统安装所必需的文件完毕之后，计算机会自动重新启动。在重新启动计算机之后，Windows Server 2008 安装程序会自动继续，并且依次完成安装功能、安装更新等步骤。

（10）完成安装后，计算机将会自动重启 Windows Server 2008 系统，并会自动以系统管理员用户 Administrator 登录系统，但从安全角度考虑，第一次启动会出现如图 1-7 所示的界面，要求更改系统管理员密码，单击“确定”按钮继续操作。

（11）在如图 1-8 所示的界面中，分别在密码输入框中输入两次完全一样的密码，完成之后单击“→”按钮确认密码。

登录成功后将先显示如图 1-9 所示的“初始配置任务”窗口，通过此窗口用户可以根据需要对系统进行配置。关闭“初始化配置”窗口后，接着还会出现如图 1-10 所示的“服务器管理器”窗口，此窗口关闭后将显示 Windows Server 2008 的桌面。

通过以上的 Windows Server 2008 安装操作步骤可以发现，Windows Server 2008 和以前版本的 Windows 服务器操作系统安装过程区别并不是很大，但是在安装时间上，Windows Server 2008 的系统安装比以前版本要快很多，过程也简单许多，通常 20 分钟之内就可以完成系统的安装。

图 1-7 首次登录必须修改密码

图 1-8 设置用户密码

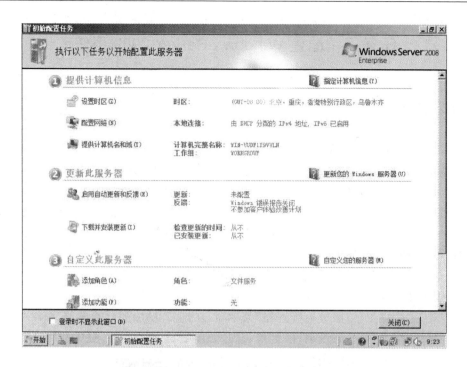

图 1-9 "初始配置任务"窗口

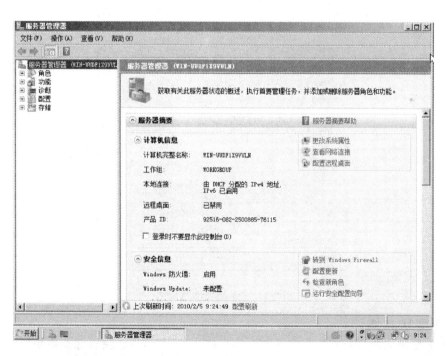

图 1-10 "服务器管理器"窗口

任务三　配置 Windows Server 2008 系统

一、任务描述

某公司的 Windows Server 2008 服务器系统已经安装完毕。安装 Windows Server 2008 与 Windows Server 2003 最大的区别是,在安装过程中无须设置计算机名、网络连接等信息,所需时间也大大减少。不过,在安装完成后,就应该设置计算机名、IP 地址、配置 Windows 防火墙和自动更新等。这些均可在"初始配置任务"或"服务器管理器"中完成。

二、相关知识

1. 设置计算机名

单击"开始|管理工具|服务器管理器"菜单项,在打开的"服务器管理器"窗口中的"计算机信息"区域中,单击"更改系统属性"链接,打开如图 1-11 所示的"系统属性"对话框。

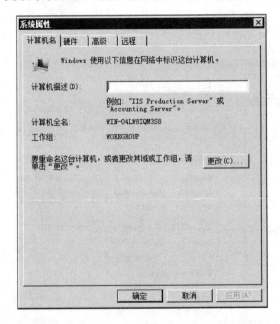

图 1-11　"系统属性"对话框

2. 更改 IP 地址

(1)右键单击桌面状态栏托盘区域中的网络连接图标,选择快捷键菜单中的"网络和共享中心"命令,打开"网络和共享中心"窗口。

(2)在左侧"任务"列表中单击"管理网络链接"项,打开"网络连接"窗口,在该窗口中双击"本地连接"图标,打开"本地连接属性"对话框。

(3)在如图 1-12 所示的对话框中,可以配置 IPv4、IPv6 等协议。

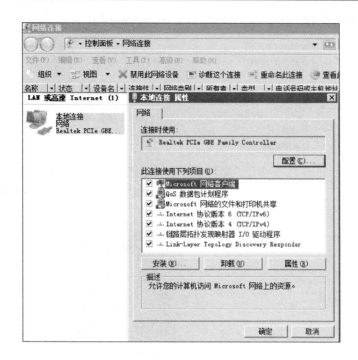

图 1-12　"本地连接属性"对话框

3. Windows 防火墙的设置

单击"开始|控制面板|Windows 防火墙"命令,打开"Windows 防火墙"窗口。在该窗口中可以看出,Windows 防火墙已经启用。可以通过"更改设置"来对防火墙进行配置和修改,如图 1-13 所示。

4. 自动更新配置

单击"开始|控制面板|Windows Update"命令,或者在"服务器管理器"窗口的"安全信息"区域中单击"配置更新"链接,打开如图 1-14 所示的"Windows Update"窗口。在 Windows Server 2008 安装完成后,系统默认没有启用自动更新功能。

如果网络中配置有 WSUS(Windows Server Update Services)服务器,那么 Windows Server 2008 就可以从 WSUS 服务器上下载更新,而不必连接微软公司的更新服务器,这样可以节省企业的 Internet 带宽资源。要配置 WSUS 服务,应该打开"开始"菜单,在"所有程序"文本框中输入"gpedit.msc"命令,如图 1-15 所示。单击"确定"按钮后打开"本地组策略编辑器"窗口,如图 1-16 所示。

依次展开"计算机配置|管理模板|Windows 组件"选项,双击"配置自动更新"选项,打开如图 1-17 所示的"配置自动更新"属性窗口。

选择"已启用"选项,并在"配置自动更新"下拉列表框中选择下载更新的方式。单击"确定"按钮保存配置。

打开如图 1-18 所示的"更新位置"对话框,在该对话框中选择"已启用"单选框,并在"设置检测更新的 Intranet 更新服务"和"设置 Intranet 统计服务器"文本框中输入 WSUS 服务器的地址,输入为:http://update.scnu.edu.cn,这是 Windows 更新服务器的地址。

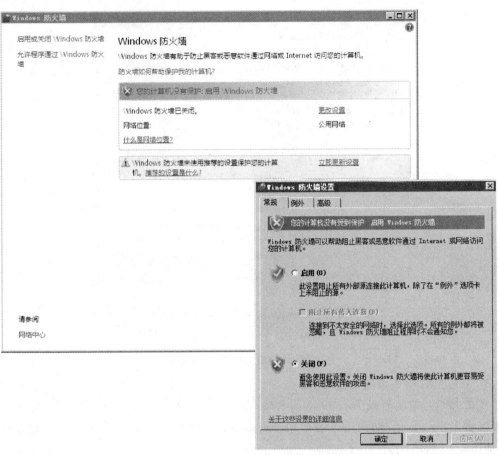

图 1-13　设置 Windows 防火墙

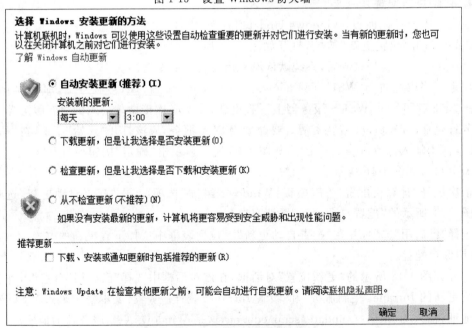

图 1-14　"Windows Update"窗口

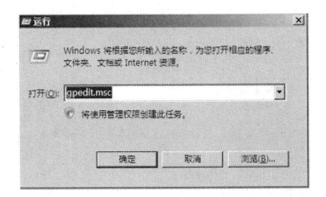

图 1-15 运行 gpedit.msc 程序

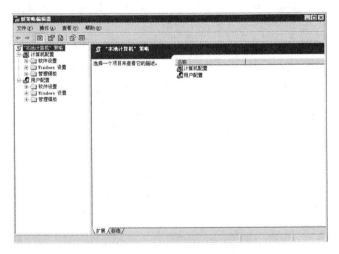

图 1-16 本地组策略编辑器

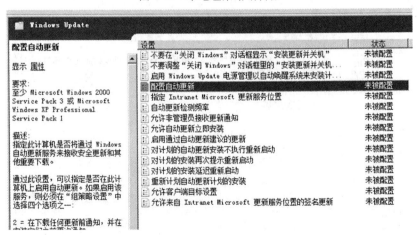

图 1-17 Windows Update 配置窗口

5. 服务器管理器

（1）添加服务器角色

在 Windows Server 2008 系统中，采用"服务器管理器"工具代替了 Windows Server 2003 中的"管理您的服务器"，而且对于早期 Windows 版本中的"添加/删除 Windows 组件"和"配置

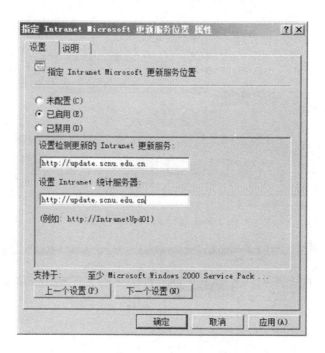

图 1-18 "更新位置"对话框

您的服务器向导"等操作,在 Windows Server 2008 中都可以在"服务器管理器"中完成。

在 Windows Server 2008 中,默认没有安装任何网络服务器组件,只提供了一个用户登录的独立网络服务器,所有的角色都可以通过"服务器管理器"添加并操作。如图 1-19 所示,单击角色选项卡中的"增加角色"。

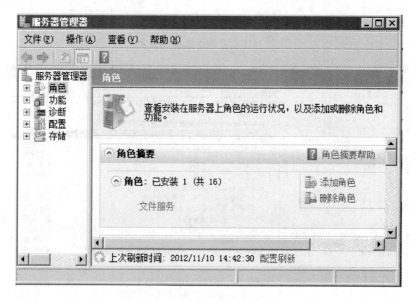

图 1-19 服务器管理器

单击"添加角色"选项以后弹出"添加角色向导"选项卡,默认显示"开始之前"页面,这里介绍了注意事项,浏览完这些注意事项以后单击"下一步"按钮。如图 1-20 所示。

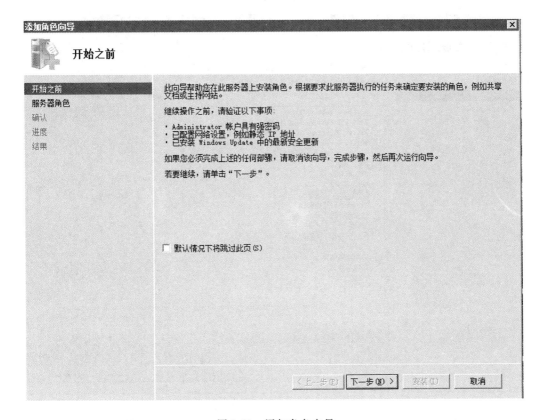

图 1-20 添加角色向导

在打开的"选择服务器角色"页面中选择要安装的服务,单击"下一步"按钮。如图 1-21 所示。

选择完要安装的角色以后,单击"下一步"按钮跳转到服务器角色信息介绍页面,阅读完介绍以后单击"下一步"按钮进入到服务器角色服务详细安装页面。如图 1-22 所示。

在"选择为 Web 服务器(IIS)安装的角色服务"选项卡中选择要安装的内容,然后单击"下一步"按钮进行安装确认,确认完成以后系统将自动完成服务器角色的安装。如图 1-23 所示。

(2) 删除服务器角色

服务器角色的模块化管理是 Windows Server 2008 的一个突出特点。在组件(角色)安装完成后,用户也可以根据自己的需要再添加或删除某些角色服务中的组件。服务器角色的删除同样可以在"服务器管理器"窗口中完成,不过建议删除角色之前先确认是否有其他网络服务或 Windows 功能需要调用当前服务。如图 1-24 所示。

(3) 添加功能

除了服务器角色以外,Windows Server 2008 操作系统还内置了很多功能,如备份功能、Telnet 服务器和客户端功能、PowerShell 功能等。有些功能可以单独安装,也有些会在安装其他服务器时同时安装,用户可根据自己的需要进行选择。

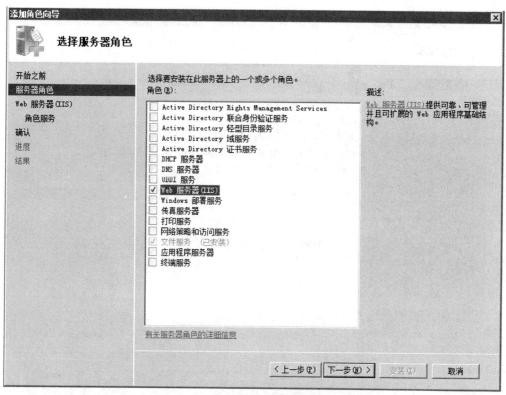

图 1-21　选择要安装的服务器角色

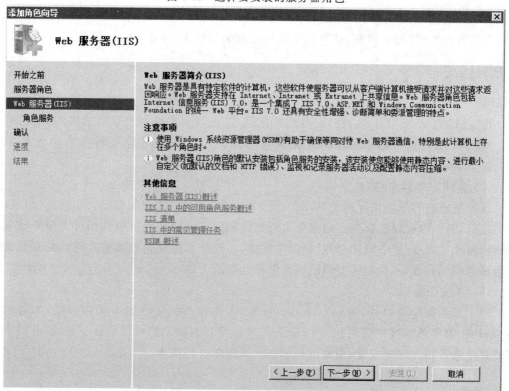

图 1-22　服务器角色信息介绍

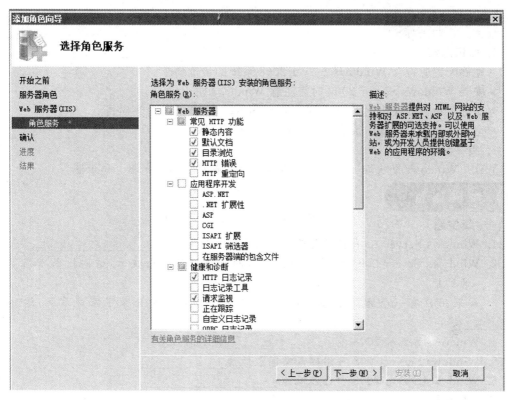

图 1-23　服务器角色详细信息安装

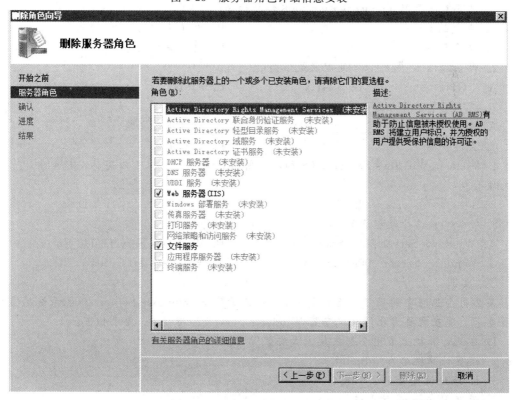

图 1-24　选择要删除的服务器角色

📁 **单 元 总 结**

1. 知识总结

➢ 硬件配置应符合 Windows Server 2008 系统的最低要求。

➢ 安装 Windows Server 2008 时需注意 Windows 防火墙的干扰。

➢ 服务器角色的模块化管理是 Windows Server 2008 的一个突出特点。

➢ 全新安装前要将操作系统所在的分区(如 C 盘)格式化。

2. 相关名词

Web　Windows 防火墙　处理器　内存　可用磁盘空间　光驱　显示器

✏️ **知 识 测 试**

一、填空题

1. Windows Server 2008 在进行开发及测试时的代号为"＿＿＿＿＿＿＿＿＿＿＿＿"。

2. Windows Server 2008 提供了一系列新的和改进的安全技术,这些技术增强了对＿＿＿＿＿＿＿的保护。

3. 如果用户有一个终端服务器系统,或者多个用户同时登录了家庭系统,这些就是＿＿＿＿＿＿＿。

4. Windows Server 2008 有＿＿＿＿＿＿＿＿＿种不同版本。

5. Windows Server 2008 可用磁盘空间最低为＿＿＿＿＿＿＿＿＿。

6. Windows Server 2008 内存最低为＿＿＿＿＿＿＿＿＿＿＿。

二、选择题

1. 以下不属于 Windows Server 2008 特性的是(　　　)。

A. 更大的灵活性　　　　　　　　　　B. 更强的控制能力

C. 自修复 NTFS 文件系统　　　　　　D. 自动关机服务

2. Windows Server 2008 处理器最低为(　　　)。

A. 1 GHz　　　　　　B. 2 GHz　　　　　　C. 3 GHz　　　　　　D. 4 GHz

3. 以下不属于 Windows Server 2008 安装方式的是(　　　)。

A. 全新安装　　　　　　　　　　　　B. 升级覆盖安装

C. 克隆安装　　　　　　　　　　　　D. 远程安装

4. Vista 和 Windows Server 2008 加入了新的 Session 模型,可以同时发起至少(　　　)个处理器。

A. 1　　　　　　　　B. 2　　　　　　　　C. 3　　　　　　　　D. 4

5. (　　　)是迄今最稳固的 Windows Server 作业系统。

A. Windows Server 2008 Standard　　　B. Windows Server 2008 Enterprise

C. Windows Server 2008 Datacenter　　D. Windows HPC Server 2008

三、实训

某公司企业网中购买了一台计算机,硬件配置符合 Windows Server 2008 系统的最低配置要求。现在需要为此计算机安装 Windows Server 2008 系统,要求如下:

1. 在此计算机上采用全新安装方式安装 Windows Server 2008 系统。

2. 设置计算机名为"admin"。

3. IP 地址设置为 192.168.0.100。

4. 设置 Windows 防火墙。

项目二

Windows Server 2008 系统的 AD DS 域服务

💬 项目描述

　　某公司安装一台 Windows Server 2008 系统的服务器,AD DS 域服务是 Windows Server 2008 的核心服务,主要提供用户身份验证、检索、组织结构规划、部署企业策略等基础服务。了解 AD DS 域服务的基本概述是学习本章的基础。为了更好地应用 Windows Server 2008 系统,技术人员需要为此系统安装 AD DS 域服务。

🔍 学习目标

➢ 了解 AD DS 域服务的基本概述
➢ 了解 AD DS 服务安装前的准备
➢ 掌握 AD DS 服务的安装和配置
➢ 掌握部署额外域控制器
➢ 掌握创建子域
➢ 掌握部署只读域控制器

任务一　AD DS 域服务概述

一、任务描述

　　某公司安装一台 Windows Server 2008 系统的服务器,技术人员需要对此系统安装 AD DS 域服务,在正式安装前对 AD DS 域服务进行了系统的了解。

二、相关知识

1. AD DS 服务简介

　　AD DS 负责目录数据库(Directory Database)的存储、添加、删除、修改、查询等工作。它是 Active Directory Domain Service 的简写。

AD DS 提供分布式数据库,该数据库存储和管理有关网络资源和来自支持目录的应用程序的特定数据的信息。管理员可以使用 AD DS 将网络元素(如用户、计算机和其他设备)整理到层次内嵌结构。内嵌层次结构包括 Active Directory 林、林中的域以及每个域中的组织单位(OU)。运行 AD DS 的服务器称为域控制器。

使用 Active Directory(R) 域服务(AD DS)服务器角色,可以创建用于用户和资源管理的可伸缩、安全及可管理的基础机构,并可以提供对启用目录应用程序(如 Microsoft Exchange Server)的支持。

2. AD DS 服务新特性

在 Windows Server 2008 中所包含的改进将帮助用户更简单、更安全地部署 AD DS。比如,AD DS 包含一种称为只读域控制器(Read-only Domain Controller,RODC)的新的域控制器类型。一台 RODC 包含了活动目录数据库的只读部分。RODC 为用户在以下的场景中部署域控制器提供了一种途径:比如在分支机构中域控制器的物理安全无法得到保证,或者是在外延网(extranets)中本地存储的所有域密码被认为是主要威胁。因为可以委派一位域用户或者安全组进行 RODC 的管理,RODC 非常适合不应当有域管理员组成员的站点。

在 Windows Server 2008 中的 AD DS 也包含了对 AD DS 安装向导的升级以及 MMC AD DS 插件功能的更新,因此管理员可以更有效地管理用户及资源。

有了快照查看(Snapshot Viewer)的特性,就可以在线查看存储在快照中的活动目录数据。尽管不能使用本特性来还原已删除的对象和容器,在不重启域控制器的情况下,可以使用它来比较不同时间点的快照以确定用哪份数据进行恢复。

在 Windows Server 2008 中,能够建立 AD DS 审核,通过使用新的审核策略的子类(目录服务变化)来记录新旧属性值(当活动目录对象及它们的属性发生变化时)。

审核策略的变化也同样可以应用到活动目录轻量目录服务(Active Directory Lightweight Directory Services,AD LDS)。

全局审核策略审核对目录服务的访问控制,针对目录服务事件的审核无论是被启用或被禁用。这个安全设定决定了当确定的操作被应用到目录对象时,事件将被记录到安全日志中。

Windows Server 2008 增加了 AD DS 审核策略对某一属性新老值的记录。当一个成功的属性变化时间发生时,先前 AD DS 的审核策略只记录发生变化的属性名称,而不记录以前及现在的属性值。

在 Windows Server 2000 和 Windows Server 2003 中只有一种审核策略(目录服务访问审核),用来控制审核目录服务事件是被启用或者禁用。在 Windows Server 2008,本策略被划分成四个子类:

(1)目录服务访问(Directory Service Access);

(2)目录服务变化(Directory Service Changes);

(3)目录服务复制(Directory Service Replication);

(4)详细的目录服务复制(Detailed Directory Service Replication)。

正因为有新的审核子类(目录服务变化),AD DS 对象属性的变化才能被审核。能够审核的变化类型有创建、修改、移动以及反删除。这些事件将被记录在安全日志中。

在 AD DS 中新的审核策略子类(目录服务变化)增加了以下功能。

(1) 当对象的属性修改成功时,AD DS 会记录先前的属性值以及现在的属性值。如果属性含有一个以上的值时,只有作为修改操作结果变化的值才会被记录。

(2) 如果新的对像被创建,属性被赋予的时间将会被记录,属性值也会被记录,在多数情景中,AD DS 分配默认属性给诸如 sAMAccountName 等系统属性,这些系统属性值将不被记录。

(3) 如果一个对象被移动到同一个域中,那么先前的以及新的位置(以 distinguished name[比如 cn=anna,ou=test,dc=contoso,dc=com]形式)将被记录。当对象被移动到不同域时,一个创建事件将会在目标域的域控制器上生成。

(4) 如果一个对象被反删除,那么这个对象被移动到的位置将会被记录。另外,如果在反删除操作中属性被增加、修改或者删除,那么这些属性的值也会被记录。

注意:如果一个对象被删除,将不产生任何审核事件。然而,如果启用了 Directory Service Access 审核子类,那么审核事件将被创建。

当 Directory Service Changes 启用以后,AD DS 会在安全日志中记录事件当对象属性的变化满足管理员指定的审核条件。如表 2-1 所示。

表 2-1 安全日志事件

事件号	事件类型	事件描述
5136	修改	这个事件产生于成功的修改目录对象属性
5137	创建	这个事件产生于新的目录对象被创建
5138	反删除	这个事件产生于目录对象被反删除时
5139	移动	这个事件产生于对象在同一域内移动时

建立审核策略的步骤如下。

步骤一:启用审核策略。

本步骤包含了使用图形界面及命令行来启用审核。

默认情况下组策略管理并没有安装,用户可以通过服务器管理里的添加部件(Add Features)进行安装。通过使用命令行工具 Auditpol,用户能启用独立的子项目。

通过图形界面启用全局审核策略的步骤如下。

(1) 单击"开始"按钮,指向"管理工具",再指向"组策略管理"。

(2) 在控制台树,双击"林名称",双击"域",双击"域名称",双击"域控制器",右键单击"默认域控制器策略",然后单击"编辑"。

(3) 在计算机配置下,双击"Windows 设置",双击"安全设置",双击"本地策略",再双击"审核策略"。

(4) 在审核策略中,右键单击"审核目录服务访问",然后单击"属性"。

(5) 选择定义这些这些策略的复选框。

(6) 选择"成功"复选框,单击"确定"按钮。

使用命令行工具 Auditpol 启用审核策略的步骤如下。

(1) 单击"开始"按钮,右键单击"命令提示符",再单击"以管理员运行"。

(2) 输入以下命令并回车:

【auditpol /set /subcategory："directory service changes" /success：enable】

步骤二：在对象 SACL 列表中创建审核策略。

（1）单击"开始"按钮，指向"管理工具"，再单击"活动目录用户与计算机"。

（2）右键单击想启用审核组织单位（OU）或者其他对象，再单击"属性"。

（3）单击"安全"选项卡，单击"高级"按钮，再单击"审核选项卡"。

（4）单击"添加"，在"输入对象名称进行选择"对话框中，输入"Authenticated Users"（或者其他安全主体），然后单击"确定"按钮。

（5）在"应用到"下拉框中选择"子用户对象"（Descendant User objects）或者其他对象。

（6）在"访问"中勾选"写入所有属性"的成功复选框。

（7）单击"确定"按钮，直到对象的属性页完全关闭。

Windows Server 2008 为组织提供了一种方法，使得组织能在某一域中针对不同的用户集来定义不同的密码和账号锁定策略。在 Windows Server 2000 及 Windows Server 2003 的活动目录域中，只有一种密码和账户锁定策略能被应用到域中的所有用户。这些策略被定义在默认的域策略中。因此，希望针对不同的用户集采取不同的密码及账户锁定，组织不得不建立密码策略筛选器或者部署多个域。这些选择会因为不同的原因而造成高昂的代价。

3．服务器类型介绍

（1）独立服务器

独立服务器指的是服务器在局域网中所担任的一种职能。服务器只向网络内的计算机提供单一的服务，不负责网络内计算机的管理职能。

在通常情况下，独立服务器在客户机-服务器网的地位高于普通客户机，低于域控制器。但是，在对等网中也可以存在独立的服务器，它的职责仅限于为网络中的计算机提供服务而不负担对等网的管理。

（2）域控制器

"域"的真正含义指的是服务器控制网络上的计算机能否加入的计算机组合。一提到组合，势必需要严格的控制。所以实行严格的管理对网络安全是非常必要的。在对等网模式下，任何一台计算机只要接入网络，其他机器都可以访问共享资源，如共享上网等。尽管对等网络上的共享文件可以加访问密码，但是非常容易被破解。在由 Windows 9x 构成的对等网中，数据的传输是非常不安全的。

不过在"域"模式下，至少有一台服务器负责每一台联入网络的计算机和用户的验证工作，相当于一个单位的门卫一样，称为"域控制器（Domain Controller，DC）"。

域控制器中包含了由这个域的账户、密码、属于这个域的计算机等信息构成的数据库。当计算机连入网络时，域控制器首先要鉴别这台计算机是否属于这个域，用户使用的登录账号是否存在、密码是否正确。如果以上信息有一样不正确，那么域控制器就会拒绝这个用户从这台计算机登录。不能登录，用户就不能访问服务器上有权限保护的资源，只能以对等网用户的方式访问 Windows 共享出来的资源，这样就在一定程度上保护了网络上的资源。

要把一台计算机加入域，仅仅使它和服务器在网上邻居中能够相互"看"到是远远不够的，必须要由网络管理员进行相应的设置，把这台计算机加入到域中。这样才能实现文件的共享。

（3）成员服务器

在部署服务器的时候，第一台服务器包括基本所有的功能，当一台服务器不能满足所有的要求时可以添加的其他只提供部分服务（如应用程序或者数据服务）的服务器即称之为成员服务器。

成员服务器与独立服务器的区别是：成员服务器是域中的服务器，独立服务器不是域中的服务器。

4. Active Directory 组成结构

Active Directory 的组成结构包括以下部分。

- 对象命名规则（包括安全主管名称、SID、与 LDAP 相关的名称、对象 GUID 以及登录名）。
- 对象发布。
- 域（包括目录树、目录林、信任以及部门）。
- 站点（包括复制）。
- 如何将委派和组策略应用于 OU、域和站点。

（1）对象命名规则

Active Directory 对象是组成网络的实体。对象是代表用户、打印机或应用程序等一些具体事物的一组不同的、已命名的属性集。当创建一个 Active Directory 对象时，Active Directory 会生成一些对象属性的值，其属性值则由管理员提供。例如，当创建用户对象时，Active Directory 会指定全球唯一标识符（GUID），而用户则提供其他一些属性（如用户的姓、名、登录标识符等）的值。

Active Directory 支持对象名称的几种不同格式，用以适应名称可能会采用的不同形式；采用何种形式取决于名称的使用环境（有些名称是数字形式）。下面将说明 Active Directory 对象命名规则的这些类型。

1）安全主管名称。

2）安全标识符（又称为安全 ID 或 SID）。

3）与 LDAP 相关的名称（包括 DN、RDN、URL 以及规范名称）。

4）对象 GUID。

5）登录名（包括 UPN 和 SAM 账户名）。

如果单位有几个域，有可能会在不同域中使用相同的用户名或计算机名。由 Active Directory 生成的安全 ID、GUID、LDAP 可分辨的名称以及规范名称都可唯一地标识目录中的每个用户或计算机。如果用户或计算机对象被重新命名或移至另一个域，虽然安全 ID、LDAP 相对可分辨的名称、可分辨名称和规范名称会发生变化，但由 Active Directory 生成的 GUID 却并未改变。

（2）对象发布

"发布"是在目录中创建特定对象的过程，这种对象或者包含用户希望使之生效的信息，或者对此类信息提供一个引用。例如，用户对象包括关于用户的有用信息，比如电话号码和电子邮件地址，而卷对象包括对共享文件系统卷的一个引用。

（3）域：目录树、目录林、信任和部门

Active Directory 由一个或多个域组成。在网络中创建初始域控制器的同时也就创建了域，用户不可能创建没有一个域控制器的域。目录中的每个域都按 DNS 域名标识。使用 Active Directory 域和信任工具管理域。

在 Windows Server 2008 操作系统中,"目录树"是具有连续名称的一个或多个域的集合。如果存在多个域,则可将这多个域合并为分层的树结构。在目录林中有不止一个树的原因可能是,单位的某一分支机构有自己的注册 DNS 名称,并运行自己的 DNS 服务器。

所创建的第一个域是第一个树的根域。同一域树中的其他域是子域。同一域树中,与一个域紧密相连的上面的域是该域的父域。

有同一根域的所有域组成了一个"连续名称空间"。在连续名称空间中(即在一个树中)的域有连续的 DNS 域名,这些名称以下列方式形成:子域的域名显示在左边,与其右侧的父域名用英文句号分隔开。当有两个以上的域时,每个域的父域都在其域名的右侧。

Active Directory 目录林是一个"分布式数据库",它是由跨多台计算机的许多局部数据库组成的数据库。对数据库进行的分布过程通过将数据定位到最常用的地方来提高网络效率。目录林的数据库分区按域来定义,即一个目录林由一个或多个域组成。

除域数据库外,目录林的所有域控制器还保管目录林配置和架构容器的一个副本。域数据库是目录林数据库的一部分。每个域数据库都包含目录对象,如安全主管对象(用户、计算机和组),用户可授予或剥夺这些对象对网络资源的访问权。

一个目录林比较容易进行创建和维护,且在通常情况下完全能够满足组织的需要。既然只有一个目录林,用户就不必过多注意目录结构,因为所有用户都通过全局编录来查看一个目录。在该目录林中添加新域时,无须进行额外的信任配置,因为目录林中的所有域都是用双向可传递的信任关系来连接的。在有多个域的目录林中,配置更改只需应用一次,即可影响所有域。

所有 Windows Server 2008 域(位于一个目录林的所有域目录树中)都具有以下特征。

1) 在每个目录树的域之间都有可传递的信任关系。

2) 在目录林的域目录树之间有可传递的信任关系。

3) 共享公共的配置信息。

4) 共享公共架构。

5) 共享公共全局编录。

"信任关系"是建立在两个域之间的关系,它使一个域中的域控制器能够识别另一个域内的用户。信任允许用户访问另一个域中的资源;还允许管理员管理用户在其他域中的权限。对于运行 Windows Server 2008 的计算机,域之间的账户身份验证由双向的、可传递的信任关系启动。

部门(又称 OU)是 Windows 2008 操作系统的新内容,它是一种目录对象,可在其中放置用户、组、计算机、打印机、共享文件夹以及一个域内的其他部门。部门(在 Active Directory 用户和计算机界面中用文件夹表示)允许按逻辑关系组织并存储域中的对象。如果有多个域,则每个域均可实现各自独立的部门层次。

部门主要用来委派对用户、组及资源集合的管理权限。例如,用户可能会创建一个部门,其中包含整个公司的所有用户账户。创建了委派管理功能的部门之后,即可对部门应用组策略设置,来定义用户和计算机的桌面配置。因为部门是用来委派管理功能的,所以,用户创建的结构可能会反映管理模型,而不是反映业务组织。

尽管用户在查找资源时,可能会浏览域的部门结构,但通过查询全局编录来查找资源才是更有效的方法。因而,创建的部门结构不必考虑吸引最终用户。当然,也可创建一个能够反映业务组织的部门结构,但这样做不但比较困难,还会增加管理费用。创建部门结构不是为了反映资源位置或单位各部门的组织情况,在设计部门时要考虑到管理委派过程和组策略设置。

（4）站点：服务客户机和复制数据

可以将基于 Windows Server 2008 的"站点"看作是用局域网（LAN）技术连接的一个或多个 IP 子网上的一组计算机,或由高速主干网连接的一组 LAN。一个站点内的计算机需要良好的连接,这通常也是子网上计算机的一个特征。相反,独立的站点之间可用速度比 LAN 慢的链接相连。可用 Active Directory 站点和服务工具,配置站点内（在一个 LAN 中或一组连接较好的 LAN 中）的连接以及站点之间的连接（在一个 WAN 内）。

（5）使用 OU、域和站点的委派和组策略

通过使用"Active Directory 用户和计算机"管理单元中可用的"委派控制"向导,可以委派域或部门的管理权限。用右键单击该域或部门,选择"委派控制",添加要委派控制的组（或用户）；然后委派所列的日常任务,或者创建要委派的自定义任务。可以委派的日常任务在表 2-2 中列出。

表 2-2　可以委派的日常任务

可以委派的日常任务	可以委派的部门日常任务
将计算机加入域 管理组策略链接	创建、删除和管理用户账户 重设用户账户的密码 读取所有用户信息 创建、删除和管理组 修改一个组的成员 管理打印机 创建和删除打印机 管理组策略链接

可以把部门、组和权限结合起来,定义特定组的最恰当管理范围：整个域、部门的一个子目录树或一个部门。例如,用户可能想创建部门,使其能够授予对一个部门（如财务部门）全部分支的所有用户和计算机账户的控制权。或者,用户可能只想授予部门内某些资源（如计算机账户）的管理控制权。第三个例子是授予对财务部门的管理控制权,但不授予对计账部门内任何部门的管理控制权。

5. AD DS 服务器角色

服务器角色介绍如表 2-3 所示。

表 2-3　服务器角色

角色名称	描　述
Active Directory 证书服务	Active Directory(R) 证书服务（AD CS）提供可自定义的服务,用于创建并管理在采用公钥技术的软件安全系统中使用的公钥证书。组织可使用 Active Directory 证书服务通过将个人、设备或服务的标识与相应的私钥进行绑定来增强安全性。Active Directory 证书服务还包括允许在各种可伸缩环境中管理证书注册及吊销的功能 Active Directory 证书服务所支持的应用领域包括安全/多用途 Internet 邮件扩展（S/MIME）、安全的无线网络、虚拟专用网络（VPN）、Internet 协议安全（IPsec）、加密文件系统（EFS）、智能卡登录、安全套接字层/传输层安全（SSL/TLS）以及数字签名

续 表

角色名称	描 述
Active Directory 域服务	Active Directory 域服务（AD DS）存储有关网络上的用户、计算机和其他设备的信息。AD DS 帮助管理员安全地管理此信息并促使在用户之间实现资源共享和协作。此外，为了安装启用目录的应用程序（如 Microsoft Exchange Server)并应用其他 Windows Server 技术（如"组策略"），还需要在网络上安装 AD DS
Active Directory 联合身份验证服务	Active Directory 联合身份验证服务（AD FS）提供了单一登录（SSO）技术，可使用单一用户账户在多个 Web 应用程序上对用户进行身份验证。AD FS 通过以下方式完成此操作：在伙伴组织之间以数字声明的形式安全地联合或共享用户标识和访问权限
Active Directory 轻型目录服务	对于其应用程序需要用目录来存储应用程序数据的组织而言，可以使用 Active Directory 轻型目录服务（AD LDS）作为数据存储方式。AD LDS 作为非操作系统服务运行，因此，并不需要在域控制器上对其进行部署。作为非操作系统服务运行，可允许多个 AD LDS 实例在单台服务器上同时运行，并且可针对每个实例单独进行配置，从而服务于多个应用程序
Active Directory 权限管理服务（AD RMS)	AD RMS 是一项信息保护技术，可与启用了 AD RMS 的应用程序协同工作，帮助保护数字信息免遭未经授权的使用。内容所有者可以准确地定义收件人可以使用信息的方式，例如，谁能打开、修改、打印、转发或对信息执行其他操作。组织可以创建自定义的使用权限模板，如"机密 - 只读"，此模板可直接应用到诸如财务报表、产品说明、客户数据及电子邮件之类的信息
应用程序服务器	应用程序服务器提供了完整的解决方案，用于托管和管理高性能分布式业务应用程序。诸如 . NET Framework、Web 服务器支持、消息队列、COM＋、Windows Communication Foundation 和故障转移群集之类的集成服务有助于在整个应用程序生命周期（从设计与开发直到部署与操作）中提高工作效率
动态主机配置协议(DHCP)服务器	动态主机配置协议允许服务器将 IP 地址分配给作为 DHCP 客户端启用的计算机和其他设备，也允许服务器租用 IP 地址。通过在网络上部署 DHCP 服务器，可为计算机及其他基于 TCP/IP 的网络设备自动提供有效的 IP 地址及这些设备所需的其他配置参数（称为 DHCP 选项），这些参数允许它们连接到其他网络资源，如 DNS 服务器、WINS 服务器及路由器
DNS 服务器	域名系统（DNS）提供了一种将名称与 Internet 数字地址相关联的标准方法。这样，用户就可以使用容易记住的名称代替一长串数字来访问网络计算机。在 Windows 上，可以将 Windows DNS 服务和动态主机配置协议（DHCP）服务集成在一起，这样在将计算机添加到网络时，就无须添加 DNS 记录
传真服务器	传真服务器可发送和接收传真，并允许管理这台计算机或网络上的传真资源，例如作业、设置、报告以及传真设备等
文件服务	文件服务提供了实现存储管理、文件复制、分布式命名空间管理、快速文件搜索和简化的客户端文件访问等技术
Windows Server 虚拟化	Windows Server 虚拟化提供服务，用户可以使用这些服务创建和管理虚拟机及其资源。每个虚拟机都是一个在独立执行环境中运行的虚拟化计算机系统。这允许用户同时运行多个操作系统
网络策略和访问服务	网络策略和访问服务提供了多种方法，可向用户提供本地和远程网络连接及连接网络段，并允许网络管理员集中管理网络访问和客户端监控策略。使用网络访问服务，可以部署 VPN 服务器、拨号服务器、路由器和受 802.11 保护的无线访问。还可以部署 RADIUS 服务器和代理，并使用连接管理器管理工具包来创建允许客户端计算机连接到网络的远程访问配置文件
打印服务	可以使用打印服务来管理打印服务器和打印机。打印服务器可通过集中打印机管理任务来减少管理工作负荷

续 表

角色名称	描 述
终端服务	终端服务所提供的技术允许用户从几乎任何计算设备访问安装在终端服务器上的基于 Windows 的程序,或访问 Windows 桌面本身。用户可连接到终端服务器来运行程序并使用该服务器上的网络资源
通用描述、发现和集成服务	通用描述、发现和集成（UDDI）服务,用于在组织的 Intranet 内部、Extranet 上的业务合作伙伴之间以及 Internet 上共享有关 Web 服务的信息。UDDI 服务通过更可靠和可管理的应用程序提高开发人员和 IT 专业人员的工作效率。UDDI 服务通过加大现有开发工作的重复利用,可以避免重复劳动
Web 服务器（IIS）	使用 Web 服务器（IIS)可以共享 Internet、Intranet 或 Extranet 上的信息。它是统一的 Web 平台,集成了 IIS 7.0、ASP. NET 和 Windows Communication Foundation。IIS 7.0 还具有安全性增强、诊断简化和委派管理等特点
Windows 部署服务	可以使用 Windows 部署服务在带有预启动执行环境（PXE）启动 ROM 的计算机上远程安装并配置 Microsoft Windows 操作系统。Microsoft 管理控制台（MMC）管理单元可管理 Windows 部署服务的各个方面,实施该管理单元将减少管理开销。Windows 部署服务还可以为最终用户提供与使用 Windows 安装程序相一致的体验

任务二　AD DS 的安装与配置

一、任务描述

　　某公司配置一台 Windows Server 2008 系统的服务器,服务器安装完成后,需要安装 AD DS。技术人员已经对 AD DS 域服务进行了系统的了解,现在需要进行具体安装。

二、相关知识

1. 安装 AD DS 前的准备

（1）设置网络运行模式

Windows Server 2008 默认安装后是"公用网络"的网络类型,建议部署 Active Directory 时使用"专用网络"类型。

　　依次选择"开始"→"设置"→"控制面板"→"网络和共享中心",单击如图 2-1 所示的"自定义"链接。

　　在自定义网络设置中选择"专用",之后单击"下一步"按钮。如图 2-2 所示。

（2）设置网络参数

　　默认状态下,Windows Server 2008 会同时启用 IPv4 和 IPv6,但在安装 AD DS 时不允许两种协议同时存在,必须去除一项。这里我们选择使用 IPv4。

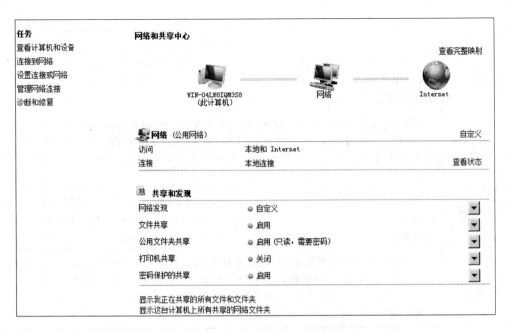

图 2-1　网路和共享中心

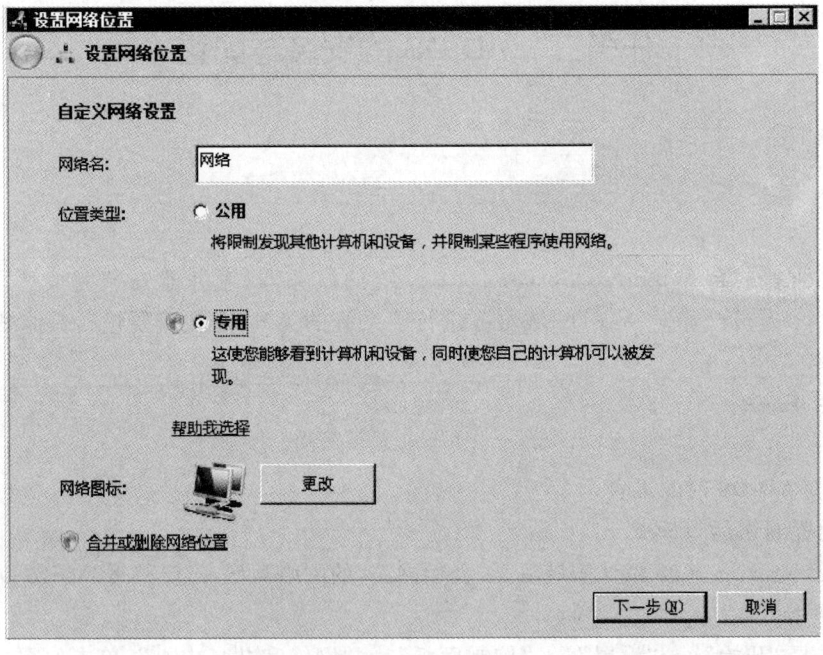

图 2-2　自定义网络设置

　　依次选择"开始"→"设置"→"控制面板"→"网络和共享中心",单击如图 2-3 所示的"查看状态"链接。

　　在"本地连接 状态"窗口中单击"属性",弹出窗口如图 2-4 所示。

　　在"本地连接 属性"窗口中取消"Internet 协议版本 6(TCP/IPv6)"前的复选框,单击"确认"按钮完成。如图 2-5 所示。

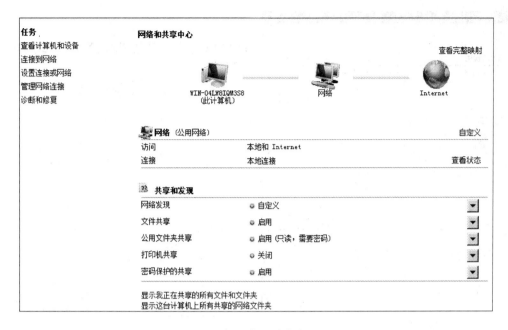

图 2-3　网络和共享中心

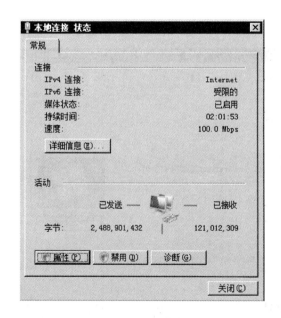

图 2-4　本地连接

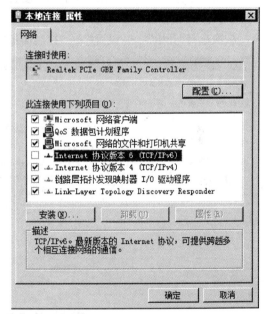

图 2-5　取消 IPv6

（3）修改服务器 IP 地址

仍然是在"本地连接 属性"窗口中，选择"Internet 协议版本 4（TCP/IPv4）"，然后单击"属性"按钮。如图 2-6 所示。

在弹出的"Internet 协议版本 4（TCP/IPv4）属性"窗口中选择"使用下面的 IP 地址"，此时下方的"使用下面的 DNS 服务器地址"也会自动选中，设置好域控制器的 IP 地址、子网掩码、默认网关和 DNS。如图 2-7 所示。

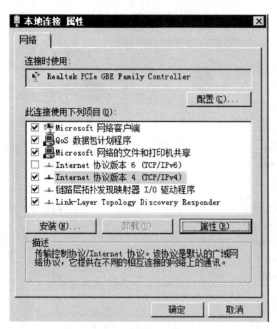

图 2-6　选择属性

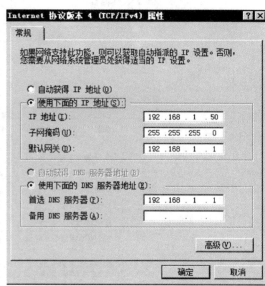

图 2-7　修改 IP 地址

单击"确定"→"关闭"完成修改 IP 设置。

（4）修改服务器计算机名

依次选择"开始"→"设置"→"控制面板"→"系统"→"改变设置"，单击，如图 2-8 所示。

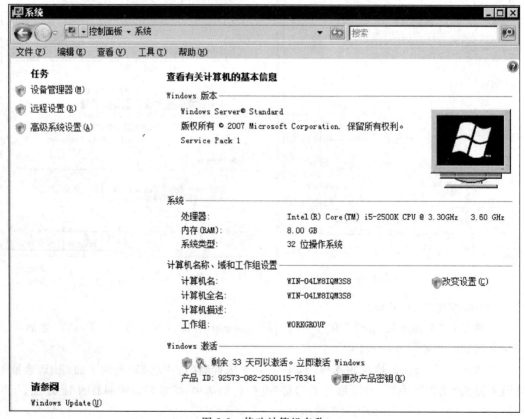

图 2-8　修改计算机名称

在"系统属性"窗口中单击"更改…"按钮。如图 2-9 所示。

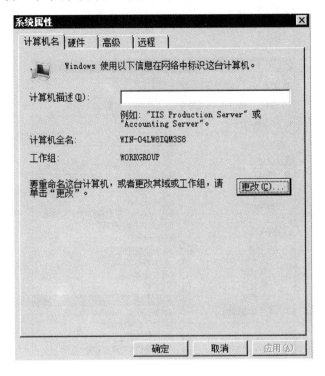

图 2-9 更改计算机名

在"计算机名/域更改"中的"计算机名"文本框中输入要修改的计算机名字。如图 2-10 所示。

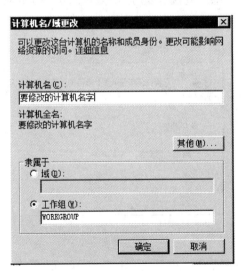

图 2-10 修改计算机名

单击"确定"按钮后提示需要重启计算机，单击"OK"按钮即可。

2. 安装 AD DS 域服务

部署全新的 AD DS 域服务主要分为两个步骤：1）安装 AD DS 域服务角色；2）使用

dcpromo.exe 命令安装域服务。

（1）依次选择"开始"→"设置"→"控制面板"→"管理工具"打开"服务器管理器"窗口。如图 2-11 所示。

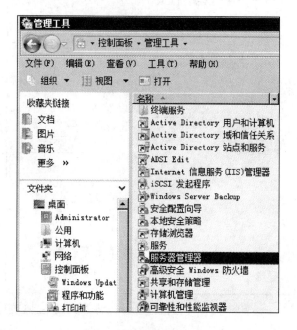

图 2-11　服务器管理器

（2）在左边树形菜单中选择"角色"，在右边窗口中单击"添加角色"。如图 2-12 所示。

图 2-12　添加角色

（3）出现"添加角色向导"窗口中的"开始之前"页面，单击"下一步"按钮。如图 2-13 所示。

（4）在"选择服务器角色"窗口的"服务器角色"列表中选择"Active Directory 域服务"，单击"下一步"按钮。如图 2-14 所示。

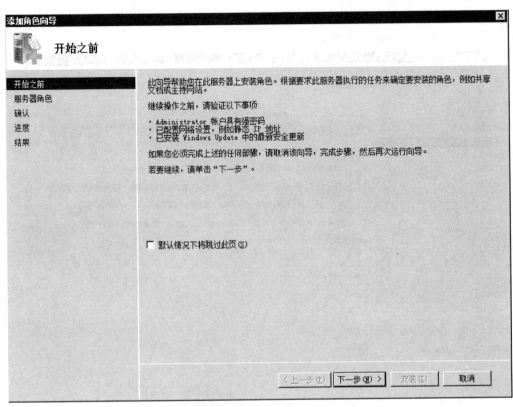

图 2-13　开始之前页面

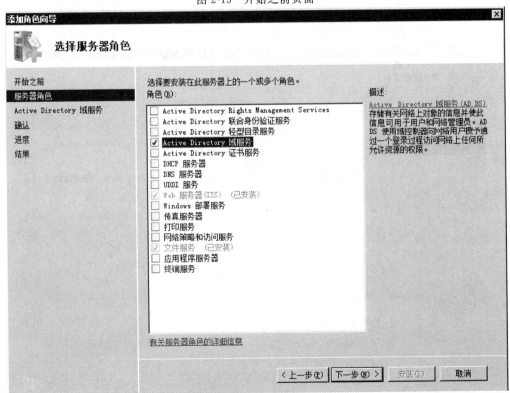

图 2-14　选择服务器角色

（5）出现"Active Directory 域服务"窗口，该窗口中有 AD DS 的相关介绍和注意事项，单击"下一步"按钮。如图 2-15 所示。

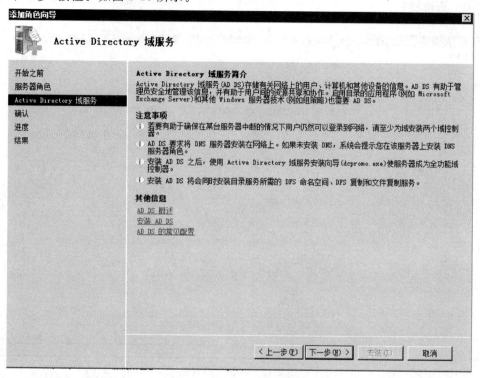

图 2-15　AD DS 域服务简介

（6）显示"确认安装选择"对话框，单击"安装"按钮。如图 2-16 所示。

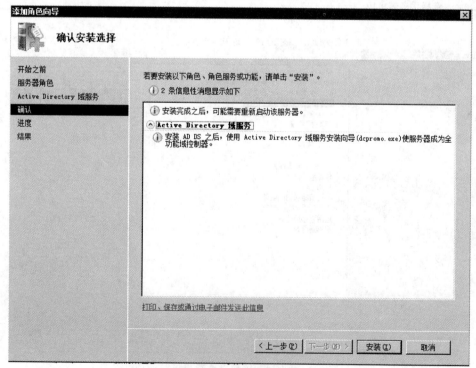

图 2-16　确认安装选择

（7）开始安装进程。如图 2-17 所示。

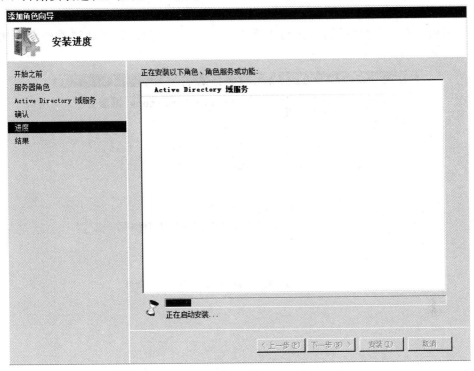

图 2-17　安装进度

（8）安装完成后，单击"关闭该向导并启动 Active Directory 域服务安装向导（dcpromo.exe）"超链接。如图 2-18 所示。

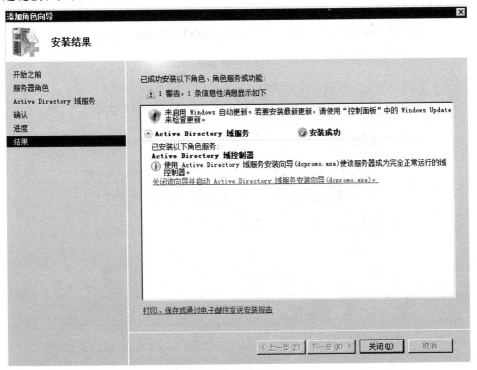

图 2-18　结束安装

3. 安装域

（1）显示"Active Directory 域服务安装向导"对话框，直接单击"下一步"按钮（其中的"使用高级模式安装"超链接可以进行更详细的控制安装过程，但只建议有经验的用户使用）。如图 2-19 所示。

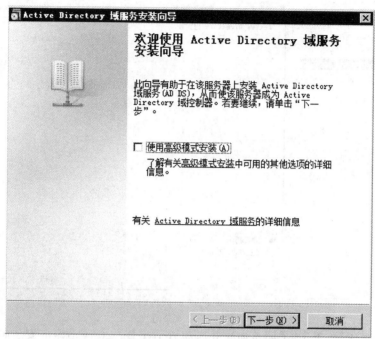

图 2-19　Active Directory 域服务安装向导

（2）直接单击"操作系统兼容性"中的"下一步"按钮。如图 2-20 所示。

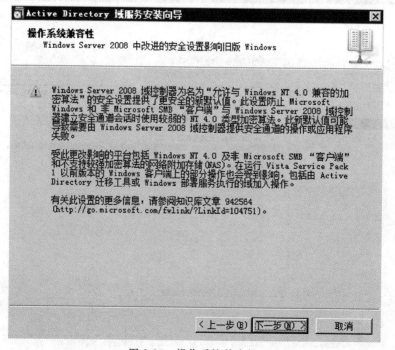

图 2-20　操作系统兼容性

（3）在"选择某一部署配置"中选择"在新林中新建域"，单击"下一步"按钮。如图 2-21 所示。

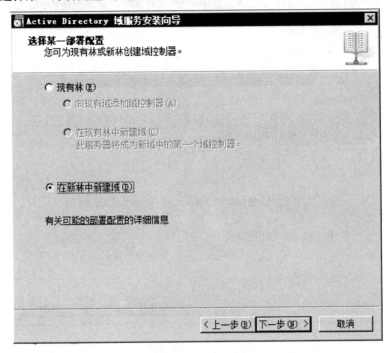

图 2-21　部署配置

（4）设置林根级域的 FQDN，单击"下一步"按钮。如图 2-22 所示。

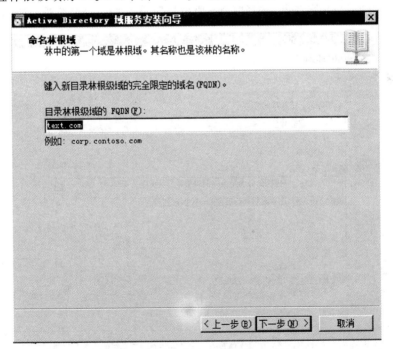

图 2-22　设置林根级域

（5）选择林功能级别（这里选择的是 Windows Server 2008），单击"下一步"按钮。如图 2-23 所示。

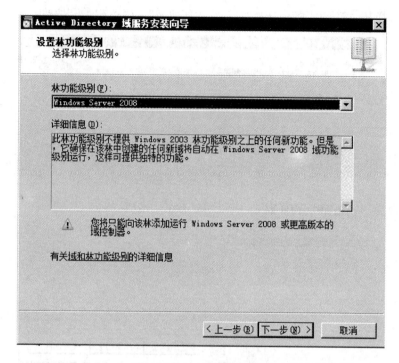

图 2-23　林功能级别

（6）由于 AD DS 需要 DNS 的支持，如果网络环境中没有 DNS 服务器，可以使用林根域服务器同时担当 DNS 服务器，选择"DNS 服务器"，单击"下一步"按钮。如图 2-24 所示。

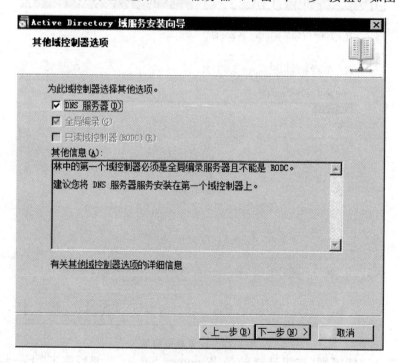

图 2-24　其他域控制器选项

（7）弹出警告窗口，这里直接单击"是"按钮。如图 2-25 所示。

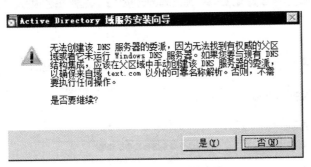

图 2-25　警告信息

（8）设置数据库、日志文件和 SYSVOL 的位置，在生成环境中，出于性能和可恢复性的要求，建议分别放在不同的磁盘或存储设备中，之后单击"下一步"按钮。如图 2-26 所示。

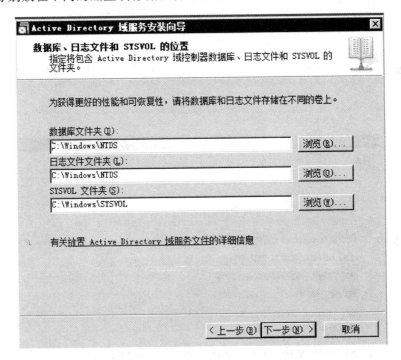

图 2-26　数据库、日志文件和 SYSVOL 的位置

（9）设置目录服务欢迎模式下的 Administrator 密码（该密码用户进行 AD DS 恢复时使用，如果忘记，还可以通过 ntdsutil.exe 工具来重置），单击"下一步"按钮。如图 2-27 所示。

（10）出现"摘要"窗口，显示 AD DS 的设置信息，单击"下一步"按钮。如图 2-28 所示。

（11）弹出 AD DS 安装窗口。如图 2-29 所示。

（12）安装完成后单击"完成"按钮。如图 2-30 所示。

（13）提示需要重启计算机，单击"立即重新启动"进行重启。如图 2-31 所示。

（14）至此，一个全新的 AD DS 安装过程便完成了。

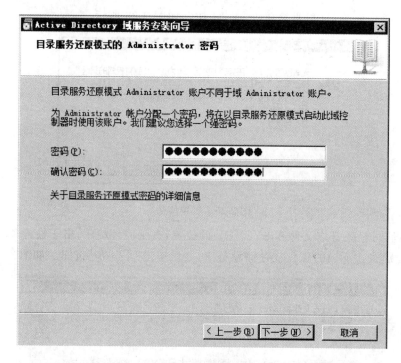

图 2-27 安全密码

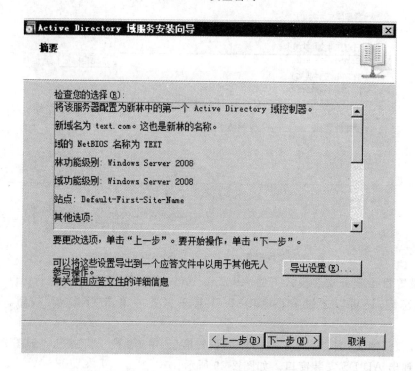

图 2-28 摘要

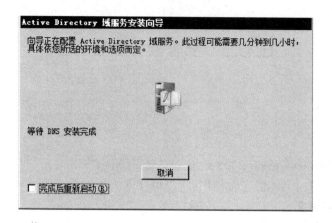

图 2-29　安装 AD DS

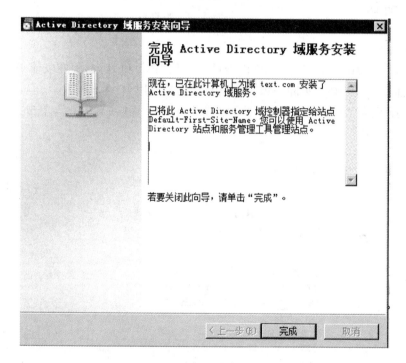

图 2-30　完成 AD DS 的安装

图 2-31　重新启动计算机

任务三　部署额外域控制器

一、任务描述

某公司在 Windows Server 2008 系统上安装了 AD DS 域之后，发现登录速度不快，而且域控制器出现故障时就不能正常使用，所以由技术人员安装了额外域控制器，现在需要对额外域控制器进行部署。

二、相关知识

1. 网络参数设置

默认状态下，Windows Server 2008 会同时启用 IPv4 和 IPv6，但在安装 AD DS 时不允许两种协议同时存在，必须去除一项。这里我们选择使用 IPv4。

依次选择"开始"→"设置"→"控制面板"→"网络和共享中心"，单击如图 2-32 所示的"查看状态"链接。

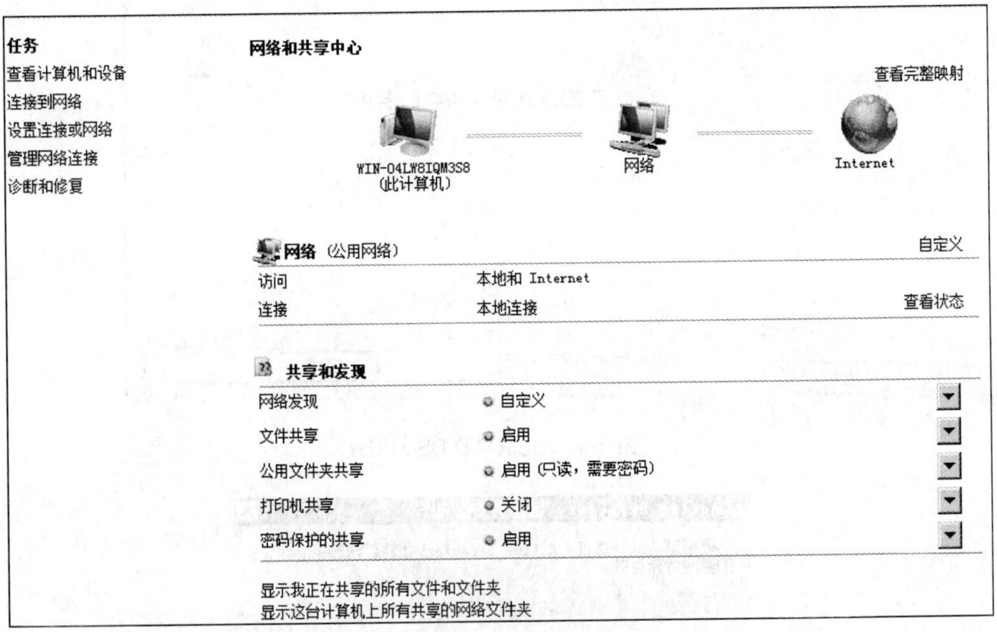

图 2-32　网络和共享中心

在"本地连接 状态"窗口中单击"属性"。如图 2-33 所示。

在"本地连接 属性"窗口中取消"Internet 协议版本 6（TCP/IPv6）"前的复选框，单击"确认"按钮完成。如图 2-34 所示。

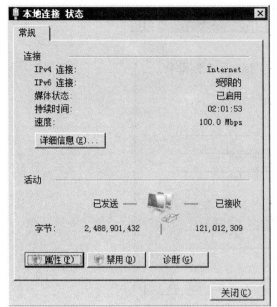

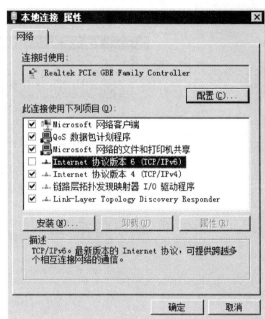

图 2-33 本地连接   图 2-34 取消 IPv6

2. 修改服务器 IP 地址

仍然是在"本地连接 属性"窗口中,选择"Internet 协议版本 4(TCP/IPv4)",然后单击"属性"按钮。如图 2-35 所示。

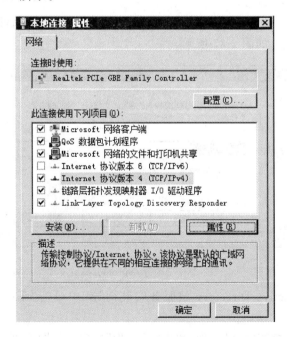

图 2-35 选择属性

在弹出的"Internet 协议版本 4(TCP/IPv4) 属性"窗口中选择"使用下面的 IP 地址",此时下方的"使用下面的 DNS 服务器地址"也会自动选中,设置好域控制器的 IP 地址、子网掩码、默认网关和 DNS。如图 2-36 所示。

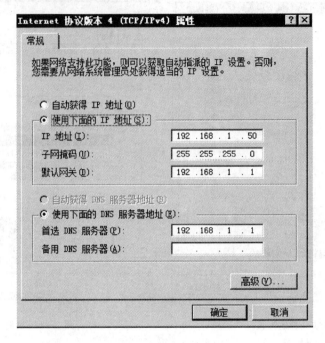

图 2-36　修改 IP 地址

单击"确定"→"关闭"完成修改 IP 设置。

3. 升级额外域名控制器

（1）依次选择"开始"→"运行"，在运行窗口中的"打开"文本框里面输入"dcpromo.exe"命令，单击"确定"按钮。如图 2-37 所示。

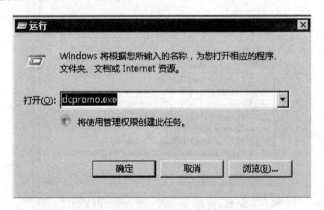

图 2-37　运行 dcpromo.exe

（2）在弹出的"Active Directory 域服务安装向导"中单击"下一步"按钮。如图 2-38 所示。

（3）出现"操作系统兼容性"页面，单击"下一步"按钮。如图 2-39 所示。

（4）在"选择某一部署配置"中选择"现有林"中的"向现有域添加域控制器"，单击"下一步"按钮。如图 2-40 所示。

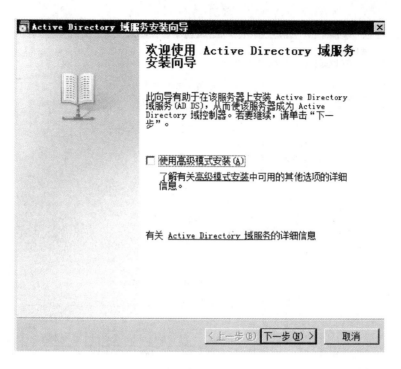

图 2-38　域服务安装向导

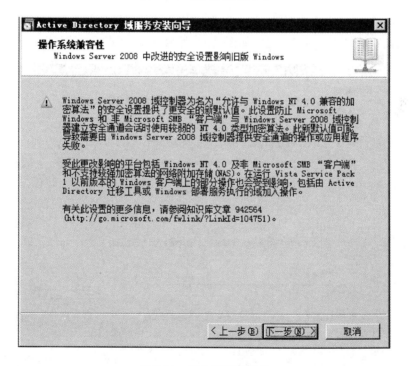

图 2-39　操作系统兼容性

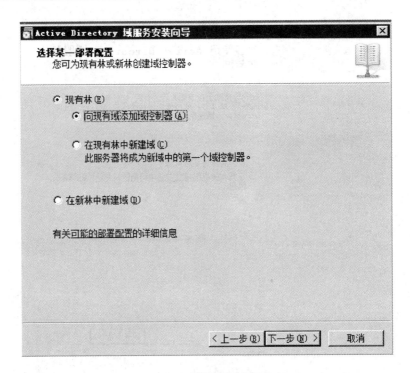

图 2-40　部署配置

（5）在"网络凭据"页面中"键入位于计划安装此域控制器的林中任何域的名称"任意输入一个域名称。单击"下一步"按钮。如图 2-41 所示。

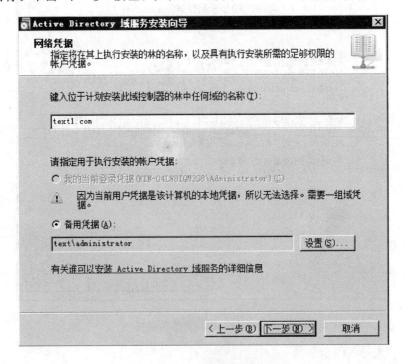

图 2-41　网络凭据

（6）选择林功能级别（这里选择的是 Windows Server 2008），单击"下一步"按钮。如图 2-42 所示。

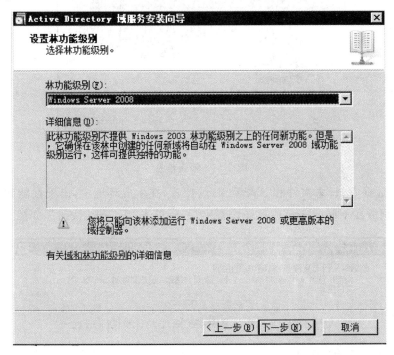

图 2-42　林功能级别

（7）由于 AD DS 需要 DNS 的支持，如果网络环境中没有 DNS 服务器，可以使用林根域服务器同时担当 DNS 服务器，选择"DNS 服务器"，单击"下一步"按钮。如图 2-43 所示。

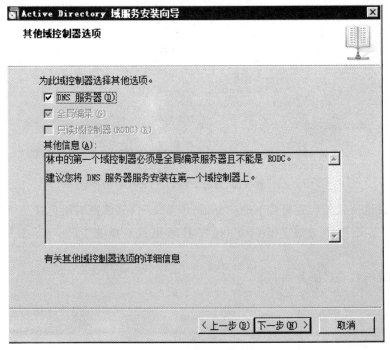

图 2-43　其他域控制器选项

（8）弹出警告窗口，这里直接单击"是"按钮。如图 2-44 所示。

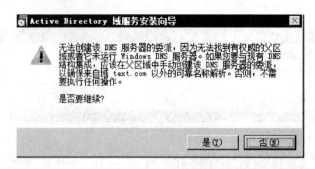

图 2-44　警告信息

（9）设置数据库、日志文件和 SYSVOL 的位置，在生成环境中，出于性能和可恢复性的要求，建议分别放在不同的磁盘或存储设备中，之后单击"下一步"按钮。如图 2-45 所示。

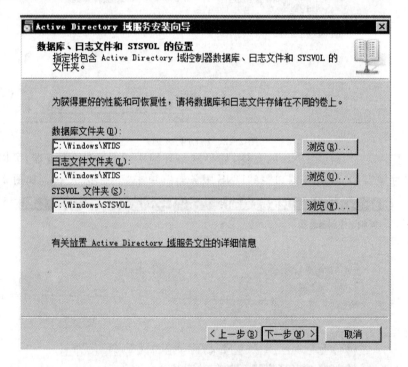

图 2-45　数据库、日志文件和 SYSVOL 的位置

（10）设置目录服务欢迎模式下的 Administrator 密码（该密码用户进行 AD DS 恢复时使用，如果忘记，还可以通过 ntdsutil. exe 工具来重置），单击"下一步"按钮。如图 2-46 所示。

（11）完成以后重启服务器。

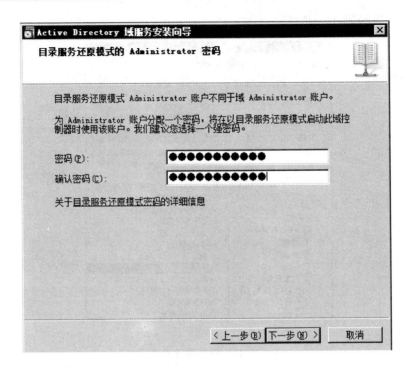

图 2-46 设置密码

任务四 子域与信任

一、任务描述

某学校有校园内部网,同学们处于子域中,老师处于父域中,子域中的共享父域需要能访问到。而父域中的共享恰恰相反,子域中的用户不需要访问。这种情况下就需要建立两个域,创建域信任关系。

二、相关知识

1. 创建子域

(1)依次选择"开始"→"设置"→"控制面板"→"管理工具"打开"服务器管理器"窗口。如图 2-47 所示。

(2)在"角色摘要"中,单击"添加角色"。如图 2-48 所示。

(3)如有必要,请查看"开始之前"页上的信息,然后单击"下一步"按钮。如图 2-49 所示。

(4)在"选择服务器角色"页上,单击"Active Directory 域服务"复选框,然后单击"下一步"按钮。如图 2-50 所示。

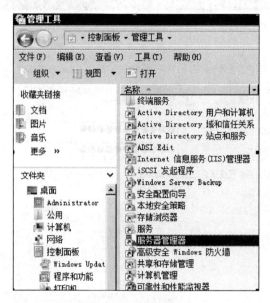

图 2-47　服务器管理器

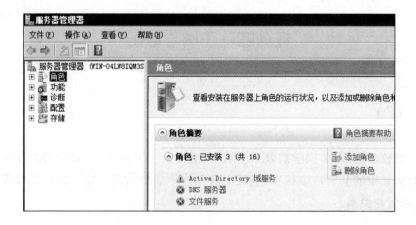

图 2-48　添加角色

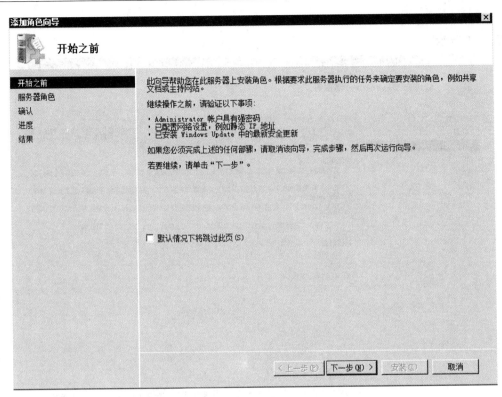

图 2-49　开始之前页面

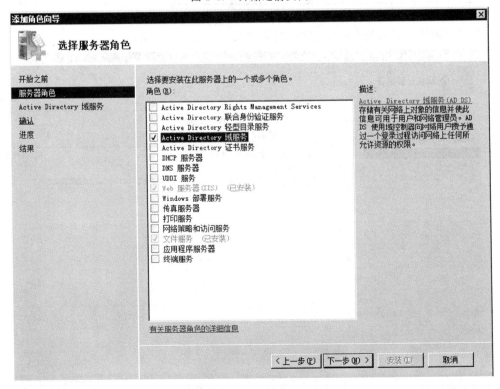

图 2-50　选择要安装的服务器角色

（5）如有必要，请查看"Active Directory 域服务"页上的信息，然后单击"下一步"按钮。
如图 2-51 所示。

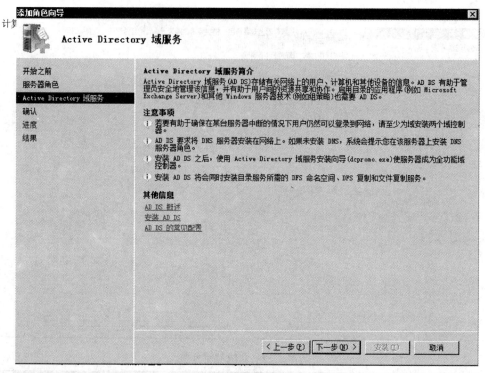

图 2-51 AD DS 域服务简介

（6）在"确认安装选择"页上，单击"安装"按钮。如图 2-52 所示。

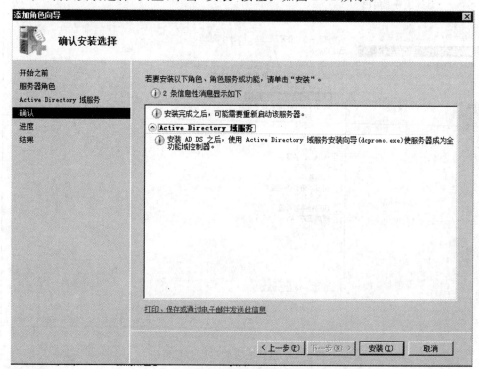

图 2-52 确认安装选择

（7）在"安装结果"页上，单击"关闭该向导并启动 Active Directory 域服务安装向导（dcpromo.exe）"。如图 2-53 所示。

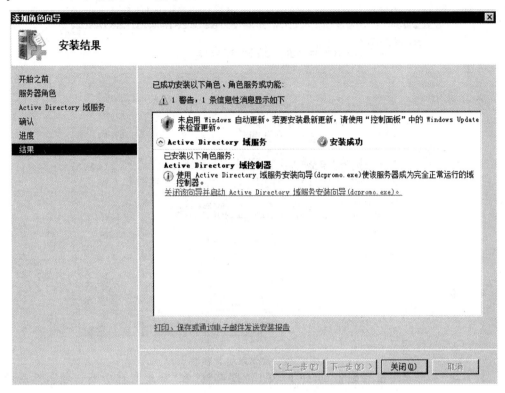

图 2-53　结束安装

（8）在"欢迎使用 Active Directory 域服务安装向导"页上，单击"下一步"按钮。如图 2-54 所示。

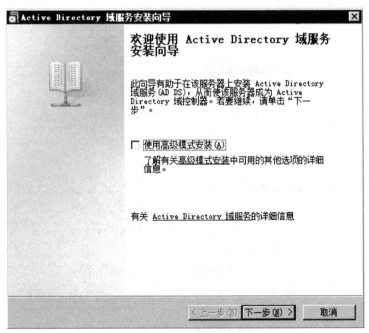

图 2-54　Active Directory 域服务安装向导

（9）在"操作系统兼容性"页上，查看有关 Windows Server 2008 和 Windows Server 2008 R2 域控制器的默认安全设置的警告，然后单击"下一步"按钮。如图 2-55 所示。

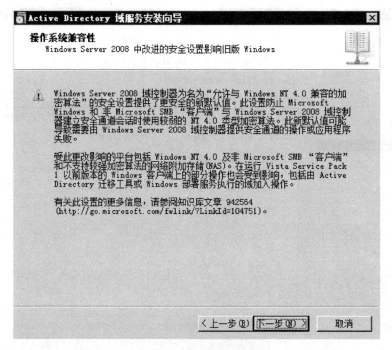

图 2-55　操作系统兼容性

（10）在"选择某一部署配置"页面上，单击"现有林"和"在现有林中新建域"，然后单击"下一步"按钮。如图 2-56 所示。

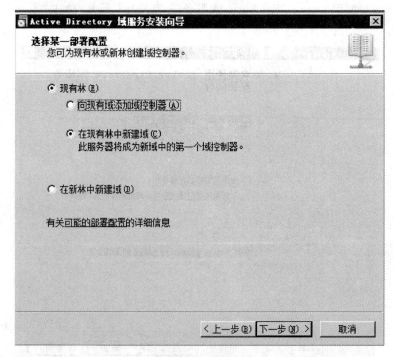

图 2-56　部署配置

(11) 在"网络凭据"页上,输入计划安装新域的林中任何现有域的名称。在"请指定用于执行安装的账户凭据"下,单击"我的当前登录凭据"或单击"备用凭据",然后单击"设置"按钮。在"Windows 安全"对话框中,提供可用来安装新域的账户的用户名和密码。若要安装新域,用户必须为 Enterprise Admins 组的成员。提供凭据后,单击"下一步"按钮。如图 2-57 所示。

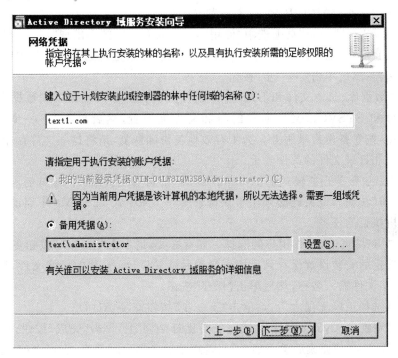

图 2-57 网络凭据

(12) 在"命名新域"页上,输入父域的完全限定的域名(FQDN)以及子域的单标签名称,然后单击"下一步"按钮。

虽然 Windows Server 2008 和 Windows Server 2003 中的 Dcpromo.exe 允许创建单标签 DNS 域名,但有几种原因不应为域使用单标签 DNS 域名。在 Windows Server 2008 R2 中,Dcpromo.exe 不允许为域创建单标签 DNS 域名。

(13) 如果在"欢迎使用"页上选中"使用高级模式安装",则会出现"域 NetBIOS 名称"页。在此页上,输入域的 NetBIOS 名称(如果需要),或接受默认名称,然后单击"下一步"按钮。

(14) 在"设置域功能级别"页上,为计划在域中任意位置安装的域控制器选择适当的域功能级别,然后单击"下一步"按钮。

(15) 在"请选择一个站点"页上,从列表中选择站点或选择站点中与其 IP 地址相对应的选项来安装域控制器,然后单击"下一步"按钮。

(16) 在"其他域控制器选项"页上,选择域控制器的其他任何选项,然后单击"下一步"按钮。

默认情况下,"DNS 服务器"选项已选中,因此用户的域控制器可以作为 DNS 服务器。将自动为该域创建 DNS 区域以及该区域的委派。默认情况下不选择"全局编录"选项。如果选择此选项,则该域控制器还会承载新域的域范围操作主机角色,包括基础结构主机角色。除非域中的所有域控制器都是全局编录服务器,否则托管子域中全局编录服务器上的结构主机角色可能会出现问题。如果未向网络适配器分配静态 IPv4 和 IPv6 地址,可能会显示警报消息,建议用户先为这些协议设置静态地址,然后才能继续操作。如果已向网络适配器分配了静态 IPv4 地址,并且用户的组织不使用 IPv6,则可以忽略此消息,并单击"是,该计算机将使用动态分配的 IP 地址(不推荐)"。

(17)如果在"欢迎使用"页上选中"使用高级模式安装",则会出现"源域控制器"页。选择"任何可写的域控制器"或选择"此特定的域控制器"以指定可通过其复制配置和架构目录分区的域控制器,然后单击"下一步"按钮。

(18)在"数据库、日志文件和 SYSVOL 的位置"页上,输入或浏览到数据库文件、目录服务日志文件和 SYSVOL 文件所在的卷和文件夹位置,然后单击"下一步"。Windows Server Backup 按卷备份目录服务。为了有效地备份和恢复,请将这些文件存储到不包含应用程序或其他非目录文件的其他卷上。

(19)在"目录服务还原模式的 Administrator 密码"页上,输入并确认还原模式密码,然后单击"下一步"按钮。此密码必须用于在目录服务还原模式(DSRM)下启动 AD DS 才能完成必须脱机执行的任务。

(20)在"摘要"页上,检查用户的选择。如有必要,请单击"上一步"按钮更改任何选项。

若要将选定的安装设置保存到可用于自动后续 AD DS 安装的档案文件,请单击"导出设置"。为档案文件输入名称,然后单击"保存"按钮。

确认所做选择正确无误之后,请单击"下一步"按钮安装 AD DS。

(21)在"完成 Active Directory 域服务安装向导"页上,单击"完成"按钮。

(22)还可以选中"完成后重新启动"复选框使服务器自动重启,也可在收到系统提示后重启服务器完成对 AD DS 的安装。

4. 创建域信任关系

两个林,一个林根域为 text1.com,一个林根域为 text2.com。text1.com 域的 DNS 服务器 FQDN 为:1.text1.com,IP 为 192.168.1.50,DNS 指向自己 127.0.0.1;text2.com 域的 DNS 服务器 FQDN 为:2.text2.com;IP 为:192.168.1.51,DNS 指向自己 127.0.0.1。

建立 text1.com 域信任 text2.com 域,即 text1.com 中的资源可以共享给 text2.com 域成员查看,即在 text1.com 域的文件夹属性安全选项中可以添加 text2.com 域的成员,而 text2.com 域文件夹属性安全选项中不可以添加 text1.com 域成员。

(1)打开 text1.com 域的一台域控,在管理工具中打开 DNS 管理器,在左侧找到"条件转发器",右键单击"新建条件转发器",在弹出的对话框中输入要转发解析的对方 DNS 域名,这里输入被信任域"text2.com"和对方的 DNS 服务器的 IP:192.168.1.51,单击"确定"按钮,条件转发器建立成功。真实环境中解析对方时间要长一些。

在 text2.com 域的 DNS 服务器上设置也是如此步骤,在条件转发器上输入 text1.com 域和 DNS 的 IP:192.168.1.50。

(2)在 text1.com 域的一台域控上打开"Active Directory 域和信任关系",右键单击"text1.com"选择"属性"→"信任"选项卡,单击左下方的"新建信任"弹出"新建信任向导"对话框,如图 2-58 所示。

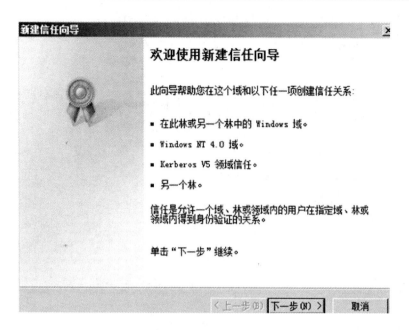

图 2-58　新建信任向导

（3）单击"下一步"按钮，在出现的对话框中输入要信任的域即被信任域 text2.com，单击"下一步"按钮，选择"外部信任"，单击"下一步"按钮。

（4）选择"单向：外传"（指定域为 text2.com），单击"下一步"按钮，如图 2-59 所示。

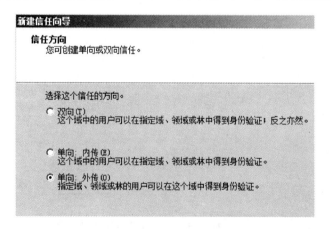

图 2-59　信任方向

（5）在"信任方"页面中选择"只是这个域"，单击"下一步"按钮，如图 2-60 所示。

（6）在"传出信任身份验证级别"页面中选择"全局性身份验证"选项，选择后，单击"下一步"按钮。如图 2-61 所示。

（7）信任密码：用来建立信任关系时验证的密码，当在 text2.com 建立传入关系时，也将出现此对话框，两端的密码必须一致，否则信任关系建立不成功。设置完密码以后单击"下一步"按钮。如图 2-62 所示。

（8）在"摘要"页面中有一些基本设置信息浏览完以后单击"下一步"按钮。信任创建完毕，成功创建信任关系。

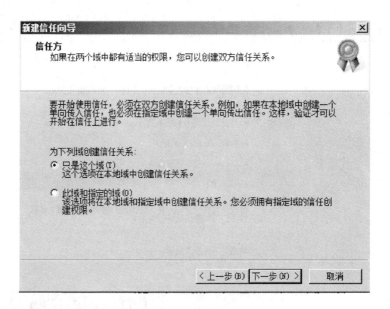

图 2-60　信任方设置

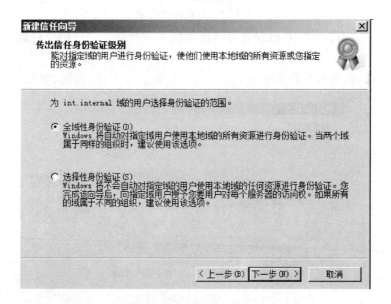

图 2-61　传出信任身份验证级别

（9）在"确认传出信任"页面中选择"否"，也可以选择"是"，选择否，用户将在 text2.com 手动做出信任关系。单击"下一步"按钮。如图 2-63 所示。

（10）在"确认传入信任"页面中选择"否，不确认传入信任"。单击"下一步"按钮。如图 2-64 所示。

（11）信任向导完成。信任关系成功。下面有警告，必须在另一个域中创建信任关系。单击完成创建。

（12）登录 text2.com 的域控 windc.text2.com。打开"Active Directory 域和信任关系"，展开，右键单击"text2.com"属性，选择"信任"选项卡。新建信任关系。

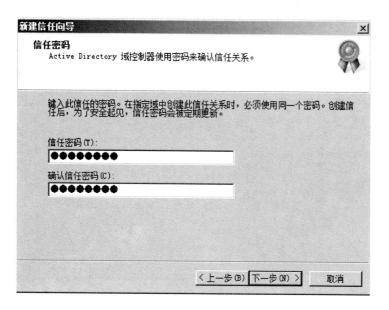

图 2-62　建立信任密码

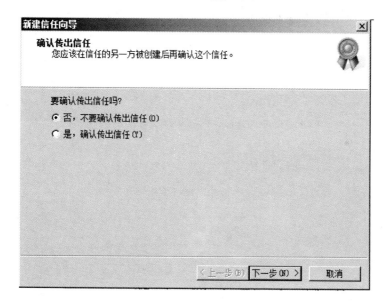

图 2-63　确认传出信任

（13）"信任方向"要注意。这里要单击"单向：内传"，因为在 text1.com 域上做的是"单向：外传"。如图 2-65 所示。

（14）信任密码：和 text1.com 输入的信任密码要一致。

（15）"确认传入信任"要选择"是，确认传入信任"，输入 text1.com 具有管理员权限的账号和密码。输入完后，如果密码或权限不足，则会有提示。单击"下一步"按钮完成信任创建。

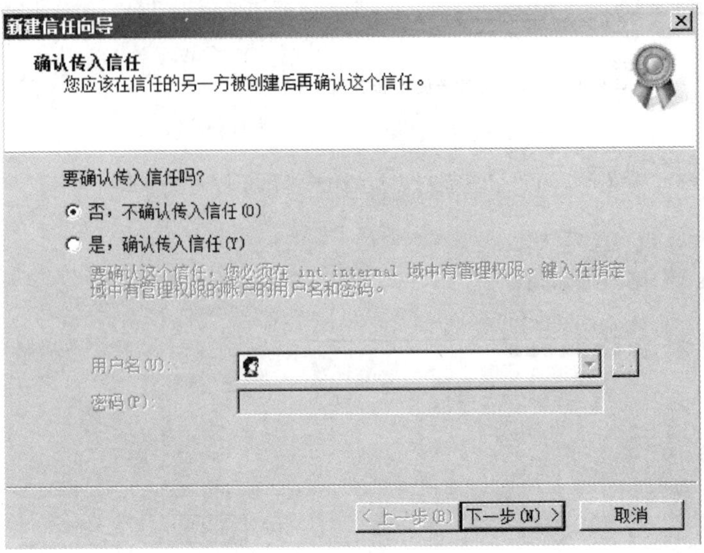

图 2-64　确认传入信任

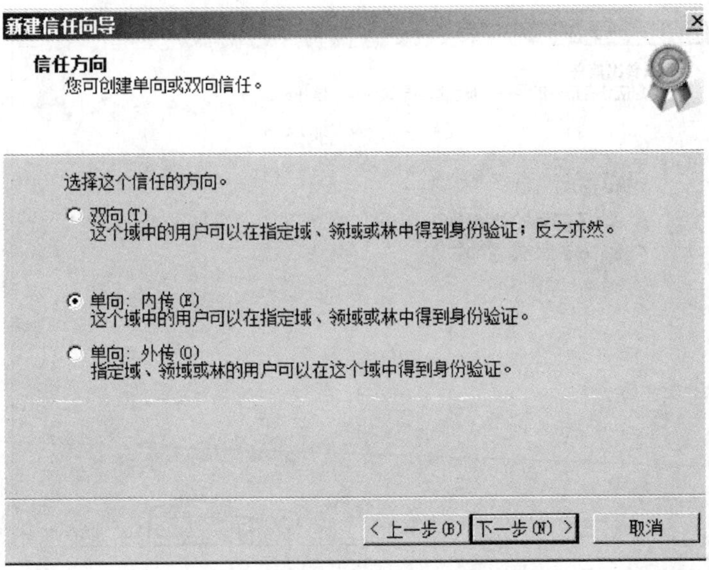

图 2-65　信任方向

任务五　部署只读域控制器

一、任务描述

　　某公司在安装完 Windows Server 2008 系统的服务器后，发现必须通过广域网（WAN）对域控制器进行身份验证。在许多情况下，这不是一个有效的解决方案。分支机构通常不能为可写域控制器提供所需的充分的物理安全性。此外,当分支机构连接到中心站点时,其网络带宽状况通常较差。这可能增加登录所需的时间,它还可能妨碍对网络资源的访问。所以技术人员决定对系统安装部署了只读域控制器,以解决这一问题。

二、相关知识

只读域控制器是 Windows Server 2008 系统中的一种新类型的域控制器,借助 RODC,企业可以在物理安全性无法得到保障的地方部署域控制器。在 RODC 上保存了一份 AD DS 的只读分区。RODC 主要设计用于部署在远程或分支机构环境中。

1. 部署条件

(1) 域功能级别必须是 Windows Server 2003 或更高版本,以便可以使用 kerberos 受限制的委派。

(2) 林功能级别必须是 Windows Server 2003 或更高版本,以便可以使用链接值复制,这提供了更高级别的复制一致性。

(3) 域中必须确保至少有一台 Windows Server 2008 可写控制器,以便 RODC 可从该域控制器上复制域分区数据。

2. 准备林

在林中必须运行一次 adprep/rodcprep 以更新在林中的所有 DNS 应用程序目录分区上的权限,以此方式,作为 DNS 服务器的所有 RODC 都将可以成功复制权限。

使用 Enterprise Admins 成员身份登录主域控制器,将系统安装盘放进光驱,在命令行下进入光驱的\support\adprep 目录,输入命令"adprep/rodcprep"。如图 2-66 所示。

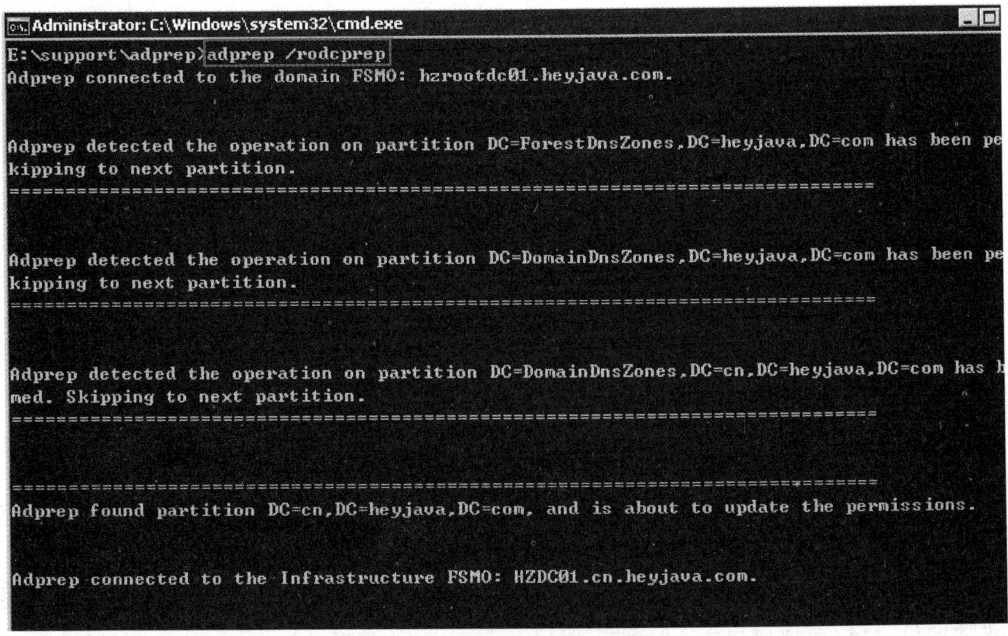

图 2-66　执行更新林命令

3. 安装 RODC

（1）依次单击"开始"→"运行"，输入"dcpromo"，按回车键；打开 dcpromo 安装向导，向导首先检查是否有安装 AD DS 角色，如果没有，将会自动安装。如图 2-67 所示。

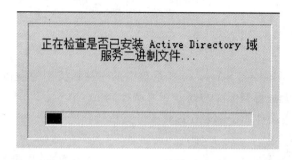

图 2-67 检测是否安装域

（2）安装完 AD DS 角色后，显示"欢迎使用 Active Directory 域服务安装向导"对话框，选择"使用高级模式安装"，单击"下一步"按钮。如图 2-68 所示。

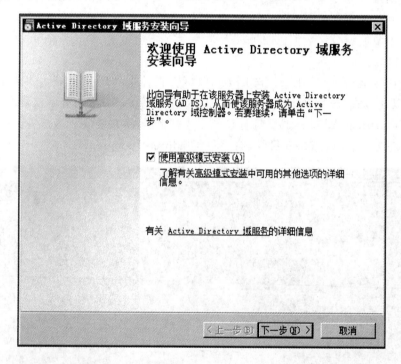

图 2-68 欢迎界面

（3）直接单击"操作系统兼容性"中的"下一步"按钮。如图 2-69 所示。

（4）在"选择某一部署配置"页面中选择"现有林"→"向现有域添加域控制器"。单击"下一步"按钮。如图 2-70 所示。

（5）设置林根域的 FQDN，并单击"设置…"按钮，弹出网络凭据页面，网络凭据需要是企业管理员身份，完成后单击"下一步"按钮。如图 2-71 所示。

（6）出现"选择一个域名"对话框，选择 RODC 所在的域，单击"下一步"按钮。

（7）选择域控制器存放的站点，因为这里只有一个默认的站点，直接单击"下一步"按钮。

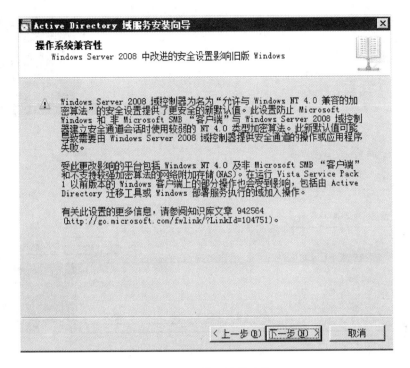

图 2-69　操作系统兼容性

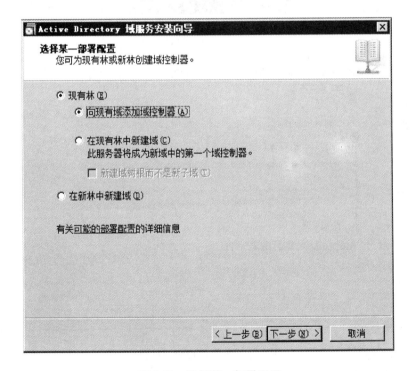

图 2-70　选择某一部署配置

（8）我们需要让这台子域域控制器同时担任 DNS 和 GC 的角色，所以这里选中"DNS 服务器"、"全局编录"和"只读域控制器（RODC）"，单击"下一步"按钮。如图 2-72 所示。

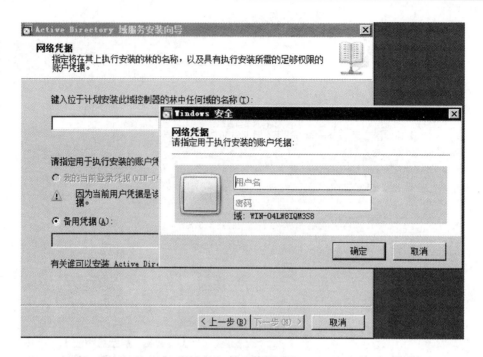

图 2-71　设置网络凭据

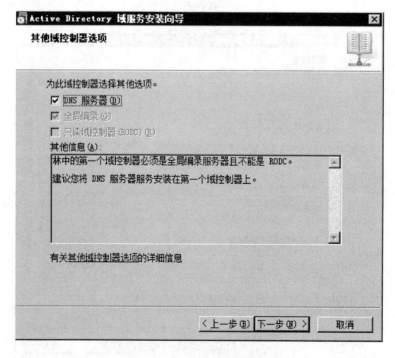

图 2-72　其他域控制器选项

（9）显示"指定密码复制策略"对话框，密码复制策略决定用户或计算机凭据是否从可读写域控制器复制到 RODC，如果允许，凭据将缓存到 RODC 上，这里允许"RODCUsers"组中的用户缓存到 RODC 上。单击"下一步"按钮。如图 2-73 所示。

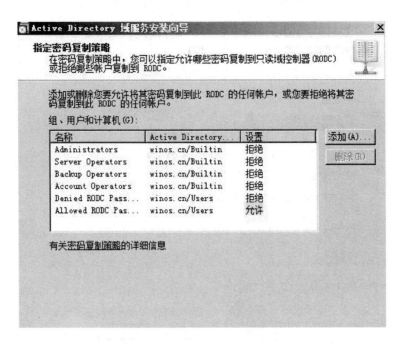

图 2-73　指定密码复制策略

（10）显示"用于 RODC 安装和管理的委派"对话框，设置管理 RODC 的账户，这里设置 RODCAdmins 组成员具备对 RODC 的管理权限。单击"Next"按钮。如图 2-74 所示。

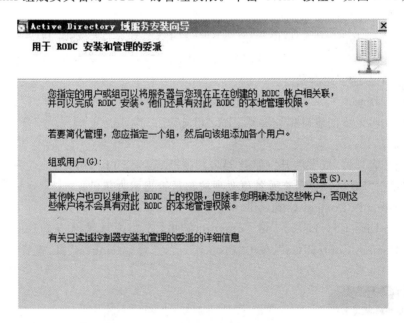

图 2-74　用于 RODC 安装和管理的委派

（11）设置目录服务欢迎模式下的 Administrator 密码（该密码用户进行 AD DS 恢复时使用，如果忘记，还可以通过 ntdsutil. exe 工具来重置），单击"下一步"按钮。如图 2-75 所示。

（12）重新启动计算机完成 RODC 安装。

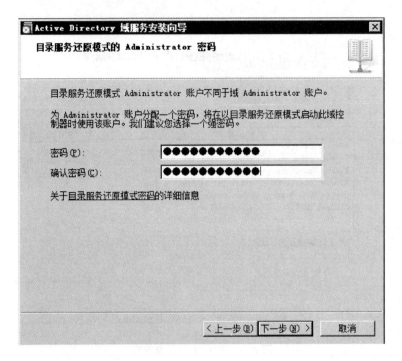

图 2-75 设置安全密码

4. 验证 RODC

(1) 域控制器状态

使用 RODCAdmins 成员身份登录 RODC,打开"Active Directory Users and Computers",查看"Domain Controllers"中该域控制器的 DC Type 一栏是否为 Read-only。

(2) 验证是否能创建对象

在"Active Directory Users and Computers"中右键单击"Users"容器,可以看到并没有"New"菜单,说明无法创建对象,AD 数据库为只读。

(3) 验证 DNS

打开 DNS 管理器,依次展开"(服务器名)"→"Forward Lookup Zones"→"(域名)",在域名上右键单击"Properties",查看各更改项按钮是否显示为灰色。

(4) "Read-only Domain Controllers"组验证

在"Active Directory Users and Computers"中,依次选择域名→"Users",右键单击"Read-only Domain Controllers",单击"Properties",选择"Members"页,查看成员中是否有该域控制器。

 **单元总结**

1. 知识总结

➤ AD DS 提供分布式数据库,该数据库存储和管理有关网络资源和来自支持目录的应用程序特定数据的信息。

➤ 部署全新的 AD DS 域服务主要分为两个步骤:(1) 安装 AD DS 域服务角色;(2) 使用 dcpromo.exe 命令安装域服务。

➢ 默认状态下,Windows Server 2008 会同时启用 IPv4 和 IPv6,但在安装 AD DS 时不允许两种协议同时存在,必须去除一项。

➢ 域中必须确保至少有一台 Windows Server 2008 可写域控制器,以便 RODC 可从该域控制器上复制域分区数据。

2. 相关名词

AD DS 独立服务器　域控制器　成员服务器　额外域控制器　网络参数　子域　林只读域控制器

知识测试

一、填空题

1. AD DS 是_____的简写。

2. 在通常情况下,独立服务器在客户机-服务器网的地位高于_____,低于_____。

3. 如果用户有一个终端服务器系统,或者多个用户同时登录了家庭系统,这些就是_____。

4. Active Directory 由一个或多个_____组成。

5. 在 Windows Server 2008 操作系统中,"_____"是具有连续名称的一个或多个域的集合。

6. Windows Server 2008 默认安装后是"_____"的网络类型。

二、选择题

1. 以下不属于 AD DS 服务器类型的是（　　）。

A. 独立服务器　　　B. 域控制器　　　　C. 只读域控制器　　D. 成员服务器

2. Windows Server 2008 处理器最低为（　　）。

A. 1 GHz　　　　　B. 2 GHz　　　　　C. 3 GHz　　　　　D. 4 GHz

3. Active Directory 组成结构不包括（　　）。

A. 对象命名规则　　B. 域　　　　　　　C. 站点　　　　　　D. 登录名

4. 只读域控制器是 Windows Server 2008 系统中的一种新类型的域控制器,借助_____,企业可以在物理安全性无法得到保障的地方部署域控制器。

A. ROCD　　　　　B. RDCO　　　　　C. RCDO　　　　　D. RODC

5. 有同一根域的所有域组成了一个"连续名称空间"。

A. 连续空间　　　　B. 命名空间　　　　C. 名称空间　　　　D. 连续名称空间

三、实训

某公司企业配置一台 Windows Server 2008 系统的服务器。现在需要为此系统安装 AD DS 域服务,要求如下:

1. 安装 AD DS 域服务。

2. 部署额外域控制器。

3. 创建子域。

4. 部署只读域控制器。

项目三

Windows Server 2008 系统的文件服务

💬 **项目描述**

　　计算机系统中的文件是以计算机硬盘为载体存储在计算机上的信息集合。文件可以是文本文档、图片、程序等。在计算机系统中，文件服务至关重要。文件需要安全快速地存储在计算机系统中，还要经常地管理备份。因此需要通过安装文件系统和文件服务器来解决这一问题。

🔍 **学习目标**

> ➤ 了解文件系统的简介
> ➤ 掌握 NTFS 权限的设置
> ➤ 了解分布式文件系统的特点及应用
> ➤ 掌握 DFS 服务的安装
> ➤ 掌握 DFS 的创建
> ➤ 掌握文件屏蔽的创建部署和测试
> ➤ 熟悉磁盘配额的功能
> ➤ 掌握磁盘配额的配置

任务一　文件系统与 NTFS 系统的文件服务

一、任务描述

　　某大公司在 Windows Server 2008 系统中开发大型项目，项目进行到一半时发现数据库已经非常大，需要跨越不同的硬盘存储，这给项目的继续进行造成了不必要的麻烦。为了解决这一问题，技术人员决定在系统中安装 NTFS 文件系统。NTFS 支持大硬盘和在多个硬盘上存储文件（称为卷）。NTFS 还提供长文件名、数据保护和恢复，并通过目录和文件许可实现安全性。

二、相关知识

1. 文件系统简介

文件系统是操作系统用于明确磁盘或分区上的文件的方法和数据结构,即在磁盘上组织文件的方法。也指用于存储文件的磁盘或分区,或文件系统种类。

磁盘或分区和它所包括的文件系统的不同是很重要的。少数程序(包括最有理由的产生文件系统的程序)直接对磁盘或分区的原始扇区进行操作;这可能破坏一个存在的文件系统。大部分程序基于文件系统进行操作,在不同种文件系统上不能工作。

一个分区或磁盘能作为文件系统使用前,需要初始化,并将记录数据结构写到磁盘上。这个过程就叫作建立文件系统。

大部分 UNIX 文件系统种类具有类似的通用结构,即使细节有些变化。其中心概念是超级块(superblock)、i 节点(inode)、数据块(data block)、目录块(directory block)和间接块(indirection block)。超级块包括文件系统的总体信息,比如大小(其准确信息依赖文件系统)。i 节点包括除了名字外的一个文件的所有信息,名字与 i 节点数目一起存在目录中,目录条目包括文件名和文件的 i 节点数目。i 节点包括几个数据块的数目,用于存储文件的数据。i 节点中只有少量数据块数的空间,如果需要更多,会动态分配指向数据块的指针空间。这些动态分配的块是间接块。

UNIX 文件系统通常允许在文件中产生孔(hole)(用 lseek,请查看相关手册),意思是文件系统假装文件中有一个特殊的位置只有 0 字节,但没有为该文件的这个位置保留实际的磁盘空间(这意味着这个文件将少用一些磁盘空间)。这对于二进制文件经常发生,如 Linux 共享库、一些数据库和其他一些特殊情况(孔由存储在间接块或 i 节点中的作为数据块地址的一个特殊值实现,这个特殊地址说明没有为文件的这个部分分配数据块,即文件中有一个孔)。

孔有一定的用处。在一些系统中,一个简单的测量工具显示在 200 MB 使用的磁盘空间中,由于孔的存在,节约了大约 4 MB。在这个系统中,程序相对较少,没有数据库文件。

2. NTFS 权限

NTFS 文件系统访问权限主要分为:读取(Read)、写入(Write)、读取及执行(Read and Execute)、修改(Modify)、遍历目录(List Folder Contents)、安全控制(Full Control)。在默认的情况下,大多数的文件和文件夹对所有用户(即 Everyone 组)是完全控制的,这根本不能满足不同的网络的权限设置要求,所以还需要根据具体的应用需求进行重新设置。最好是将各驱动器下的 Everyone 的 Full Control 权限删除,再根据需要添加相应的权限。

3. NTFS 权限的设置

进行 NTFS 权限设置实际上就是设置"谁"有"什么"权限,如图 3-1 所示的选项卡上端的窗口和按钮用于选取用户和组账户,解决"谁"的问题;下端的窗口和按钮用于为上面窗口中选中的用户或组设置相应的权限,解决"什么"的问题。

添加/删除用户和组的步骤如下。

单击图 3-1 中的"编辑"按钮后,在弹出的对话框中单击"添加"按钮,将出现如图 3-2 所示的对话框,在这个对话框中可以直接在文本框中输入用户、账户名称。再单击"检查名称"

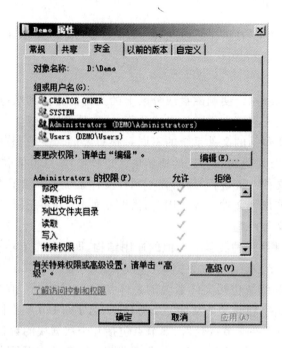

图 3-1 "属性"对话框的"安全"选项卡

对该名称进行核实,如图 3-3 所示。

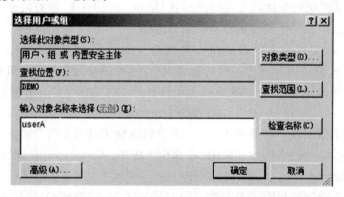

图 3-2 添加用户

图 3-3 输人名称并核实

　　如果希望以选取的方式添加用户和组账户名称，可以单击"高级"按钮，在如图 3-4 所示的对话框中单击"对象类型"按钮缩小搜索账户类型的范围，然后单击"位置"按钮指定搜索账户的位置，最后单击"立即查找"按钮。

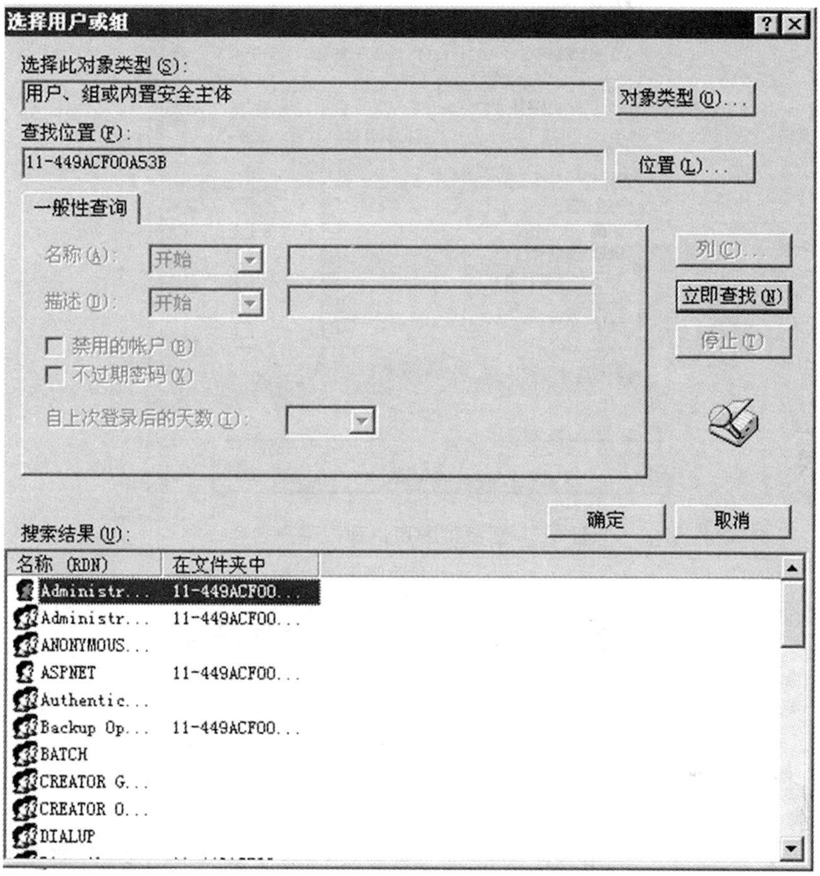

图 3-4　搜索并选择用户和组账户

　　此时，在"属性"对话框的"安全"选项卡上端的窗口中已经可以看到新添加的用户和组，如图 3-5 所示。

　　在如图 3-5 所示的对话框上端选取一个账户，就可以在下端的窗口中设置相应的 NTFS 权限。

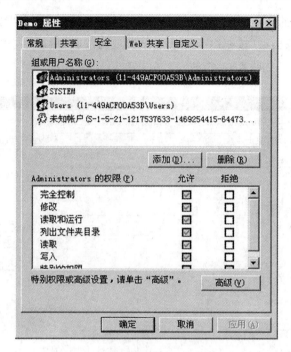

图 3-5 新添加的用户和组账户名称

任务二 文件服务与资源共享

一、任务描述

某大公司内部有多台 Windows Server 2008 系统的服务器用于项目研发和企业的管理,员工发现通过 U 盘或者软盘来进行资源共享的效率非常低,公司迫切需要通过网络来实现资源的共享。为了解决这一问题,公司开始在系统中搭建文件服务器,设置网络资源共享。

二、相关知识

1. 安装文件服务器

(1)打开"管理您的服务器"窗口,如果没有显示,则依次单击"开始"→"管理工具"→"服务器管理器"。如图 3-6 所示。

(2)单击"添加角色",进入角色服务器配置。如图 3-7 所示。

(3)单击"下一步"按钮,进入"添加角色向导",依次选择文件服务器、分布式文件系统、文件服务器资源管理器、网络文件系统服务、Windows Server 2003 文件服务这五个选项。如图 3-8 所示。

(4)单击"下一步"按钮,"创建 DFS 命名空间"。如图 3-9 所示。

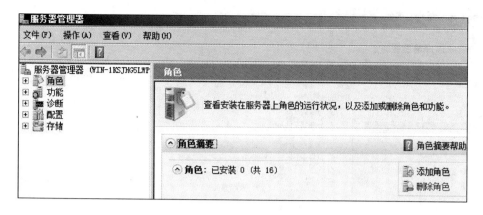

图 3-6　服务器管理器

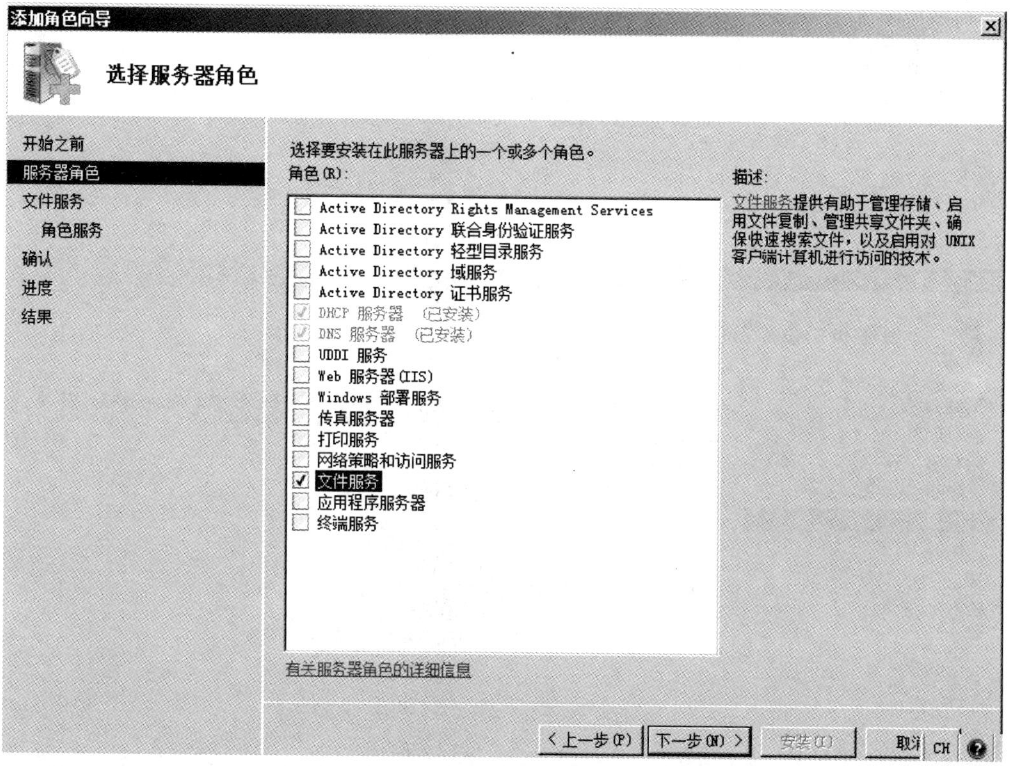

图 3-7　选择服务器角色

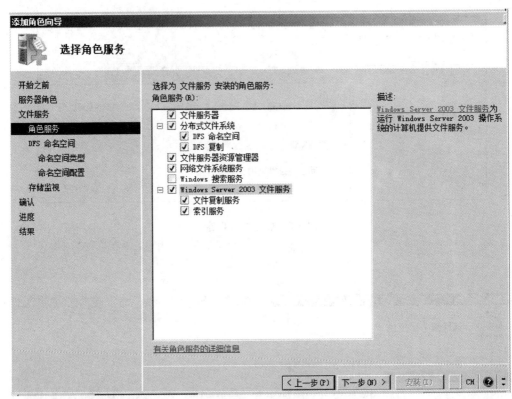

图 3-8　选择角色服务

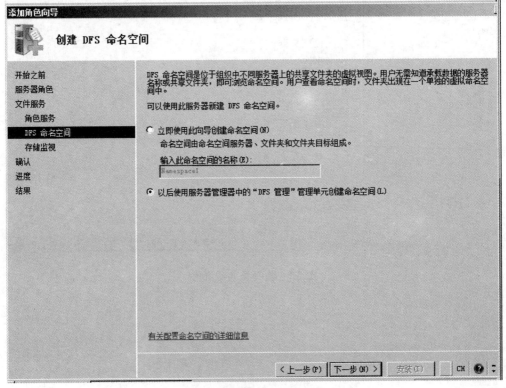

图 3-9　创建 DFS 命名空间

　　（5）单击"下一步"按钮，"配置存储使用情况监视"，单击"选项"按钮，弹出"卷监视选项"。如图 3-10 所示。

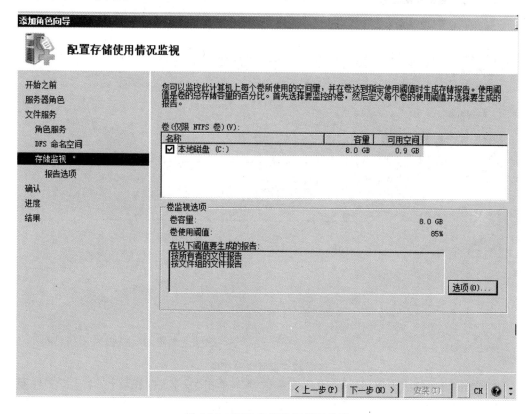

图 3-10　配置存储使用情况监视

　　（6）在"卷监视选项"中可以调整"卷使用阈值"，调整完以后单击"确定"按钮关闭"卷监视选项"窗体，在"配置存储使用情况监视"窗体中单击"下一步"按钮。如图 3-11 所示。

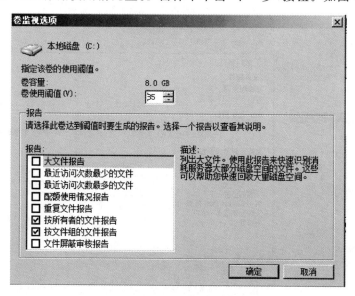

图 3-11　卷监视选项

（7）单击"下一步"按钮，"设置报告选项"。如图 3-12 所示。

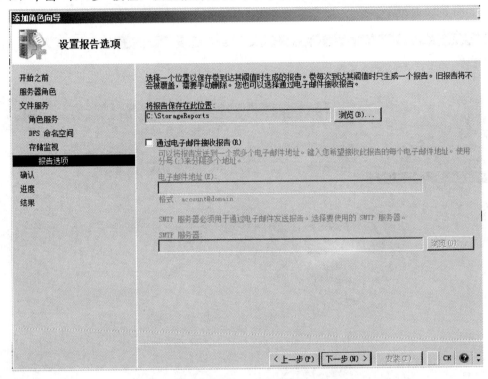

图 3-12　设置报告选项

（8）单击"下一步"按钮，进入"确认安装选择"，单击"安装"按钮就可以安装文件服务器。如图 3-13 所示。

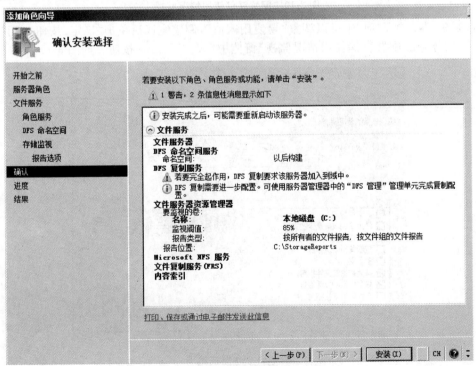

图 3-13　确认安装

2. 设置资源共享

（1）打开"服务器管理器"→"角色"→"文件服务"→"共享和存储管理"，在右边栏里，单击"设置共享"。如图 3-14 所示。

图 3-14　设置共享

（2）进入"设置共享文件夹向导"，输入文件夹位置。如图 3-15 所示。

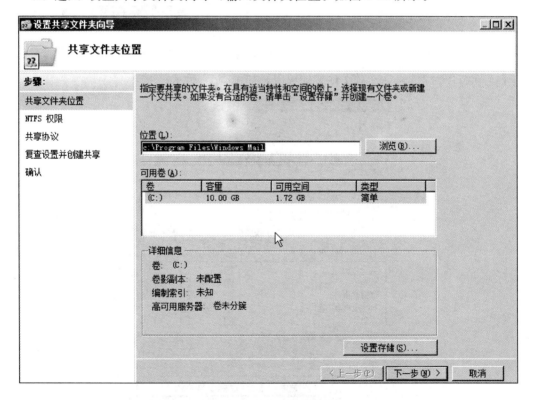

图 3-15　共享文件夹位置

（3）单击"下一步"按钮，进入"NTFS 权限"，选择"是，更改 NTFS 权限"。单击"编辑权限"。如图 3-16 所示。

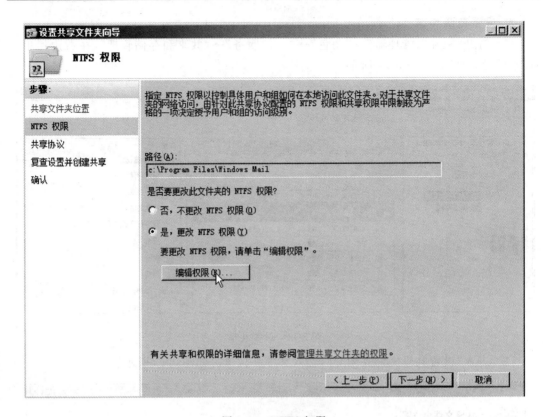

图 3-16 NTFS 权限

(4) 在权限对话框，更改对文件夹的权限。如图 3-17 所示。

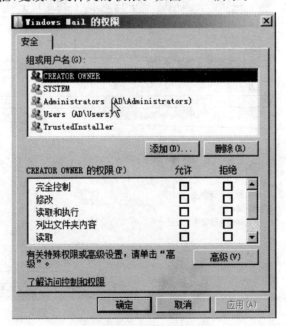

图 3-17 权限设置

(5) 单击"下一步"按钮，进入"共享协议"，设置 SMB 共享名。如图 3-18 所示。

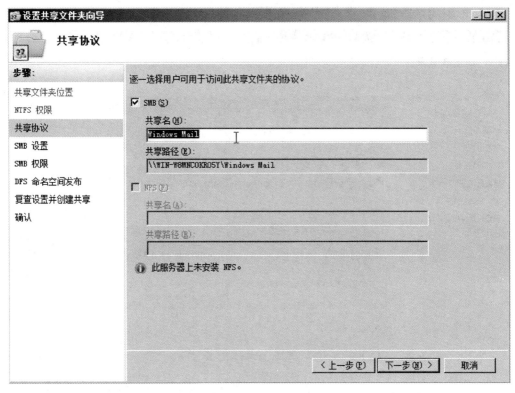

图 3-18 共享协议

（6）单击"下一步"按钮，进入"SMB 设置"，如图 3-19 所示。

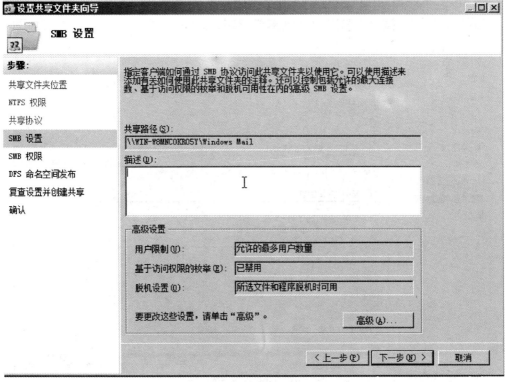

图 3-19 SMB 设置

(7) 单击"下一步"按钮,进入"SMB 权限"。如图 3-20 所示。

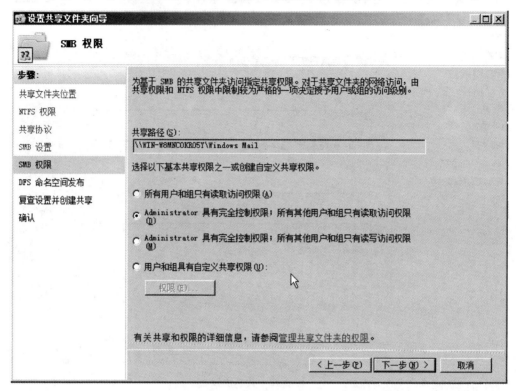

图 3-20　SMB 权限

(8) 单击"下一步"按钮,进入"DFS 命名空间发布"。如图 3-21 所示。

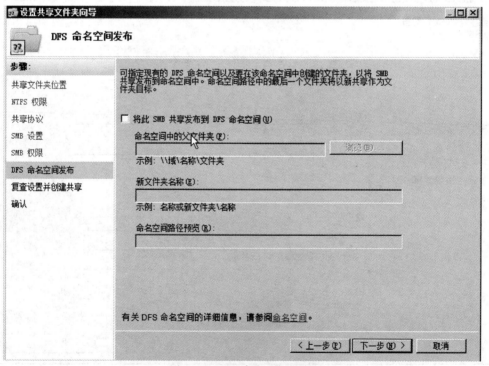

图 3-21　DFS 命名空间发布

（9）单击"下一步"按钮，进入"复查设置并创建共享"，单击"创建"按钮完成共享文件夹设置。如图 3-22 所示。

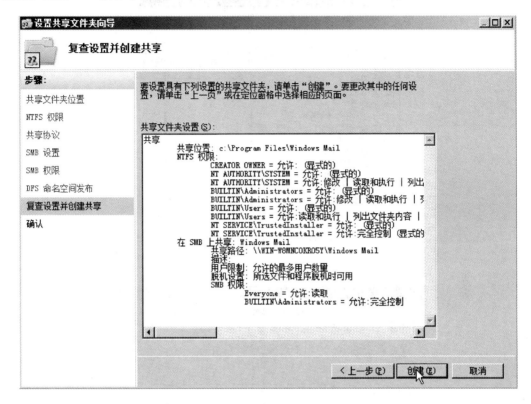

图 3-22　复查设置并创建共享

3．访问网络共享资源

任何一位局域网用户，要想通过网络访问 Windows Server 2008 系统下的目标共享资源，Windows Server 2008 系统都需要对其进行身份认证，如果每次都要采用手工方法输入访问用户名与密码，那共享访问的效率无疑是十分低下的。Windows Server 2008 系统会自动对共享访问用户进行身份验证操作。

首先启用来宾账号，由于 Windows Server 2008 系统在安全方面的性能明显比传统操作系统更强一些，所以在默认状态下，该系统并不允许共享访问用户以来宾账号访问。不过，在内网工作环境中，多数共享资源的访问者都是可信任用户，对待这些可信任用户，完全可以允许他们使用来宾账号来访问 Windows Server 2008 系统中的目标共享资源。

（1）依次单击"开始"→"设置"→"控制面板"→"管理工具"→"服务器管理器"，在弹出的"服务器管理器"控制台窗口中，依次单击"配置"→"本地用户和组"→"用户"分支选项。如图 3-23 所示。

（2）在对应"用户"分支选项的右侧显示区域，会看到"Guest"账号的确处于未启用状态，此时双击"Guest"账号，打开"Guest"账号属性设置对话框。如图 3-24 所示。

（3）将其中的"账户已禁用"复选项取消选中，再单击"确定"按钮，这样 Windows Server

2008 系统就允许任何用户以来宾账号访问其中的共享资源了。如图 3-25 所示。

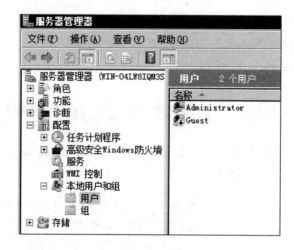

图 3-23　用户管理

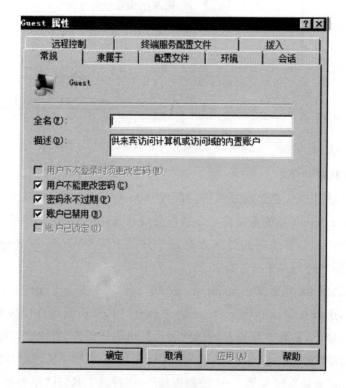

图 3-24　Guest 属性

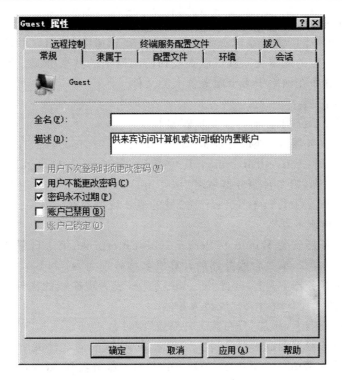

图 3-25　启用 Guest 账号

任务三　分布式文件系统

一、任务描述

某公司有多台文件共享服务器,比如\\srv1\Public、\\srv2\Report、\\srv3\Share 需要为用户添加 3 个共享的连接,分别指向这 3 个网络路径。公司为了避免重复的工作准备安装 DFS,有了 DFS 以后,只需要将这 3 个共享添加到这个标准的接入点就可以了。

二、相关知识

1. 分布式文件系统的特点及应用

随着行业规模的扩大,终端数量增加,当终端数量达到几百台的时候,用户开始从独立服务器向集群方案转变。之所以使用集群,除了能合理利用服务器资源外,另一个最重要的功能就是冗余,即当某台终端服务器出现故障或意外宕机,用户被中断后可以马上连接到集群的其他服务器继续工作。而 DFS 的出现,既能保证冗余,又能保证承载着用户重要数据的这台文件服务器出现故障时不影响终端的使用。

通过分布式文件系统 DFS,一台服务器上的某个共享点能够作为驻留在其他文件服务器上的共享资源的宿主。DFS 以透明方式链接文件服务器和共享文件夹,然后将其映射到某个层次结构,以便可以从一个位置对其进行访问,而实际数据却分布在不同位置。用户只需连接到//DfsServer/Dfsroot。

DFS 为整个网络上的文件系统资源提供了一个逻辑树结构,用户可以抛开文件的实际物理位置,仅通过一定的逻辑关系就可以查找和访问网络的共享资源。用户能够像访问本地文件一样,访问分布在网络中多个服务器上的文件。

2. DFS 服务的安装

在本章中,配置 DFS 服务器的主要步骤如下。

(1) 准备 3 台服务器,IP 地址分别是 192.168.1.1、192.168.1.2、192.168.1.3,这 3 台服务器已经升级到 Active Directory,其中第 1 台 Active Directory 服务器域名为 win2008ser.msft.com,第 2 台服务器域名为 fs1.msft.com,第 3 台服务器域名为 fs2.msft.com。其中一台服务器(fs1.msft.com)作为"域的额外域控制器",另一台服务器(fs2.msft.com)作为域的"成员服务器"。

(2) 这 3 台服务器安装 Windows Server 2008 Enterprise,第 1 台服务器的计算机名称设置为 win2008ser,第 2、第 3 台服务器的计算机名称分别为 fs1 和 fs2。

(3) 在第 2 台服务器 fs1 上,运行 dcpromo 命令,成为现在域的额外域控制器。在第 3 台服务器 fs2 上,加入现有域,作为"成员服务器"。

(4) 在每台服务器上,添加"分布式文件系统"组件。

(5) 在每台服务器上创建一些文件夹并设置共享,同时向文件夹中复制一些对应的文档或数据。由于升级 Windows Server 2008 Enterprise 服务器到 Active Directory 模式已在前面介绍了相应方法,本任务不再叙述。下面讲一下安装"分布式文件系统"的具体方法。

(1) 打开"服务器管理器"窗口,在左侧的控制台树中选择"角色"选项,然后选择对话框右侧的"添加角色",运行"添加角色向导"。

(2) 在"选择服务器角色"对话框中,选择"文件服务"复选框,如图 3-26 所示。

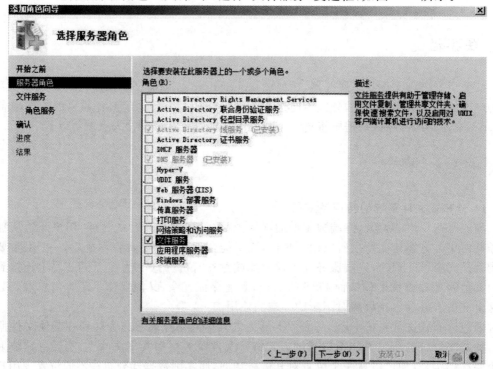

图 3-26　选择服务器角色

（3）单击"下一步"按钮，显示"文件服务简介"对话框，单击"下一步"按钮，在"选择角色服务"对话框中选择"分布式文件系统"复选框，如图 3-27 所示。

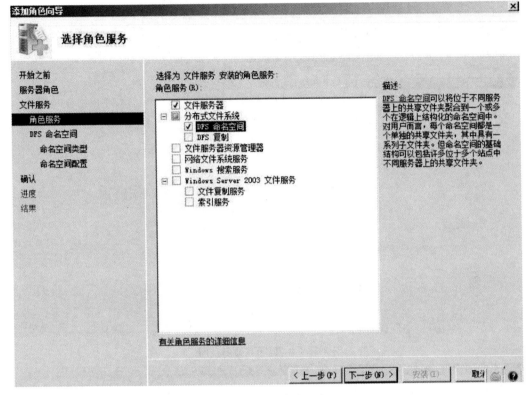

图 3-27　选择角色服务

（4）单击"下一步"按钮，在"创建 DFS 命名空间"对话框中选择"以后使用服务器管理器中的'DFS 管理'管理单元创建命名空间"，如图 3-28 所示。

（5）在"确认安装选择"对话框中，可以查看即将安装的角色服务及功能，如图 3-29 所示。

（6）单击"安装"按钮开始安装。安装完成后，显示"安装结果"对话框，单击"关闭"按钮退出，如图 3-30 所示。

3. DFS 的创建

（1）在服务器上依次单击"开始"→"设置"→"控制面板"→"管理工具"→"DFS 管理控制台"在右面的操作控制台中选择"新建命名空间"选项。如图 3-31 所示。

（2）在"命名空间服务器"页面中的服务器文本框中输入服务器名称，单击"下一步"按钮。如图 3-32 所示。

（3）在"命名空间名称和设置"页面中的"名称"文本框中输入命名空间的名称，输入完以后单击"下一步"按钮。如图 3-33 所示。

（4）在"命名空间类型"页面中选择"基于域的命名空间"选中"启用 Windows Server 2008 模式"，单击"下一步"按钮。如图 3-34 所示。

（5）在"复查设置并创建命名空间"页面中检查以上选择选项是否正确，正确无误单击"创建"按钮。如图 3-35 所示。

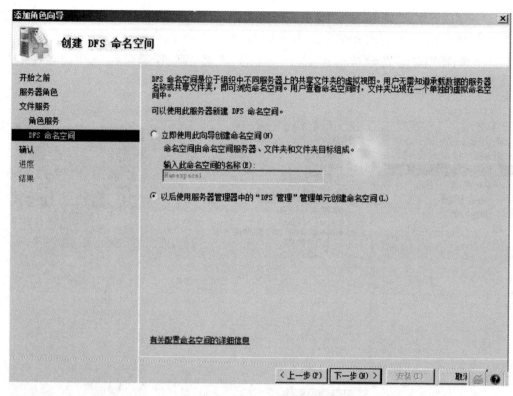

图 3-28 创建 DFS 命名空间

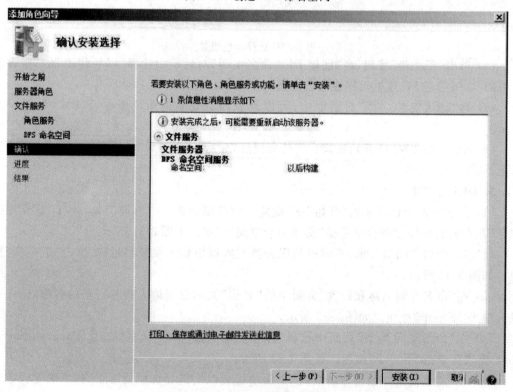

图 3-29 确认安装选择

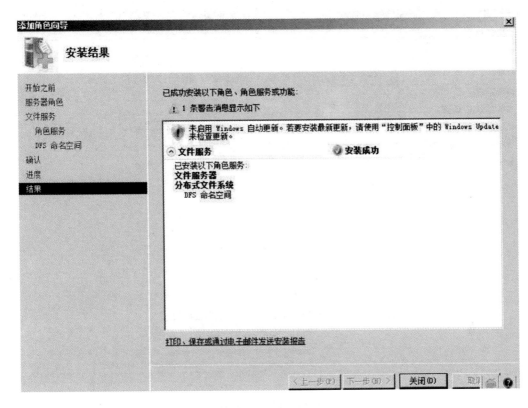

图 3-30　安装结束

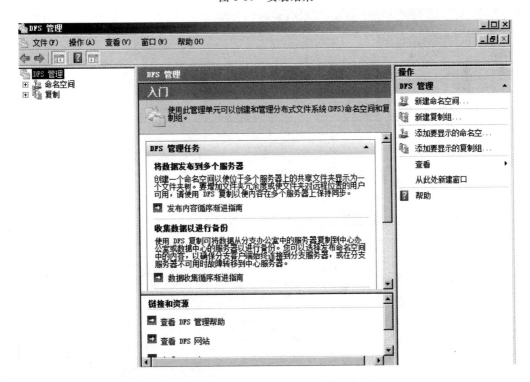

图 3-31　新建 DFS 命名空间

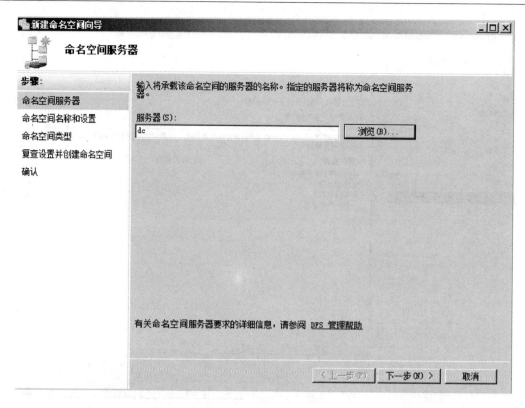

图 3-32　命名空间服务器

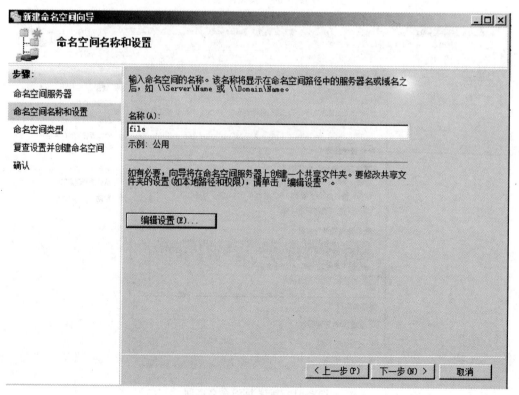

图 3-33　命名空间名称

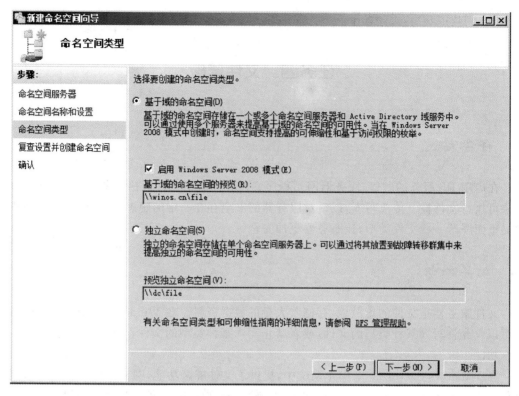

图 3-34　命名空间类型

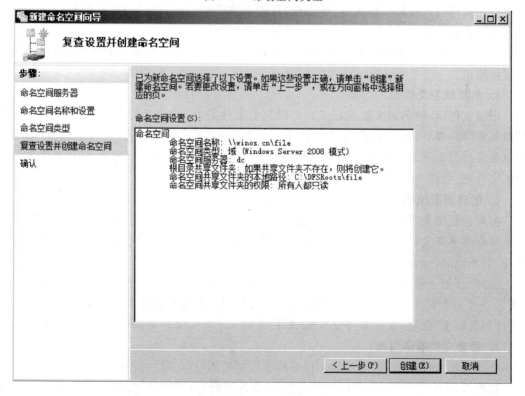

图 3-35　复查设置信息

（6）创建成功后，关闭向导。

任务四　文件屏蔽

一、任务描述

在启用 IIS 服务的时候，服务器网站程序文件夹一般不允许可执行文件被写入或上传，如果可执行文件被上传或写入，以后对服务器的安全存在一定的隐患，这样就需要在某些文件夹里面屏蔽一些文件类型，让服务器更加安全。

二、相关知识

文件服务器是文件的集散地，存储着大量的数据资料。在 Windows 系统中的某个目录下可以仅允许写入某种类型的文件，或者禁止写入某种类型的文件，下面介绍如何简单实现这个功能。

在 Windows Server 2008 操作系统中，提供了文件屏蔽功能，网管员可以将需要限制的文件类型定义为文件类型限制组，将此组指派给目标文件夹，任何用户（包括管理员）在把限制类型的文件写入目标文件夹时，将出现"目标文件夹访问被拒绝"的提示信息。文件屏蔽的主要目的是限制非法授权文件写入定义的文件夹。

文件屏蔽要首先创建限制文件组，然后创建屏蔽模板，之后部署屏蔽策略，最后进行文件屏蔽测试。

1. 创建限制文件组

限制文件组，顾名思义就是定义需要限制的文件类型，支持通配符（＊，？ 等）定义。文件服务安装完成后，预定义了 11 个文件组。顺次选择"服务器管理器→角色→文件服务→共享和存储管理→文件服务器资源管理器→文件屏蔽管理→文件组"选项，即可查看默认的限制文件组，如图 3-36 所示。

2. 创建屏蔽模板

屏蔽模板定义了哪些文件组被监控以及监控方式，有主动屏蔽和被动屏蔽两种模式。主动屏蔽将屏蔽文件组中定义的文件类型所关联的文件；被动屏蔽仅监控文件组中定义的文件，但不限制写入目标文件夹。

选择"开始→管理工具→服务器管理器"选项，在打开的窗口中选择"服务器管理器"→"角色"→"文件服务"→"共享和存储管理"→"文件服务器资源管理器"→"文件屏蔽管理"→"文件屏蔽模板"选项，文件服务安装完成后，预定义了 5 个文件屏蔽模板，如图 3-37 所示。

3. 部署文件屏蔽策略

选择目标文件夹后，将创建的文件屏蔽模板绑定到目标文件夹即可。

在图 3-37 中选择"文件屏蔽"，右键单击"文件屏蔽"，在弹出的快捷菜单中选择"创建文件屏蔽"命令，显示"创建文件屏蔽"对话框。从"文件屏蔽属性"区域的"从此文件屏蔽模板

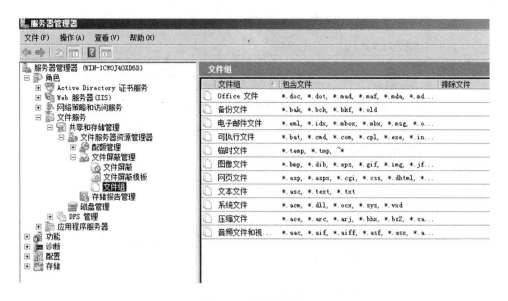

图 3-36　限制文件组

图 3-37　文件屏蔽模板

派生属性"下拉列表中选择屏蔽策略,单击"创建"按钮,即可完成文件屏蔽策略的创建,如图 3-38 所示。

　　Windows Server 2008 提供组件化的文件定制服务,可以为管理员量身定做需要的服务,能有效降低服务器的被攻击面,提高服务器的安全。同时可将文件服务与 NTFS 权限相结合,为用户提供细致的文件访问,也可以和 IIS 服务、FTP 服务结合,提供隔离用户访问模式,降低网管员的管理难度。

4. 文件屏蔽测试

　　在图 3-38 中屏蔽了"C\Firstfile"文件夹下的 exe 文件的写入,创建屏蔽文件策略完成以后不管通过什么方式往"C\Firstfile"下复制、写入、下载 exe 文件等都无法成功,显示磁盘空间不足。

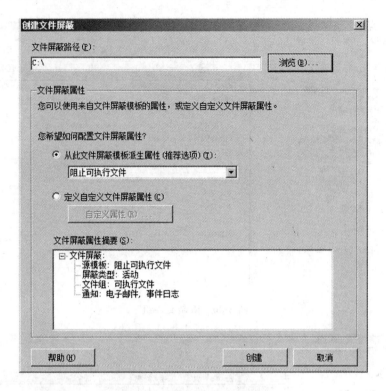

图 3-38　创建文件屏蔽策略

任务五　磁盘配额

一、任务描述

某公司的 Windows Server 2008 服务器上有多个用户,个别用户出现过度使用磁盘空间造成其他用户无法正常工作甚至影响系统运行,为解决这一情况管理员为用户所能使用的磁盘空间进行配额限制,每一用户只能使用最大配额范围内的磁盘空间。设置磁盘配额后,可以对每一个用户的磁盘使用情况进行跟踪和控制,通过监测可以标识出超过配额报警阈值和配额限制的用户,从而采取相应的措施。

二、相关知识

1. 磁盘配额的功能

磁盘管理是计算机系统管理的一项重要内容,除了在安装 Windows Server 2008 的过程中需要配置磁盘外,在使用计算机过程中经常要进行磁盘管理,如新建分区、删除磁盘分区、更改驱动器号和路径、清理磁盘和设置磁盘限额等。本节主要介绍 Windows Server 2008 中有关磁盘管理方面的内容,其中,值得注意的是 Windows Server 2008 对分区的操作既可以在 Windows 界面下完成,也可以使用命令行的方式完成,本节主要讲解在 Windows

界面下进行操作的方法。

Windows Server 2008 磁盘管理的新功能和新特征包括以下几点。

（1）更为简单的分区创建。右键单击某个卷时，可以直接从菜单中选择是创建基本分区、跨区分区还是带区分区。

（2）磁盘转换选项。向基本磁盘添加的分区超过 4 个时，系统将会提示用户将磁盘分区形式转换为动态磁盘或 GUID 分区表（GPT）。

（3）扩展和收缩分区。可以直接从 Windows 界面扩展和收缩分区。

在 Windows Server 2008 中，磁盘管理任务可以通过"磁盘管理"MMC 控制台来完成，它可完成以下功能。

（1）创建和删除磁盘分区。

（2）创建和删除扩展磁盘分区中的逻辑分区。

（3）指定或修改磁盘驱动器、CD-ROM 设备的驱动器号及路径。

（4）基本盘和动态盘的转换。

（5）创建和删除映射卷。

（6）创建和删除 RAID-5 卷。

2. 磁盘配额配置

Windows Server 2008 的磁盘分为 MBR 磁盘与 GPT 磁盘两种分区形式。

（1）MBR 磁盘

MBR 磁盘是标准的传统形式，其磁盘存储在（Master Boot Record，MBR）内，而 MBR 是位于磁盘的最前端。计算机启动时，主机板上的 BIOS（基本输入/输出系统）会先读取 MBR，并将计算机的控制权交给 MBR 内的程序，然后由此程序来继续启动工作。

（2）GPT 磁盘

GPT 磁盘的磁盘分区表示存储在 GPT（GUID Partition Table）内，它也是位于磁盘的最前端，而且它有主分区表与备份磁盘分区表，可提供故障转移功能。GPT 磁盘通过 EFI（Extensible Firmware Interface）来作为计算及硬件与操作系统之间沟通的桥梁，EFI 所扮演的角色类似于 MBR 磁盘的 BIOS。

下面介绍基本磁盘和动态磁盘。

- 基本磁盘：基本磁盘是传统的磁盘系统，在 Windows Server 2008 内新安装的硬盘默认是基本磁盘。
- 动态磁盘：动态磁盘支持多种特殊的卷，其中有的可以提高系统的访问效率，有的可以提供故障转移功能，有的可以扩大磁盘的使用空间。
- 基本卷的管理可以通过右键单击"计算机"→"管理"→"存储"→"磁盘管理"来完成。如图 3-39 所示。

压缩卷：图 3-39 中我们看到只有一个分区，驱动器为 C，容量为 50 GB。如果想将尚未使用的剩余空间释放出来，并变为另外一个未划分的可用空间的话，可以利用系统所提供的压缩功能来实现此目的。其方法如图 3-40 所示，右键单击 C 磁盘→"压缩卷"→输入欲释放的空间大小，单击压缩就可以了。

压缩卷完成以后系统会出现一个未分配的磁盘空间。如图 3-41 所示。

同样用户也可以扩展分区，右键单击 C 磁盘→"扩展卷"。如图 3-42 所示。

在弹出的"扩展卷向导"页面单击"下一步"按钮。如图 3-43 所示。

在选择空间量上输入要扩展的大小，单击"下一步"按钮。如图 3-44 所示。

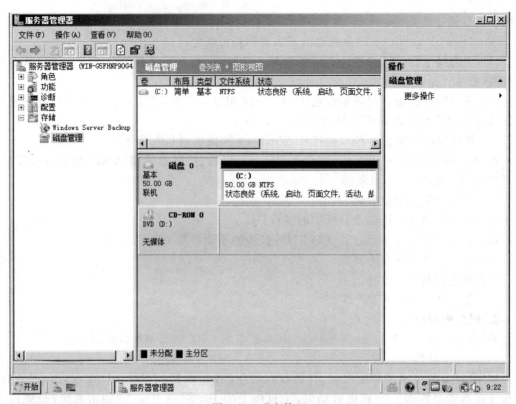

图 3-39　磁盘管理

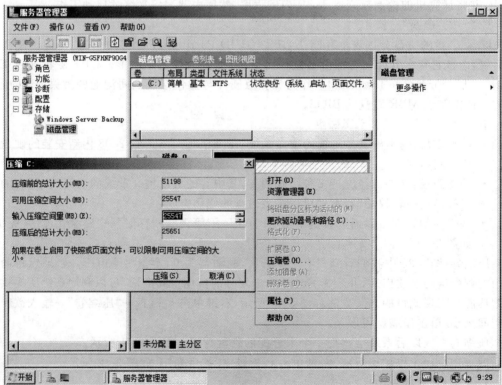

图 3-40　压缩卷

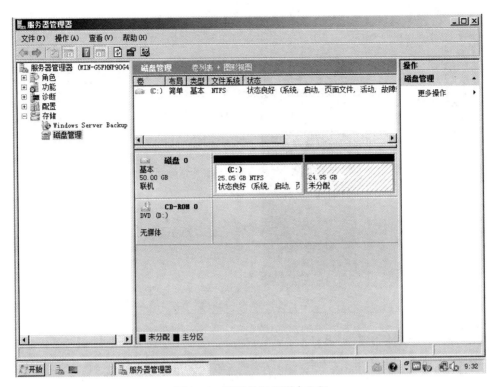

图 3-41 压缩卷以后剩余空间

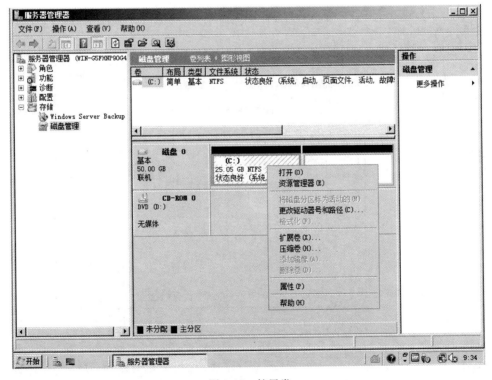

图 3-42 扩展卷

输入完扩展卷大小以后，单击"下一步"按钮。如图 3-45 所示。

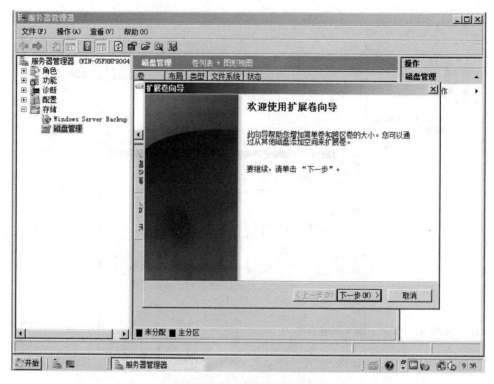

图 3-43　扩展卷向导

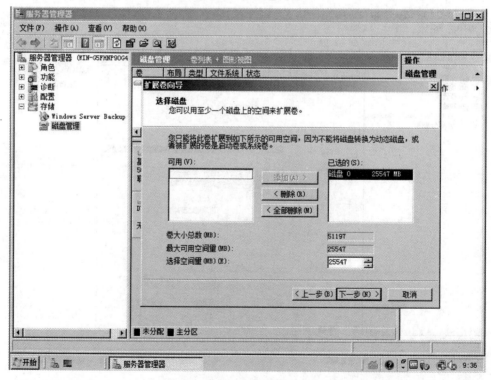

图 3-44　输入扩展卷大小

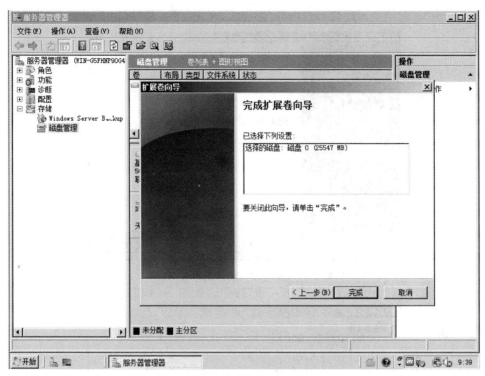

图 3-45　完成扩展卷设置

3. 创建主分区

（1）打开"磁盘管理"界面，右键单击"未分配"的空间，选择"新建简单卷"。如图 3-46 所示。

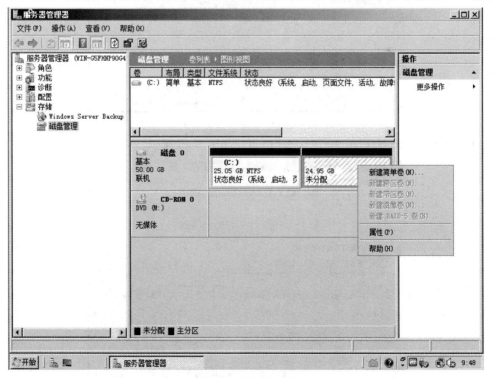

图 3-46　新建简单卷

（2）出现"欢迎使用新建简单卷向导"画面时，单击"下一步"按钮。如图 3-47 所示。

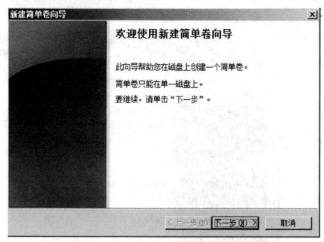

图 3-47　欢迎使用新建简单卷向导

（3）设置简单卷的大小后，单击"下一步"按钮。如图 3-48 所示。

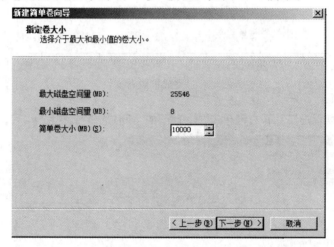

图 3-48　设置简单卷大小

（4）选择适当大小后，单击"下一步"按钮。如图 3-49 所示。

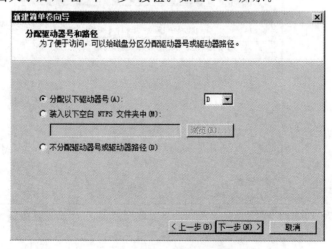

　　　　　图 3-49　分配驱动器号和路径

（5）默认是要将其格式化的，我们选中"执行快速格式化"，单击"下一步"按钮。如图 3-50 所示。

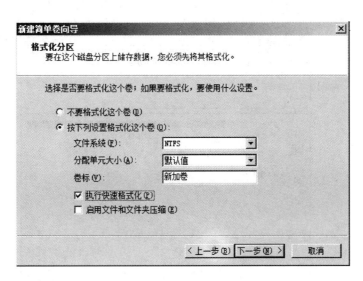

图 3-50　格式化分区

（6）出现"完成新建简单卷向导"画面时，单击"完成"按钮。如图 3-51 所示。

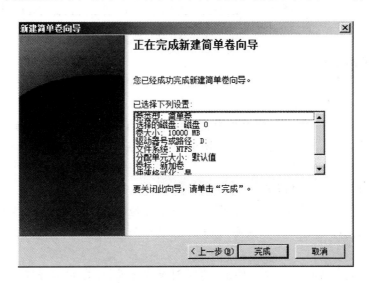

图 3-51　完成新建简单卷

（7）之后系统会将磁盘分区格式化，完成后将显示新加卷（D）容量大小为 9.77 GB。如图 3-52 所示。

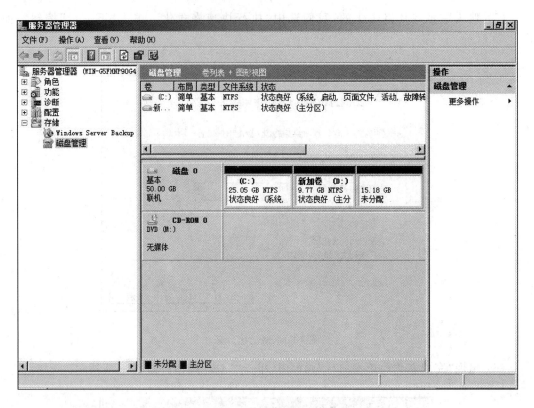

图 3-52　查看新加卷

单元总结

1. 知识总结

➢ 在默认的情况下,大多数的文件和文件夹对所有用户(即 Everyone 组)是完全控制的,这根本不能满足不同的网络权限设置要求,所以还需要根据具体的应用需求进行重新设置。

➢ 在"卷监视选项"中可以调整"卷使用阈值"。

➢ 在内网工作环境中,多数共享资源的访问者都是可信任用户,对待这些可信任用户,完全可以允许他们使用来宾账号来访问 Windows Server 2008 系统中的目标共享资源。

➢ 文件屏蔽要首先创建限制文件组,然后创建屏蔽模板,之后部署屏蔽策略,最后进行文件屏蔽测试。

2. 相关名词

NTFS　文件服务器　资源共享　DFS　屏蔽模板　磁盘配额　磁盘管理

知识测试

一、填空题

1. 文件系统是操作系统用于明确磁盘或分区上的文件的方法和数据结构,即在磁盘上_____的方法。

2. NTFS 文件系统访问权限主要分为：读取（Read）、写入（Write）、读取及执行（Read and Execute）、修改（Modify）、遍历目录（List Folder Contents）、_____。

3. DFS 为整个网络上的文件系统资源提供了一个_____结构。

4. 文件屏蔽要首先创建_____。

5. 屏蔽模板有_____和_____两种模式。

6. Windows Server 2008 的磁盘分为_____磁盘与_____磁盘两种分区形式。

二、选择题

1. 以下不属于 NTFS 文件系统访问权限的是（　　）。

A. 读取　　　　　　B. 写入　　　　　　C. 修改　　　　　　D. 分区

2. 文件服务安装完成后，预定义了（　　）个文件组。

A. 8　　　　　　　　B. 9　　　　　　　　C. 10　　　　　　　D. 11

3. Windows Server 2008 磁盘管理的新功能和新特征不包括（　　）。

A. 更为简单的分区创建　　　　　　B. 磁盘转换选项

C. 扩展和收缩分区　　　　　　　　D. 更改映射卷

4. 在 Windows Server 2008 内新安装的硬盘默认是（　　）。

A. 基本磁盘　　　B. 动态磁盘　　　C. MBR 磁盘　　　D. GPT 磁盘

5. 压缩卷完成以后系统会出现一个（　　）的磁盘空间。

A. 未分配　　　　B. 已分配　　　　C. 未使用　　　　D. 已使用

三、实训

某公司有一台 Windows Server 2008 系统的服务器，为了更好地对文件进行管理，要求如下。

1. 安装文件服务器。

2. 设置资源共享。

3. 安装 DFS。

4. 创建文件屏蔽。

项目四

Windows Server 2008 配置共享和打印服务

项目描述

　　某公司一个办公室有 5 台计算机和 1 台打印机，其中 1 台计算机与打印机相连，可以直接打印。其他人需要打印，只能把要打印的文件复制到连接打印机的计算机上，给大家的工作造成了诸多不便。解决的方法就是让其余 4 台计算机共享打印服务，使所有的计算机都能直接与打印机相连。

学习目标

➢ 了解配置共享的概念
➢ 掌握怎样创建共享
➢ 掌握如何创建打印服务
➢ 掌握打印机的权限设置
➢ 掌握客户端如何安装共享打印机

任务一　配置共享

一、任务描述

　　很多人认为访问共享资源很简单，只要先找到共享资源，之后双击共享目标，再登录进去就可以进行访问操作了。事实上，这其中的每一步操作都可能会受到 Windows 系统的限制。当尝试访问 Windows Server 2008 系统中的共享资源时，该系统会对其中的每一个环节设置障碍，必须进行合理的设置，才能访问到 Windows Server 2008 的共享资源。

二、相关知识

1. 配置共享的概念

　　从局域网中的普通计算机中，打开网上邻居窗口就能看到目标共享资源了。可是 Windows Server 2008 系统在默认状态下强化了安全性能，它通过新增加的网络发现功能控制着普通客户端随意查看保存在其中的目标共享资源。因此，当无法从网上邻居窗口中查看到 Windows Server 2008 系统中的目标共享资源时，就需要检查对应系统的网络发现功能是否正常开启了，下面就是具体的查看步骤.

（1）打开 Windows Server 2008 系统的"开始"菜单→"设置"→"控制面板"。如图 4-1 所示。

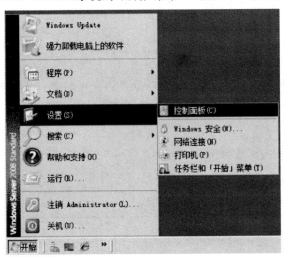

图 4-1　打开控制面板

（2）在打开的"控制面板"窗口中双击"网络和共享中心"。如图 4-2 所示。

图 4-2　双击"网络和共享中心"

（3）打开"网络和共享中心"窗体以后在"共享和发现"列表下面找到"网络发现"选项，单击展开"网络发现"选项。如图 4-3 所示。

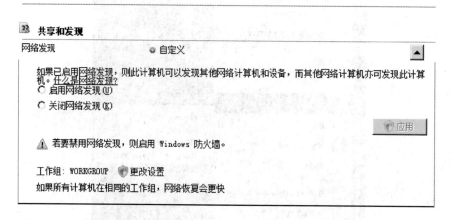

图 4-3　"网络和发现"列表中的"网络发现"选项

（4）检查在默认状态下"启用网络发现"选项是否处于选中状态，如果该选项没有被选中，说明 Windows Server 2008 系统禁止局域网中的任何用户通过网络查看、访问其中的所有共享资源。单击"启用网络发现"前面的单选框，单击"应用"按钮，这样就启用了网络发现功能，局域网中的其他机器就能访问这台机器的共享资源了。这时一定要确定"文件共享"也处于启用状态，不然的话，Windows Server 2008 系统是不能将目标资源共享发布到局域网网络中的。如图 4-4 所示。

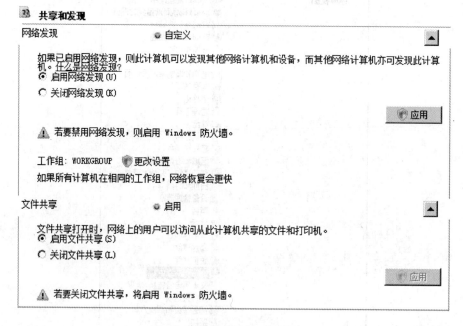

图 4-4　启用"网络发现"功能

通过上面四步已经成功开启"网络发现"功能，局域网里面其他计算机就能通过文件共享服务访问本机的共享文件内容了。

还有一点需要注意,局域网中的普通计算机一定要和 Windows Server 2008 系统所在主机位于相同的工作子网中,并且它们要使用相同的工作组名称,这样才能确保文件的正常共享访问。

2. 如何创建共享

在网络中共享资源和计算机相互通信是网络形成和发展到今天的主要动力,在现在的公司内部通过软盘、U 盘来实现资源共享是非常低级的。通过网络共享资源已经成为每个公司的基本需求。

在 Windows Server 2008 系统中并非所有用户都可以设置文件夹共享。首先,要设置文件夹共享的用户必须是 Administration 等内置组的成员。其次,如果该文件夹位于 NTFS 分区内,那么该用户必须有对该文件夹"读取"的 NTFS 权限。具备上述两点条件以后就可以设置共享了,具体操作步骤如下。

(1)打开"我的电脑"或者"资源管理器",找到要共享的文件夹,右键单击要共享的文件夹,选择"共享"选项。如图 4-5 所示。

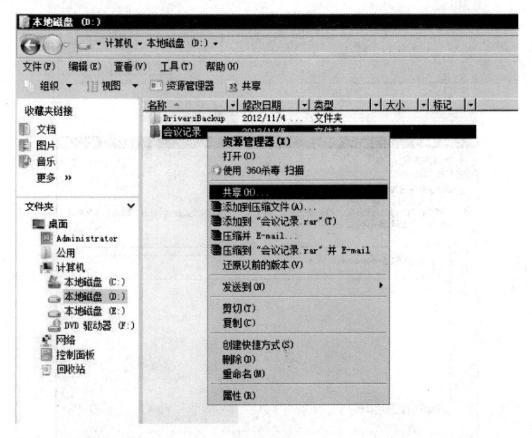

图 4-5 打开共享选项

(2)在打开的"文件共享"选项卡中,选择相应的用户以及相应的权限,单击"共享"按钮。具体操作如图 4-6 所示。

(3)设置完权限以后,在弹出的窗体中就能看到本次共享的文件夹,单击下面"完成"按钮,完成共享操作。如图 4-7 所示。

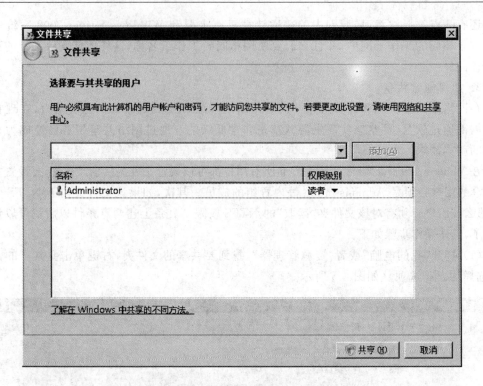

图 4-6　共享权限设置

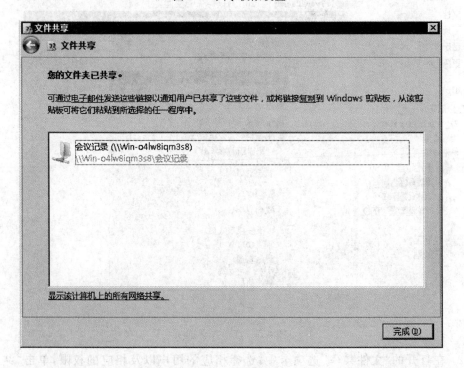

图 4-7　完成共享

（4）完成共享以后，被共享的文件夹左下角会出现小人图标，这样就证明共享成功了。如图 4-8 所示。

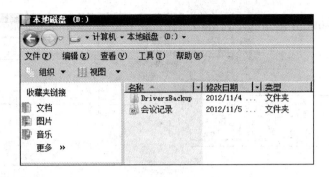

图 4-8 共享图标

以上操作完成了文件夹的共享,这样在局域网中就能方便快捷地访问到这个文件夹里面的文件了。

3. 如何创建共享文件的权限

设置完共享以后,在局域网中计算机访问共享资源需要进行权限的设置,权限不一样执行的操作也不一样,下面来详细地设置共享文件的权限。

(1)打开"我的电脑"找到已经共享的文件夹,右键单击文件夹选择"属性"选项,在弹出的属性窗体中选择"共享"选项卡,在共享选项卡中单击"高级共享"按钮,弹出高级共享设置对话框,在高级共享对话框中单击"权限"按钮来设置相应的权限。如图 4-9 所示。

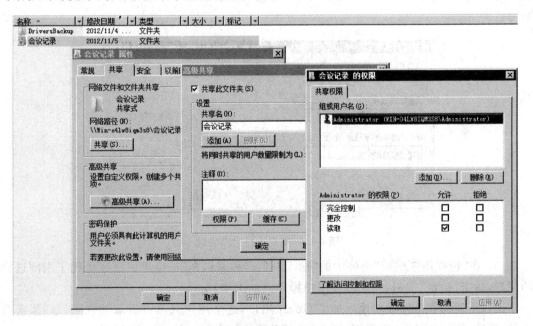

图 4-9 打开权限设置窗口

(2)在打开的权限窗口中单击"添加"按钮,弹出"选择用户和组"选项窗口,在弹出的窗口中单击"高级"按钮,弹出"选择用户或组"窗体,在弹出的选择用户和组窗体中选择"立即查找"按钮,在搜索结果中将出现系统里面所有的账号和用户组,选择其中相应的用户,具体操作如图 4-10 所示。

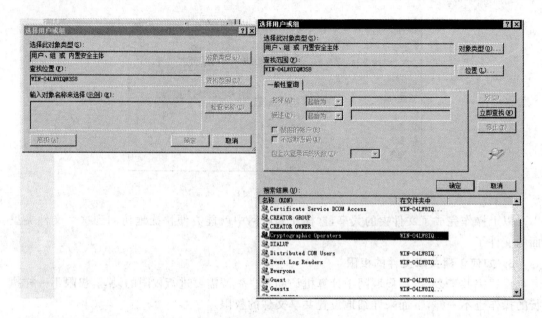

图 4-10　选择用户

　　（3）在选择完用户以后，单击"确定"按钮，系统将自动管理查找用户界面，在"选择用户或组"窗体中出现选择的用户或组的信息，单击"确定"按钮，完成选择用户或组操作。如图 4-11 所示。

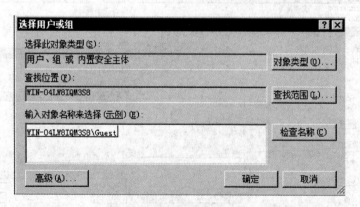

图 4-11　完成选择用户或组

　　（4）在"选择用户或组"窗体中的"输入对象名称来选择"选项里面已经出现了刚刚选择的用户，单击"确定"按钮，完成选择用户操作。如图 4-12 所示。

　　通过上述操作已经成功地添加了 Guest 用户，这个用户只具有读取的权限。如果需要上传、修改、删除的权限，需要把"完全控制"单选框打上勾。如图 4-13 所示。

　　单击"确定"按钮关闭权限控制窗体，这样就完成了给文件夹"会议记录"的权限操作。

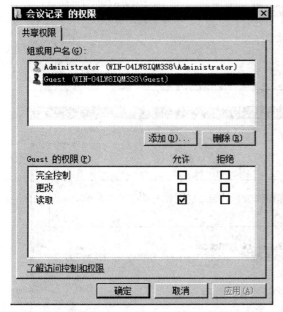　　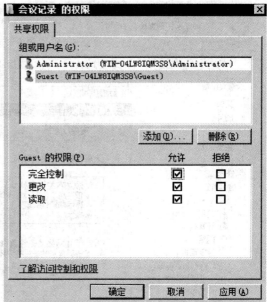

图 4-12　增加 Guest 用户　　　　　　　　　　图 4-13　完全控制

任务二　打印服务

一、任务描述

某公司一个办公室有多台计算机，为了方便大家工作，公司购买了一台打印机。需要连接打印机并共享到所有计算机，再进行基本设置。

二、相关知识

1. 为什么要共享打印服务

公司、学校、单位都会有很多部门和很多计算机，这些部门都需要打印一些日常工作所用到的文件，每台计算机配一个打印机成本比较高，维护起来也比较麻烦，这样就需要多台计算机共用一台打印机来完成打印共享服务。

2. 如何创建打印服务

（1）把打印机连接至计算机，打开打印机电源，在计算机上依次单击"开始"→"设置"→"控制面板"→"打印机"，单击打印机页面里面的"添加打印机"选项，如图 4-14 所示。

（2）在"添加打印机"窗口中的"增加打印机"选项中选择"添加本地打印机"选项，弹出"选择打印端口"选项，选择默认端口即可，单击"下一步"按钮。如图 4-15 所示。

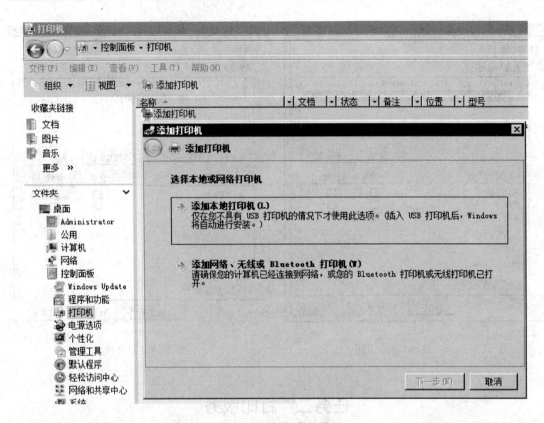

图 4-14　添加打印机设置

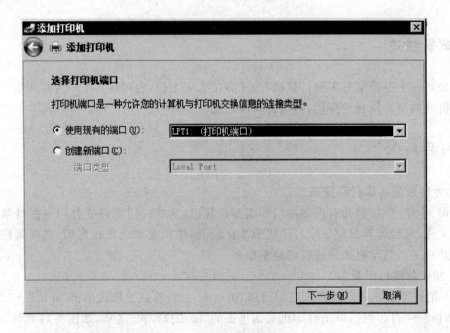

图 4-15　选择打印机端口

（3）在打开的"安装打印机驱动程序"中选择打印机对应的"厂商"，在选择完"厂商"以后，右面打印机选项中选择相对应的打印型号，单击"下一步"跳转到"键入打印机名称"选项卡。如图 4-16 所示。

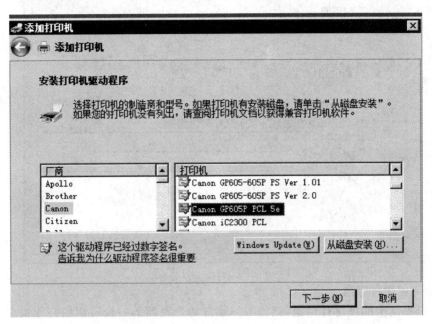

图 4-16　选择打印机驱动

（4）在"键入打印机名称"中的"打印机名称"中输入打印机名称。单击"下一步"跳转到安装驱动页面，自动安装驱动，安装完驱动跳转到"打印机共享"页面。如图 4-17 所示。

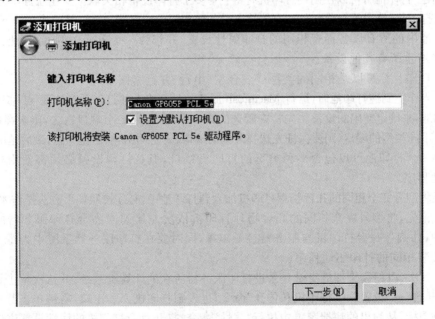

图 4-17　输入打印机名称

（5）在"打印机共享"页面中选择"不共享这台打印机"，然后单击"下一步"来完成添加打印机。如图 4-18 所示。

通过上述操作就完成了打印机的添加。打印机就可以正常地使用了。

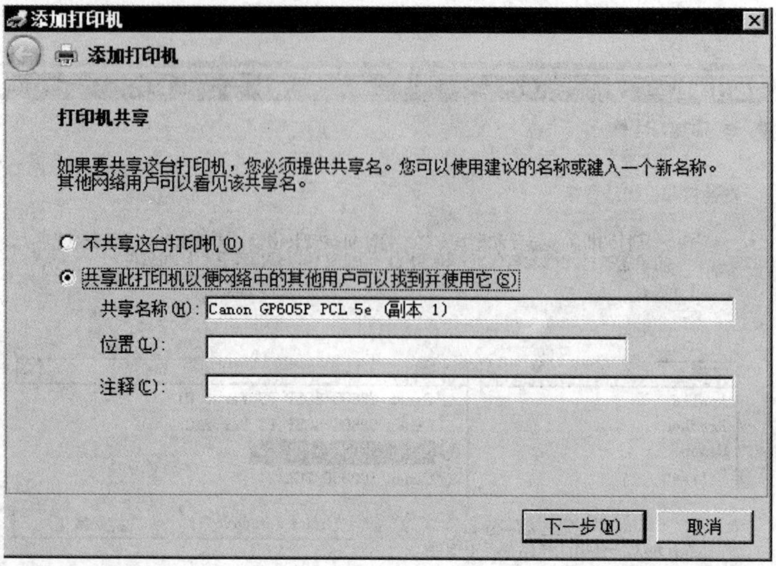

图 4-18　打印共享设置

3. 如何创建打印池

　　计算机系统上能创建打印池,把打印作业自动分发到下一台可用的打印机上。打印池是一台逻辑打印机,可以通过打印服务器的多个端口连接到多台打印机。未处于工作状态的打印机就可以接收发送到逻辑打印机的下一份文档。对于打印量很大的公司有很大的帮助,可以减少用户等待文档的时间。

　　要创建"打印池",可以在创建打印机时将它与多个打印设备相关联。要建立打印池,需要先创建一个打印机,然后给它分配与拥有的打印设备数相同的输出端口数。打印池有如下的特点。

　　(1) 池中的所有设备拥有相同的打印属性设置,并作为一个单元。例如,停止其中的一个设备将停止所有其他设备。

　　(2) 打印目标可以是相同的类型或混合型(串行、并行和网络)。

　　(3) 当作业到达打印池后,运行 Macintosh 服务的计算机上的打印后台处理程序将检查该作业的目的地,来确定空闲的设备。先检查所选的第一个端口,第二个端口次之,依次类推。如果池中包含不同类型的端口,则要保证先选择最快的端口(先是网络,然后是并行,最后是串行)。

　　(4) 一个打印池可以包含多种类型的打印机接口,但是打印设备必须都使用相同的打印机驱动程序。

　　要想将型号完全相同的几台物理打印机加入到打印池中,必须按照如下方法操作才可以。

　　(1) 首先,将型号完全相同的几台物理打印机依次连接到同一台打印服务器的不同打印端口中,并确保每台打印机与服务器接触牢靠,同时要在打印服务器系统中为每一台物理打印机安装相同的打印驱动程序。

　　(2) 其次,以超级管理员身份登录进打印服务器所在的计算机系统,并依次单击该系统桌面中的"开始"→"设置"→"打印机和传真"命令,进入到打印机列表窗口,右键单击其中的某一台打印机图标,从弹出的快捷菜单中执行"属性"命令,打开对应打印机的属性设置窗口。

　　(3) 单击该设置窗口中的"端口"选项卡,打开选项设置页面,选中其中的"启用打印机池"复选项,然后在"打印到下列端口"列表框中,依次将打印机服务器中连接各台物理打印机的打印端口全部选中,再单击"确定"按钮退出打印机属性设置界面。

　　(4) 按照相同的操作方法,再逐一打开其他打印机的属性设置界面,并在对应界面的"端口"

标签页面中,也将"启用打印机池"复选项选中,同时将打印服务器所用的打印端口依次选中。

为了便于局域网中的其他工作站使用打印池功能进行网络打印,还需要在打印机列表窗口中,右键单击打印服务器图标,再从弹出的右键菜单中执行"共享"命令,在其后打开的共享设置页面中,选中"共享这台打印机"选项,同时在"共享名"文本框中输入打印池的名称,比如这里输入的是"打印机组",最后单击"确定"按钮。这样的话,局域网中的其他工作站日后向打印池发送打印任务时,打印池系统会循环检查连接到打印服务器中的可以使用的打印机,一旦发现到有可使用的物理打印机时,打印池系统会自动将打印任务"分配"给空闲的物理打印机。另外,需要注意的是,在安装打印池中的打印驱动程序时,请尽可能地安装 Microsoft 公司认证的驱动程序,毕竟不少打印机制造商提供的打印驱动无法与 Windows 系统准确兼容,那么用户日后在调用微软公司特有的打印池功能时,很有可能会出现各种意想不到的错误。

完成上面的设置操作后,打印池功能现在就能生效了。当局域网中的不同工作站同时将多个打印任务发送到打印服务器中后,打印服务器就会自动将接收到的打印任务传输给打印池进行管理,打印池会自动把优先传输过来的打印任务交给其中的一台打印机去处理,如果在打印池工作的过程中又有新的打印任务传输过来时,打印池就会自动对池中的物理打印机工作状态进行侦测,一旦发现有哪台打印机正处于空闲状态,它就会将打印任务转交那台空闲打印机去处理。倘若打印池中的所有物理打印机都处于工作状态时,那么打印池就会自动将接收到的打印任务保存到打印队列中,以便依次进行打印处理,确保每一个打印任务都能正确地被打印出来。

4. 打印机的权限的设置

打印机的权限跟文件夹的权限是一样的,设置用户是否有打印功能,具体操作如下。

单击"开始"→"设置"→"控制面板"→"打印机",找到要设置权限的打印机,右键单击打印机选择"属性"。如图 4-19 所示。

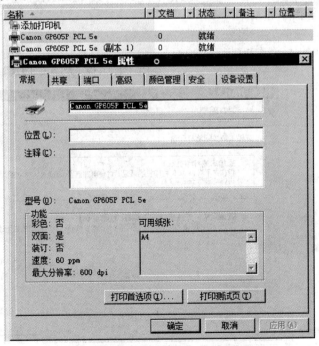

图 4-19　打印机属性设置

（2）在打开的属性窗体中选择"安全"选项卡，在"组或用户名"选项中可以增加相应的用户或组来进行权限控制。下面可以修改是否允许打印、管理打印机、管理文档功能。如图 4-20 所示。

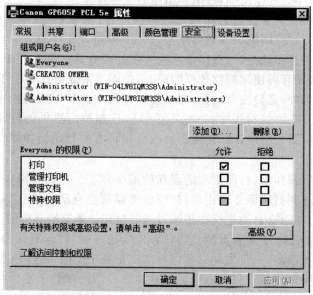

图 4-20　权限设置选项卡

（3）修改完权相应权限以后，单击"确定"按钮完成权限修改。

5. 客户端如何安装共享打印机

（1）把打印机连接至计算机，打开打印机电源，在计算机上依次单击"开始"→"设置"→"控制面板"→"打印机"，单击打印机页面里面的"添加打印机"选项，如图 4-21 所示。

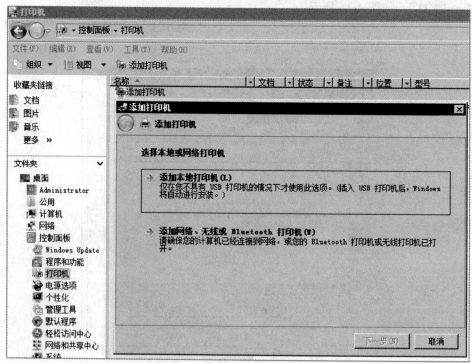

图 4-21　添加打印机设置

（2）在添加打印机选项中选择"添加网络，无线或 Bluetooth 打印机（W）"选项，打开搜索打印机页面，系统将自动搜索网络中的打印机。如图 4-22 所示。

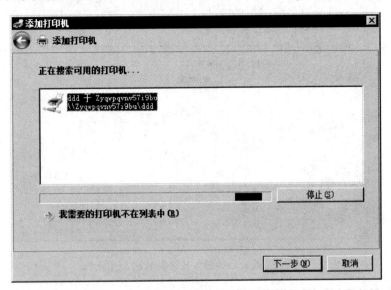

图 4-22　搜索打印机

（3）选中要共享的打印机，单击"下一步"按钮弹出"Windows 打印机安装"窗体，系统将自动安装打印机。如图 4-23 所示。

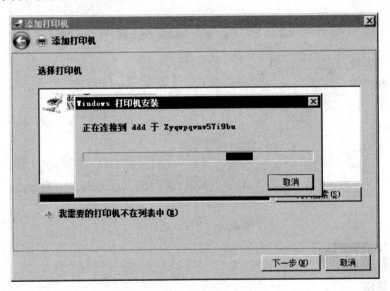

图 4-23　Windows 打印机安装

（4）安装完打印机以后，系统自动跳转到"键入打印机名称"窗体，选择"设置为默认打印机"选项，单击"下一步"按钮。如图 4-24 所示。

（5）在测试打印机页面可以对打印机进行测试，测试完打印机以后，单击"完成"按钮来完成共享打印机操作。如图 4-25 所示。

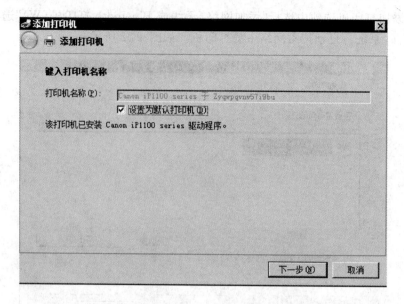

图 4-24　键入打印机名称

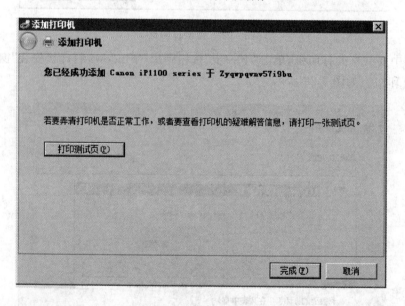

图 4-25　完成共享打印

1. 知识总结

➢ 当尝试访问 Windows Server 2008 系统中的共享资源时，该系统会对其中的每一个环节设置障碍，必须进行合理的设置，才能访问到 Windows Server 2008 的共享。

➢ 在 Windows Server 2008 系统中具备两个条件就可以设置共享。首先，要设置文件夹共享的用户必须是 Administration 等内置组的成员。其次，如果该文件夹位于 NTFS 分区内，那么该用户必须对该文件夹有"读取"的 NTFS 权限。

➢ 要建立打印池，需要先创建一个打印机，然后给它分配与用户拥有的相同打印设备数相同的输出端口数。

2. 相关名词

共享　权限　控制面板　打印机共享　打印池　逻辑打印机　端口

知识测试

一、填空题

1. 局域网中的普通计算机一定要和 Windows Server 2008 系统所在_____位于相同的工作子网中。

2. 在 Windows Server 2008 系统中设置文件夹共享，首先要设置文件夹共享的用户必须是 Administration 等_____的成员。

3. 打印池是一台逻辑打印机，可以通过打印服务器的多个_____连接到多台打印机。

4. 要建立打印池，需要先创建一个打印机，然后给它分配与拥有的打印设备数相同的_____。

5. 当作业到达打印池后，运行_____服务的计算机上的打印后台处理程序将检查该作业的目的地，来确定空闲的设备。

6. 一个打印池可以包含多种类型的打印机接口，但是打印设备必须都使用相同的_____。

二、选择题

1. 从局域网中的普通计算机中，打开（　　）窗口就能看到目标共享资源。

A. 我的电脑　　　　B. 控制面板　　　　C. 网上邻居　　　　D. IE 浏览器

2. 检查在默认状态下"启用网络发现"选项是否处于选中状态，如果该选项没有被选中，说明（　　）。

A. Windows Server 2008 系统禁止局域网中的任何用户通过网络查看、访问其中的所有共享资源

B. Windows Server 2008 系统允许局域网中的任何用户通过网络查看、访问其中的所有共享资源

C. Windows Server 2008 系统禁止局域网中的个别用户通过网络查看、访问其中的所有共享资源

D. Windows Server 2008 系统禁止局域网中的当前用户通过网络查看、访问其中的所有共享资源

3. 局域网中的普通计算机一定要和 Windows Server 2008 系统所在主机位于相同的（　　）网中，并且它们要使用相同的工作组名称，这样才能确保文件的正常共享访问。

A. 工作子网　　　　B. 局域网　　　　C. 无线网　　　　D. 内网

4. 为了便于局域网中的其他工作站使用打印池功能进行网络打印，还需要在打印机列表窗口中，右键单击打印服务器图标，再从弹出的右键菜单中执行"_____"命令。

A. 删除　　　　B. 增加　　　　C. 共享　　　　D. 属性

5. 当局域网中的不同工作站同时将多个打印任务发送到打印服务器中后，打印服务器就会自动将接收到的打印任务传输给_____进行管理。

A. 服务器　　　　B. 控制面板　　　　C. 打印池　　　　D. 后台

三、实训

某公司局域网中有 3 台安装了 Windows Server 2008 系统的计算机，分别为 A、B、C，1台打印机 D。现在需要安装打印机并在局域网内共享，要求如下。

1. 将打印机连接到计算机 A 上，并进行权限设置。

2. 将打印服务共享到 B、C 计算机上。

3. 创建打印池。

项目五

构建 DHCP 服务器

项目描述

现在,学校和一些较大的企业都建设了单位的内部网络,网络中有很多台计算机,为了网络的畅通,必须保证计算机的 TCP/IP 配置正确,IP 地址不冲突,在网络管理中,为网络客户机分配 IP 地址是网络管理员的一项复杂工作,如果由网络管理员手工配置,容易产生错误。使用 DHCP 服务器为客户机统一设置网络参数,可以极大减轻网络管理员的负担,提高网络管理员的工作效率,并减小发生 IP 地址故障的可能性。

学习目标

➢ 能够了解 DHCP 服务器的工作原理
➢ 掌握 DHCP 服务器常用配置和配置步骤
➢ 能根据客户的需求规划作用域
➢ 掌握 DHCP 客户机的动态 IP 地址的设置
➢ 熟悉超级作用域和 DHCP 中继代理的配置过程

任务一　安装和管理 DHCP 服务

一、任务描述

某学校机房采用 C 类网络地址 192.168.1.0/24,网络中有 200 台计算机,有一名网络管理员管理所有网络配置与设备维护,如采用静态 IP 地址的分配方法将增加网络管理员的负担,并易产生冲突,需要在网络中搭建一台 DHCP 服务器,实现网络的 TCP/IP 动态配置与管理。网络结构示意图如图 5-1 所示。

DHCP客户机   DHCP服务器
IP地址：192.168.1.1
地址范围：192.168.1.2~192.168.1.253

图 5-1　网络结构示意图

二、相关知识

1. DHCP 简介

DHCP 全称是 Dynamic Host Configuration Protocol(动态主机配置协议)，是一个简化主机 IP 地址分配管理的 TCP/IP 标准协议。它可以自动为局域网中的每一台计算机自动分配 IP 地址、子网掩码、网关以及 DNS 服务器等相关的环境配置信息。

在使用 TCP/IP 协议的网络上，每一台计算机都拥有唯一的计算机名和 IP 地址。分配 IP 地址的方式有两种：一种是静态管理，由网络管理员手工配置 TCP/IP 协议的各种参数；另一种是动态管理，即自动获取。若网络中没有 DHCP 服务器，计算机会被自动分配一个自动专用 IP 地址(Automatic Private IP Addressing——APIPA)，即 169.254.0.1～169.254.255.254 范围内的 IP 地址。若网络中有 DHCP 服务器，则由 DHCP 服务器对 IP 地址进行动态的管理。

手工分配静态 IP 地址的操作不但烦琐，而且容易出错，易造成地址冲突，一般适用于规模较小的网络。在规模较大的网络中，使用 DHCP 服务，可以集中管理网络中的 TCP/IP 配置，不仅减小管理员的工作量和输入错误的可能性，还避免了 IP 地址冲突。当网络更改 IP 地址段时，不需要重新配置每台计算机的 IP，这对于移动或便携式计算机频繁更改位置的用户很有用。

2. DHCP 工作过程

DHCP 是采用客户端/服务器(Client/Server)模式，有明确的客户端和服务器角色的划分。DHCP 服务器是安装了 DHCP 服务的计算机，负责给 DHCP 客户端分配 IP 地址。DHCP 客户端就是启用 DHCP 功能的计算机，每次启动并加入网络时，动态地获得其 IP 地址和相关配置参数。

DHCP 客户机从第一次启动到获得 IP 租约，需要经过 4 个阶段与 DHCP 服务器建立联系，如图 5-2 所示。

(1) 第一阶段：DHCP 发现(DHCP Discover)

DHCP 客户机启动后，向网络上广播一个 DHCP Discover 信息包，目的是希望网络上任何一个 DHCP 服务器能提供 IP 租约。发出 TCP/IP 配置请求时，DHCP 客户机既不知道自己的 IP 地址，也不知道服务器的 IP 地址，即将 0.0.0.0 作为自己的 IP 地址，255.255.255.255 作为服务器的地址。

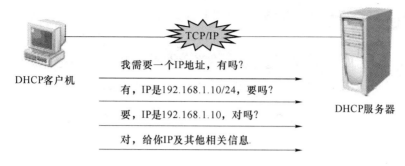

图 5-2 DHCP 系统工作过程

(2) 第二阶段：DHCP 提供（DHCP Offer）

网络中的所有 DHCP 服务器，在收到 DHCP 客户机的 DHCP 发现信息后，就从该服务器的 IP 地址池中选取一个没有出租的 IP 地址，就以广播方式（因为客户机还没有 IP 地址）提供给 DHCP 客户端。

(3) 第三阶段：DHCP 请求（DHCP Request）

客户机从不止一台 DHCP 服务器接收到提供信息后，会选择第一个收到的 DHCP Offer 包，以广播的方式发送一个 DHCP 请求信息给网络中所有的 DHCP 服务器。表明自己已经接收了一个 DHCP 服务器提供的 IP 地址。在 DHCP 请求信息中包含所接受的 IP 地址和所选择的 DHCP 服务器的 IP 地址。

(4) 第四阶段 DHCP 应答（DHCP ACK）

被选择的 DHCP 服务器接收到 DHCP 客户端的 DHCP Request 广播信息包之后，就将这个 IP 地址标识为已租用。以广播方式返回给客户机一个 DHCP 的 ACK 信息包，表明已经接受客户机的选择，并将这一 IP 地址的合法租用以及其他的配置信息放入该广播包发给客户机。DHCP 客户端在接收 DHCP 应答信息后，就完成了获得 IP 地址的过程。

三、任务实施

安装 DHCP 服务器的计算机中的操作系统必须是 Windows 2000 Server 以上版本的网络操作系统，像 Windows XP 等客户端计算机无此功能。DHCP 服务器本身安装 TCP/IP 协议，并设置 IP 地址（192.168.1.1）和子网掩码（255.255.255.0）等内容，同时要规划 DHCP 服务器的可用 IP 地址池（192.168.1.2～192.168.1.253）。

1. 步骤一：安装和配置 DHCP 服务

可以通过"服务器管理器"中的"添加角色"向导安装 DHCP 服务或打开"初始化配置任务"的应用程序。安装 DHCP 服务的具体操作过程如下所示。

(1) 选择"开始"菜单里的"服务器管理器"命令，打开服务器管理器窗口，如图 5-3 所示，选择左侧"角色"一项之后，单击右侧的"添加角色"链接。

(2) 在如图 5-4 所示的对话框中勾选"DHCP 服务器"复选框。

(3) 单击"下一步"按钮，在弹出的对话框中，对 DHCP 服务器进行了简要介绍，如图 5-5 所示。

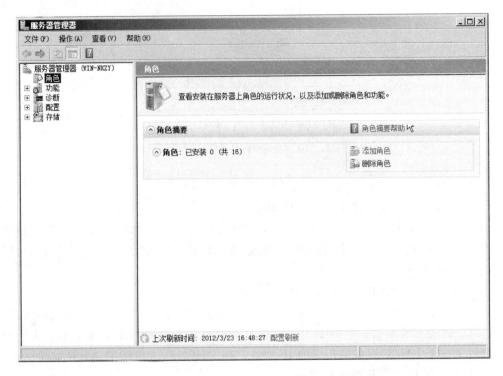

图 5-3　DHCP 服务器

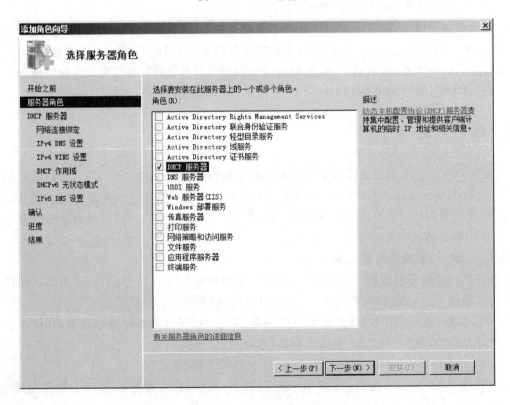

图 5-4　选择服务器角色

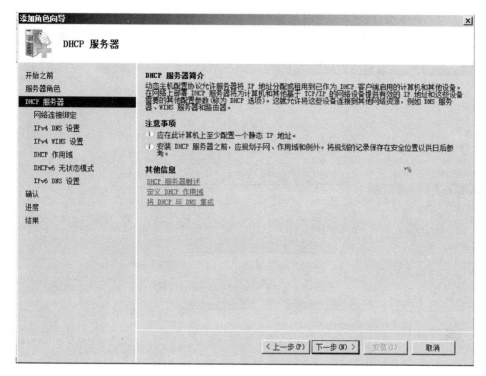

图 5-5　DHCP 服务器简介

（4）在此单击"下一步"按钮。系统会检测到当前系统中已经具有静态 IP 地址的一个网络连接，可用于为单独子网上的 DHCP 客户端计算机提供服务，如图 5-6 所示，在此勾选需要提供 DHCP 服务的网络连接。

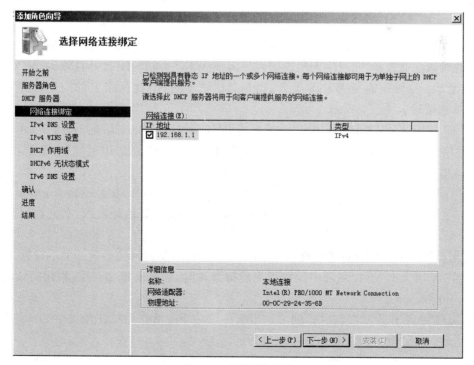

图 5-6　选择网络连接

（5）单击"下一步"按钮，如果服务器中安装了 DNS 服务，就需要在如图 5-7 所示的对话框中需要设置 IPv4 类型的 DNS 服务器参数，如没有安装 DNS 服务，就不用输入。

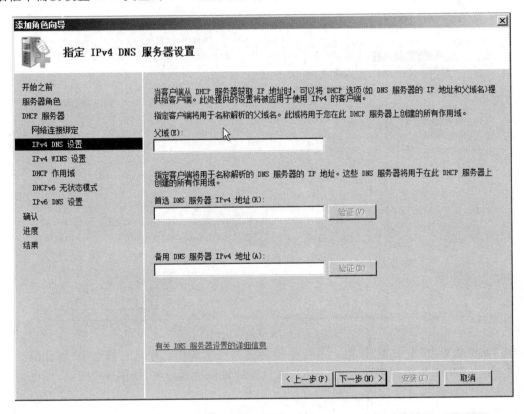

图 5-7　DNS 服务器设置

（6）单击"下一步"按钮，如果当前网络中的应用程序需要 WINS 服务，还要在如图 5-8 中所示的对话框中选择"此网络上的应用程序需要 WINS"单选按钮，并且输入 WINS 服务器的 IP 地址。这里不需要 WINS 服务，则在对话框中选择"此网络上的应用程序不需要 WINS"单选按钮。

（7）单击"下一步"按钮，弹出"添加或编辑 DHCP 作用域"的对话框，如图 5-9 所示。

（8）单击"添加"按钮来设置 DHCP 作用域，此时将打开"添加作用域"对话框，来设置作用域的相关参数。如图 5-10 所示。

① "作用域的名称"是出现在 DHCP 控制台中的作用域名称，这里设置为 group1；

② "起始 IP 地址"和"结束 IP 地址"是作用域可分配的 IP 地址范围，在此设置起始 IP 为 192.168.1.2，结束 IP 地址为 192.168.1.253；

③ 根据网络的需要设置子网掩码为 255.255.255.0，默认网关参数这里不设置；

④ 在"子网类型"下拉列表中设置租用的持续时间，这里设置为有线（租用持续时间为 6 天）；

⑤ 勾选"激活作用域"复选框，创建作用域之后必须激活作用域才能提供 DHCP 服务。设置完毕后，单击"确定"按钮，返回上级对话框。

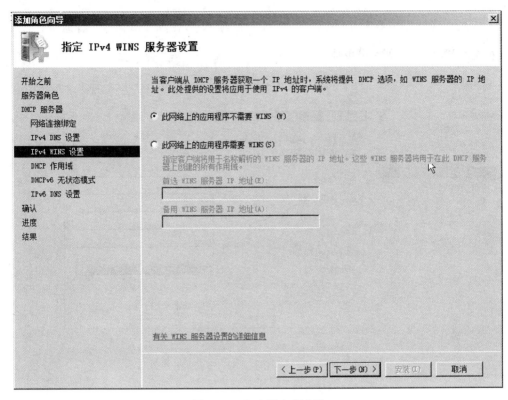

图 5-8　WINS 服务器参数

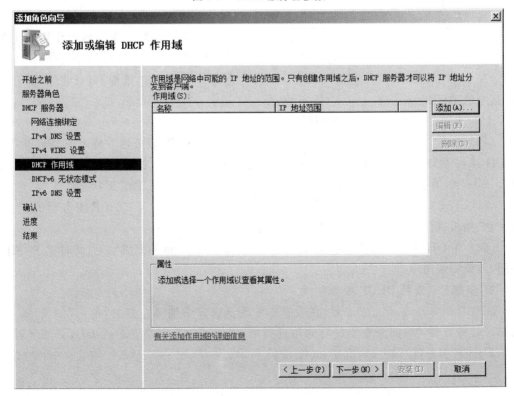

图 5-9　添加 DHCP 作用域

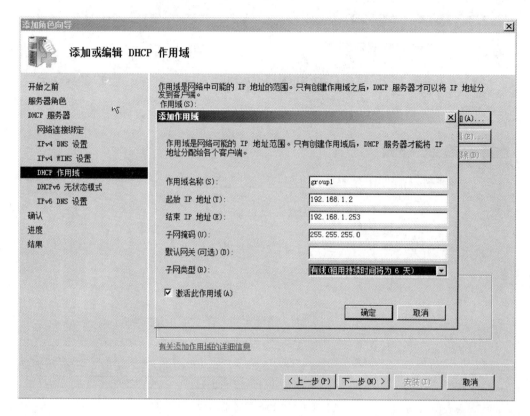

图 5-10　设置 DHCP 作用域参数

提示：作用域是一段可分配的、合法的 IP 地址的范围。DHCP 服务器以作用域为基本管理单位，向客户端提供 IP 地址分配服务。每个 DHCP 服务器中至少应有一个作用域。在 DHCP 服务器上配置一个 IP 作用域，就是用于确定 IP 地址池，可以将这些 IP 地址指定给 DHCP 客户端。

（9）如图 5-11 所示，作用域已经添加成功。

（10）单击"下一步"按钮，Windows Server 2008 的 DHCP 服务器支持用于 IPv6 客户端的 DHCPv6 协议，此时可以根据网络中使用的路由器是否支持该功能进行设置，如图 5-12 所示，根据网络的需要将其设置为"对此服务器禁用 DHCPv6 无状态模式"。

（11）单击"下一步"按钮，在如图 5-13 所示的对话框中显示了 DHCP 服务器的相关配置信息，如果确认安装则可以单击"安装"按钮，开始安装的过程。

（12）在 DHCP 服务器安装完成之后，出现如图 5-14 所示的完成结果，此时单击"关闭"按钮，结束安装向导。

2. 步骤二：查看 DHCP 服务

DHCP 服务器安装完成之后，在服务器管理器窗口中选择左侧的"角色"一项，即可在右部区域中查看到当前服务器安装的角色类型，如果其中有刚刚安装的 DHCP 服务器，则表示 DHCP 服务器已经成功安装，如图 5-15 所示。

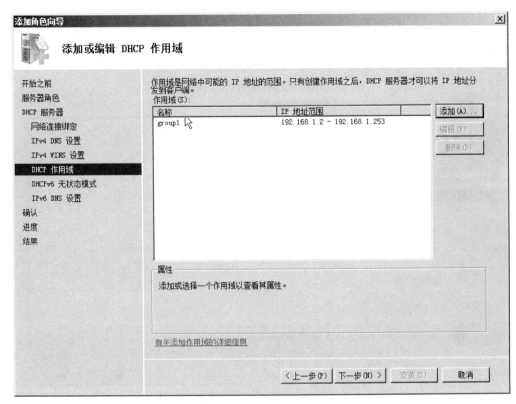

图 5-11　作用域添加成功

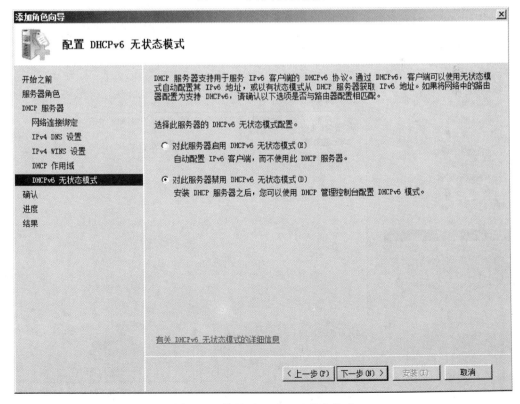

图 5-12　禁用 DHCPv6 无状态模式

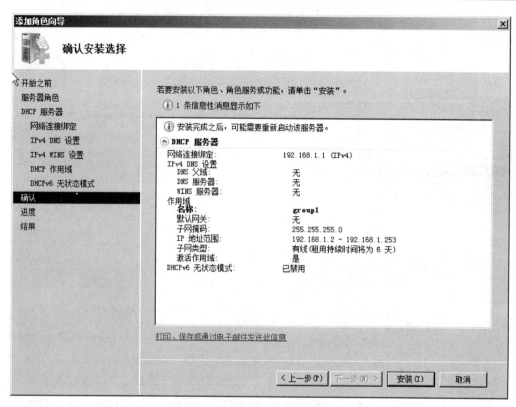

图 5-13　DHCP 服务器安装信息

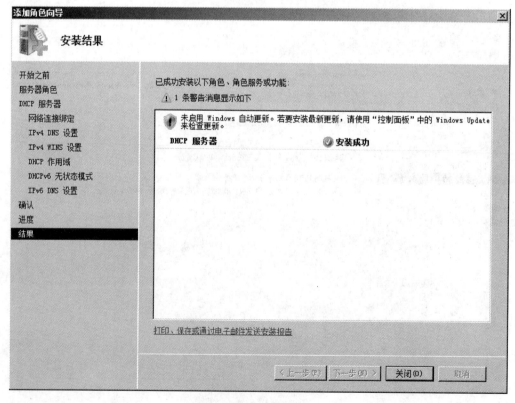

图 5-14　完成成功信息

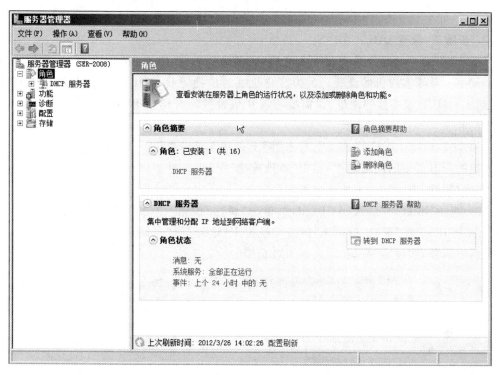

图 5-15　查看 DHCP 服务

还可以查看 DHCP 是否正常启动,操作过程为:选择"开始"菜单,单击"管理工具"里的"DH-CP"命令打开 DHCP 服务器配置窗口,在"DHCP"窗口中,单击窗口中的计算机名下的 IPv4,可以打开如图 5-16 所示的界面,表明刚配置的作用域 group1 已经激活,作用域配置正常。

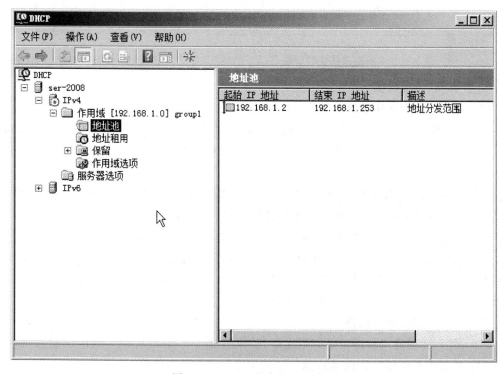

图 5-16　DHCP 服务器配置窗口

提示:地址池是在作用域内可以生成可用的 IP 地址范围。

3. 步骤三:配置 DHCP 客户机

DHCP 客户端的操作系统有很多种类,如 Windows 系统或 Linux 系统等,我们重点了解 Windows 系统客户机的设置。因为客户机通过广播寻找 DHCP 服务器,所以无须为客户机指定 DHCP 服务器的地址,只需要将客户机设置为自动获得 IP 地址即可。具体的操作过程如下。

(1)在客户端计算机的桌面上右击"网上邻居",选择"属性"选项,打开"网络连接"窗口,列出的所有可用的网络连接,右击"本地连接"图标,如图 5-17 所示。并在弹出的快捷菜单中选择"属性"项,弹出"本地连接属性"窗口。

(2)选择"Internet 协议(TCP/IP)",单击"属性"按钮,弹出如图 5-18 所示的"Internet 协议(TCP/IP)属性"窗口,分别选择"自动获得 IP 地址"和"自动获得 DNS 服务器地址"单选按钮,然后单击"确定"按钮,即完成了客户端的设置工作。

图 5-17　本地连接属性对话框

图 5-18　TCP/IP 属性的设置

4. 步骤四:任务检测

(1)DHCP 客户机中检测

单击"开始"菜单中的"运行"命令,打开"运行"对话框。在"打开"文本框中输入"cmd",然后单击"确定"按钮。启动命令行窗口,然后输入 ipconfig/all,按回车键,就会出现如图 5-19 所示的查询结果。

提示:ipconfig/all 命令用于检查客户机的全部 TCP/IP 相关配置信息,如主机名、网卡的型号、网卡的物理地址、DNS 服务器、默认网关、是否启用 DHCP 功能等。

通过上面显示的信息了解到 DHCP 客户机的主机名为 winnkzy,主机的 IP 地址为 192.168.1.2,子网掩码为 255.255.255.0,DHCP 服务器的 IP 地址为 l92.168.1.1,IP 租约的起止时间为 2012 年 3 月 26 日到 2012 年 4 月 1 日,租期为 6 天。客户机得到 IP 地址 192.168.1.2,符合 DHCP 服务器预先设置的 IP 地址池 192.168.1.1～192.168.1.253 范围之内。

(2)DHCP 服务器中验证

在 DHCP 管理窗口右部目录树依次展开"作用域[192.168.1.0]",单击下面的"地址租用"选项,可以查看已经分配给客户端的租约情况,如图 5-20 所示。如图服务器为客户端成功分配分配了 IP 地址,在"地址租用"列表栏下,就会显示客户机的 IP 地址、客户端名和租用截止日期。

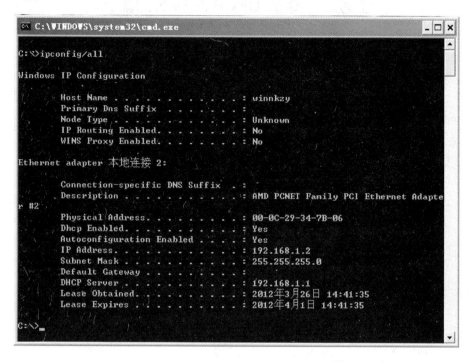

图 5-19　ipconfig/all 命令查询结果

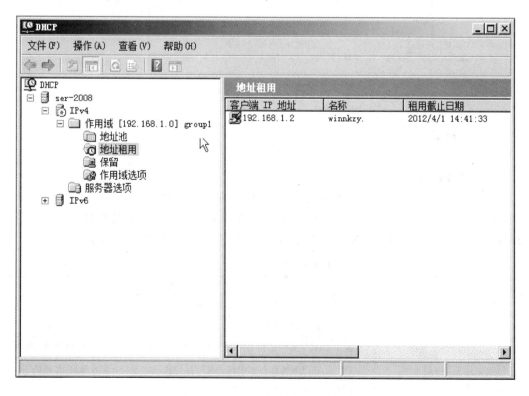

图 5-20　ipconfig/all 命令返回信息

任务二　修改 DHCP 服务器的配置

一、任务描述

由于网络的改进,学校机房中的所有计算机都要通过光纤接入 Internet,网络管理员要重新配置 DHCP 服务器。网络结构示意图如图 5-21 所示,具体要求如下:

(1) DHCP 服务器给客户机分配的 IP 地址在 192.168.1.10～192.168.1.200 之间;

(2) 其中有一个网段 192.168.1.100～192.168.1.120 暂不能分配;

(3) 所有网段客户机的默认网关地址为 192.168.1.254,DNS 服务器为 192.168.0.6;

(4) 有一台计算机需要作为网络内部的 FTP 服务器,采用网卡(假设它的 MAC 地址为:60-05-76-73-A9-C8)绑定,给它的 IP 地址必须是 192.168.1.50;

(5) 租约时间为 1 天。

图 5-21　网络结构示意图

二、相关知识

1. 作用域选项

作用域选项是指 DHCP 服务器能够向 DHCP 客户端提供租约的同时,还向客户机提供一些可选项作为额外配置参数,例如默认网关的 IP 地址、DNS 服务器的 IP 地址和 WINS 服务器 IP 地址等。作用域选项只对本作用域的客户机有效。具体的说明如表 5-1 所示。

表 5-1　常用的 DHCP 选项

选项代码	选项名称	说明
003	路由器	DHCP 客户端所在 IP 子网的默认网关的 IP 地址
006	DNS 服务器	DHCP 客户端用于解析域主机名称查询的 DNS 名称的服务器的 IP 地址
015	DNS 域名	指定 DHCP 客户端在 DNS 域名称解析期间解析不合格名称时应使用的域名
044	WINS 服务器	DHCP 客户端解析 NetBIOS 名称时需要使用的 WINS 服务器的 IP 地址
046	WIN/NBT 节点类型	DHCP 客户端使用的 NetBIOS 名称解析方法

2. DHCP 地址分配类型

DHCP 允许有 3 种类型的地址分配：

（1）自动分配方式。当 DHCP 客户端第一次成功地从 DHCP 服务器端租用到无限长的 IP 地址之后，DHCP 服务器端就永久地保留所分配的地址。

（2）动态分配方式。当 DHCP 客户端第一次从 DHCP 服务器端租用到 IP 地址之后，并非永久地使用该地址，只要租约到期，客户端就得释放这个 IP 地址，以给其他工作站使用。绝大多数客户端得到的都是这种动态分配的地址。

（3）手工分配方式。由网络管理员在 DHCP 服务器上为某台计算机分配一个特定的 IP 地址，当该计算机发出 IP 请求时，服务便提供 IP 地址。

3. IP 租约更新和释放

DHCP 客户端租到一个 IP 地址后，该 IP 地址不可能长期被它占用，会有一个租期。当 DHCP 客户机每次重新启动时，不管 IP 地址的租限有没有到期，都会自动利用广播的方式，给网络中所有的 DHCP 服务器发送一个 DHCP 请求信息，如果此时没有 DHCP 服务器对此请求应答，但原来 DHCP 客户端的租期还没有到期时，DHCP 客户端还是继续使用该 IP 地址。

当 IP 地址使用时间达到租期的一半时，它就向 DHCP 服务器发送一个新的 DHCP 请求（续租），当续租成功后，DHCP 客户端将开始一个新的租用周期。而当续租失败后，DH-CP 客户端仍然可以继续使用原来的 IP 地址及其配置。客户端将在租期到达 87.8% 的时候再次利用广播方式发送一个 DHCP 请求信息。如果仍然续租失败，立即放弃使用的 IP 地址，重新向 DHCP 服务器获得一个新的 IP 地址，若服务器没有理由拒绝该请求时，便回送一个 DHCP 应答信息，重新开始一个租用周期。

三、任务实施

校园网通过光纤接入 Internet，DHCP 服务器在分配 IP 地址时，也必须要给客户机分配相应的网关地址和 DNS 服务器地址。要对已经建立好的作用域，修改其配置参数。

1. 步骤一：停用作用域

要对作用域进行修改，则需要作用域停止工作，即作用域不能提供 DHCP 服务。在作用域没有配置完整之前，可以防止客户机申请到不完整的 TCP/IP 信息。操作过程如下。

选择"开始"菜单中的"管理工具"下的"DHCP"命令，打开 DHCP 服务器配置窗口，单击"作用域[192.168.1.0]"，并在弹出的快捷菜单中选择"停用"命令，如图 5-22 所示。停用后，作用域前面出现红色向下的箭头。

如图 5-22　停用 DHCP 服务

2. 步骤二:修改作用域属性

(1) 修改地址范围

在 DHCP 管理窗口的左部目录树中右键单击"作用域[192.168.1.0]",并在弹出的快捷菜单中选择"属性"命令,可以打开作用域属性对话框,为作用域属性"常规"选项卡,设置参数,如图 5-23 所示。

① "起始 IP 地址"和"结束 IP 地址"文本框:在此可以修改作用域分配的 IP 地址范围(192.168.1.10~192.168.1.200),但"子网掩码"是不可编辑的。

② "DHCP 客户端的租用期限"区域:有两个单选按钮,选择"无限制"单选按钮表示租约无期限限制,选择"限制为"单选按钮,设置租用期限,在此处改为 1 天。

提示:租约定义了从 DHCP 服务器分配的 IP 地址可以使用的时间期限。

(2) 设置排除范围

排除范围是指在作用域中排除的 IP 地址的范围或序列。操作过程为:在 DHCP 管理窗口左部目录树中"作用域[192.168.1.0]"下面,右击"地址池",并在弹出快捷菜单中选择"新建排除范围"命令,在弹出的"添加排除"对话框中,可以设置地址池中排除的 IP 地址范围,如图 5-24 所示。

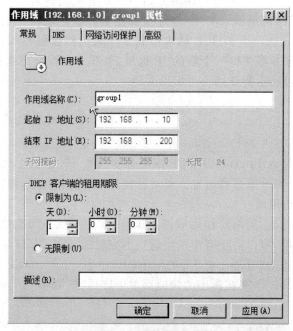

图 5-23 作用域的属性

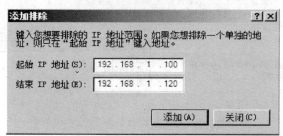

图 5-24 添加排除

提示:如果只排除单个 IP 地址,那么只在起始地址中输入即可。

(3) 建立保留 IP 地址

对于某些特殊的客户端,需要一直使用相同的 IP 地址,就可以通过建立保留来为其分配固定的 IP 地址。操作过程如下。

在 DHCP 管理窗口左部目录树依次展开"作用域[192.168.1.0]"下面的"保留"选项,右击之后从弹出的快捷菜单中选择"新建保留"命令,在弹出的"新建保留"对话框中,设置如下参数,如图 5-25 所示。

① "保留名称"文本框中输入客户端名称,这里输入 FTP 服务器;

② "IP 地址"文本框中输入要保留的 IP 地址 192.168.1.50;

③ "MAC 地址"文本框中输入客户端的网卡的 MAC 地址 60-05-76-73-A9-C8;

④ "描述"文本框内可以输入一些描述此客户的说明性文字;

⑤ 支持的类型:用于设置 DHCP 客户机是否必须支持 DHCP 服务。其中 BOOTP 是针对早期的无盘工作站设计的。因为无盘工作站没有本地的 BOOTP 磁盘,无法在本地存放用于系统启动的信息。因为,它必须利用 BOOTP 功能,使这些客户机远程登录服务器,并从服务器上获得启动信息,完成系统的启动过程。如果该客户机是以无盘工作站方式工作,则选择"仅 BOOTP"选项,否则选择"仅 DHCP"选项。当然也可以选择支持两者的"两者"选项。

单击"添加"按钮,则完成 IP 地址的保留。

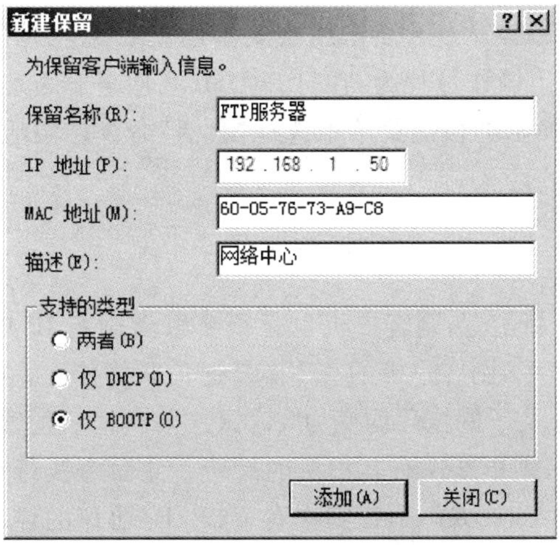

图 5-25　新建保留

提示:如果在设置保留地址时,网络上有多台 DHCP 服务器存在,用户需要在其他服务器中将此保留地址排除,以便客户机可以获得正确的地址。

3. 配置作用域选项

在 DHCP 管理窗口左部目录树中"作用域[192.168.1.0]"下面,右击"作用域选项",并在弹出快捷菜单中选择"配置选项"命令,弹出"作用域选项"窗口,然后选择"006DNS 服务器",在"数据输入"选项区域的"IP 地址"文本框中输入 DNS 服务器 IP 地址,然后单击"添加"按钮,如图 5-26 所示。在"作用域选项"窗口选择"003 路由器",在"数据输入"选项区域的"IP 地址"文本框中输入默认网关的 IP 地址,然后单击"添加"按钮,如图 5-27 所示。

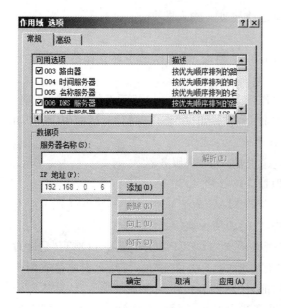
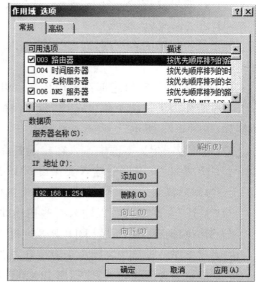

图 5-26　DNS 的设置　　　　　　　　　图 5-27　路由器的设置

提示：如果采用路由器接入 Internet，那么路由器以太网口的 IP 地址就是默认网关。

4. 步骤三：激活作用域

此作用域目前为停用状态，为了让作用域处于活动状态，为客户分配本作用域的动态 IP 地址，设置激活作用域。操作过程为：在打开 DHCP 服务器配置窗口中，右键单击"作用域〔192.168.1.0〕"，并在弹出的快捷菜单中选择"激活"命令。激活后，作用域前面的红色向下的箭头，变成绿色向上的箭头。

5. 步骤四：任务检测

（1）客户端检测

由于 DHCP 服务器重新配置，则客户机也必须要重新刷新 IP 地址。打开命令提示符窗口，输入 ipconfig/release 命令，则客户机的 TCP/IP 通信联络停止，立即释放主机的当前 DHCP 配置，客户端的 IP 地址及子网掩码均变为"0.0.0.0"，其他的配置如网关等都被释放掉，再输入 ipconfig /renew 命令，则更新现有客户机的配置。此命令执行完之后，将获得新的 IP 地址，如图 5-28 所示。再输入 ipconfig/all 则查看 TCP/IP 协议的详细信息，如图 5-29 所示。

图 5-28　释放和更新 IP　　　　　　　　图 5-29　客户机的 IP 地址

（2）服务器端查看

当 DHCP 服务器向客户机分配地址后，用户还可以打开 DHCP 服务器，在作用域中的"地址租用"项进行查看。如图 5-30 所示。

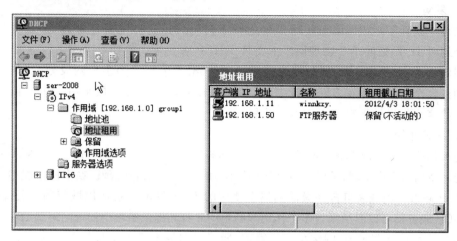

图 5-30　DHCP 中查看地址租用

任务三　配置 DHCP 服务器中的超级作用域

一、任务描述

学校机房原有 200 台计算机，在局域网中有一台 DHCP 服务器，作用域 group1 分配的地址范围为 192.168.1.10～192.168.1.200。现机房扩建，又增加了 200 台机器，当前活动作用域的可用地址池已经远远不能满足需求，需要使用另一个 IP 地址范围以扩展地址空间。网络结构示意图如图 5-31 所示。

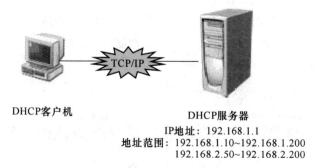

DHCP 客户机

DHCP 服务器
IP地址：192.168.1.1
地址范围：192.168.1.10～192.168.1.200
192.168.2.50～192.168.2.200

图 5-31　网络结构示意图

二、相关知识

1. 多网

在每个物理子网或网络上使用多个逻辑 IP 网络时，这种配置通常称为"多网"。在使用多个逻辑 IP 网络的单个物理网段上支持 DHCP 客户端。例如可以在物理网段中支持 2 个不同的 C 类 IP 网络 192.168.1.0/24 和 192.168.2.0/24。为多个网段分配 IP 地址，就需要创建多个作用域。在多网配置中，可以使用 DHCP 超级作用域来组合多个作用域，为网络中的客户机提供来自多个作用域的租用。

2. 超级作用域

超级作用域是运行 Windows Server 2008 动态主机配置协议（DHCP）服务器的一项管理性功能。使用超级作用域，可以将多个作用域作为一个实体进行管理。在多网配置中，可以使用 DHCP 超级作用域来组合并激活网络上使用的 IP 地址的单独作用域范围。通过这种方式，DHCP 服务器可以激活来自多个作用域的租约并将其提供给单个物理网络上的客户端。

因为使用单个逻辑 IP 网络更容易管理，所以很多情况下不会计划使用多网，但随着网络规模增长超过原有作用域中的可用地址数后，可能需要用多网进行过渡。也可能需要从一个逻辑 IP 网络迁移到另一个逻辑 IP 网络，就像改变 ISP 要改变地址分配一样。

三、任务实施

在服务器上至少定义一个作用域以后，才能创建超级作用域。在这个任务中，要再创建一个普通作用域 group2，再将普通作用域合并成超级作用域 group。我们在安装 DHCP 服务器时，就已经默认创建了一个作用域 group1[192.168.1.0]，这里我们只需再创建作用域 group2[192.168.2.0]。

1. 步骤一：新建作用域 group2

（1）打开 DHCP 服务器配置窗口，右键单击窗口中的 IPv4，在弹出的快捷菜单中选择"新建作用域"，出现"新建作用域向导"对话框，按提示单击"下一步"按钮。出现如图 5-32 所示窗口，在名称文本框中输入作用域的名称"group2"。单击"下一步"按钮，在"IP 地址范围"窗口，输入 IP 地址池的范围后，配置好子网掩码，如图 5-33 所示，单击"下一步"按钮。

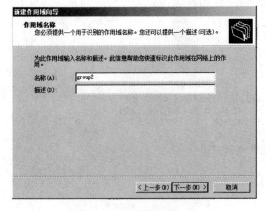

图 5-32　作用域 group2

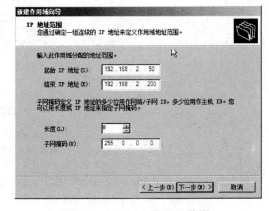

图 5-33　group2 的地址范围

（2）在"添加排除"窗口，输入不打算租借的 IP 地址范围，这里设置 192.168.2.70 ～ 192.168.2.90 和 192.168.2.170～192.168.2.190，如图 5-34 所示，单击"添加"按钮，将其添加到"排除的地址范围"列表，再单击"下一步"按钮。在"租用期限"窗口，输入客户机使用 IP 地址的期限，如 1 天，如图 5-35 所示，单击"下一步"按钮。

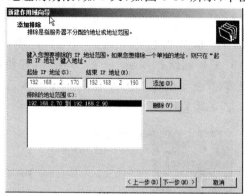
图 5-34　添加排除

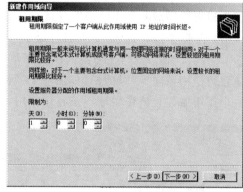
图 5-35　租约限制

（3）在"配置 DHCP 选项"窗口，如图 5-36 所示，选中"是，我想现在配置这些选项"前的单选框，即可立即配置 DHCP 服务器；单击"下一步"按钮。在"路由器（默认网关）"窗口，输入路由器的 IP 地址，如图 5-37 所示，单击"添加"按钮；最后，单击"下一步"按钮。

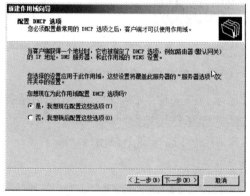
图 5-36　配置 DHCP 选项

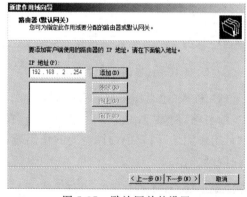
图 5-37　默认网关的设置

（4）在"域名称和 DNS 服务器"窗口，输入其 IP 地址后，单击"添加"按钮，如图 5-38 所示，单击"下一步"按钮。在弹出的"WINS 服务器"窗口，则不用设置，单击"添加"按钮。单击"下一步"按钮。在"激活作用域"窗口，选中"是，我想现在激活此作用域"前的单选框，如图 5-39 所示，单击"下一步"按钮。

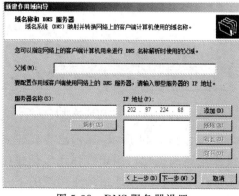
图 5-38　DNS 服务器设置

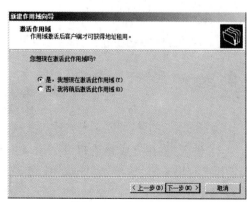
图 5-39　激活作用域

（5）在"新建作用域"窗口，单击"完成"按钮。完成 DHCP 服务器中添加作用域 group2 的操作。

2. 步骤二：创建超级作用域 group

已存在两个作用域 group1 和 group2，把它们作为超级作用域 group 的子作用域，可根据新建超级作用域向导中的说明完成操作。具体操作过程如下。

（1）在服务器管理窗口左部目录树中的 DHCP 服务器名称下选中"IPv4"选项，如图 5-40 所示，单击右键，在弹出的快捷菜单中选择"新建超级作用域"命令，弹出"欢迎使用新建超级作用域向导"对话框，如图 5-41 所示，此菜单选项仅在 DHCP 服务器上至少已创建一个作用域并且该作用域不是超级作用域的一部分时才显示。单击"下一步"按钮。

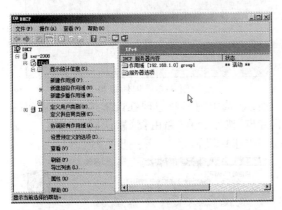
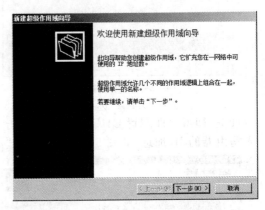

图 5-40　选择创建超级作用域　　　　　　　图 5-41　创建作用域欢迎界面

（2）进入"超级作用域名"对话框，如图 5-42 所示，在"名称"文本框中，输入识别超级作用域的名称，例如"group"，单击"下一步"按钮，进入"选择作用域"对话框，如图 5-43 所示，在"可用作用域"列表中选择需要的作用域，按住 Shift 键可选择多个作用域，单击"下一步"按钮继续操作。

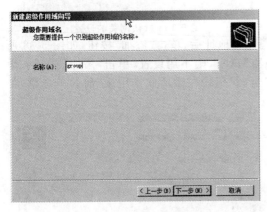
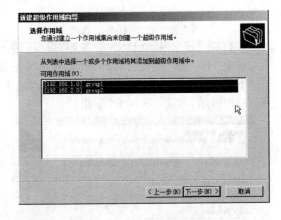

图 5-42　超级作用域名称设置　　　　　　　图 5-43　子作用域的选择

（3）进入"正在完成新建超级作用域向导"对话框，如图 5-44 所示，显示出将要建立超级作用域的相关信息，单击"完成"按钮，完成超级作用域的创建。当超级作用域创建完成后，会显示在 DHCP 控制台中，如图 5-45 所示，原有的作用域就像是超级作用域的下一级目录,管理起来非常方便。

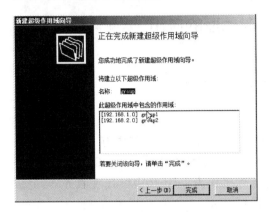

图 5-44　超级作用域完成界面

图 5-45　DHCP 控制台上的超级作用域

提示:如果需要,可以从超级作用域中删除一个或多个作用域,然后在服务器上重新构建作用域。从超级作用域中删除作用域并不会删除作用域或者停用它,只是让这个作用域直接位于服务器分支下面,而不是超级作用域的子作用域。这样可以将其添加到不同的作用域,或者在删除超级作用域时不影响其中的作用域。如果被删除的作用域是超级作用域中的唯一作用域,Windows Server 2008 也会移除这个超级作用域,因为超级作用域不能为空。如果选择删除超级作用域则会删除超级作用域,但是不会删除下面的子作用域,这些子作用域会被直接放在 DHCP 服务器分支下显示,作用域不会受影响,将继续响应客户端请求,它们只是不再是超级作用域的成员而已。

3. 步骤三:客户端测试

在客户端的命令符提示下,输入 ipconfig/all 显示客户端的获得的 IP 信息,如图 5-46 所示。

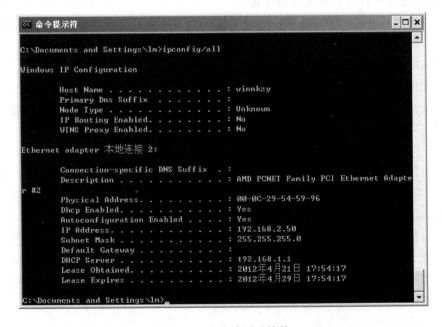

图 5-46　客户端测试结果

任务四　　DHCP 中继代理的应用

一、任务描述

学校机房设有 2 个网段 192.168.1.0/24 和 192.168.3.0/24,其中有一台 Windows Server 2008 系统的计算机作为 DHCP 服务器,要求 2 个网段共用一台 DHCP 服务器来分配地址。需要在网段 192.168.3.0/24 中找一台计算机作为 DHCP 中继代理服务器,完成 DHCP 客户机的 IP 分配。网络结构示意图如图 5-47 所示。

图 5-47　网络结构示意图

二、相关知识

1. 复杂网络的 DHCP 服务器的部署

伴随着局域网组网规模的逐步扩大,在规模较大的局域网中往往会为不同部门划分不同的虚拟子网,以确保不同部门之间的信息不轻易外泄,最简单的方法是每个子网中各设置一台 DHCP 服务器,这种方法对于有很多个子网的大型网络来讲无疑会增加管理员的工作量。

在大型网络(常常包含多个子网)环境中,可在网络中安装一台或多台 DHCP 服务器。对于较复杂的网络,主要涉及 3 种情况:配置多个 DHCP 服务器、多宿主 DHCP 服务器和跨网段的 DHCP 中继代理。

(1) 配置多个 DHCP 服务器

在一些比较重要的网络中,需要在一个网段中配置至少两台 DHCP 服务器。可以实现容错功能,即如果一个 DHCP 服务器出现故障或不可用,另一个服务器就可以接替它并继续租用新地址或续订现有客户端。

还可以使网络负载均衡,起到在网络中平衡 DHCP 服务器的作用。为了平衡 DHCP 服务器的使用,较好的设置方法是遵循 80/20 规则来划分两个 DHCP 服务器之间的作用域地址。比如说这个作用域可使用的地址个数为 100 个,那么主 DHCP 服务器使用 80 个,辅助服务器使用 20 个。

(2) 多宿主 DHCP 服务器

所谓多宿主 DHCP 服务器,是一台 DHCP 服务器为多个独立的网段提供服务,其中每个网络连接都必须连入独立的物理网络。这种情况要求在计算机上使用额外的硬件,典型的情况是安装多个网卡。

　　比如,某个 DHCP 服务连接了两个网络,网卡 1 的 IP 地址为 192.168.11.254,网卡 2 的 IP 地址为 192.168.22.254。在服务器上创建两个作用域,一个网络号为 192.168.11.0,另一个网络号为 192.168.22.0。与网卡 1 位于同一网段的 DHCP 客户机申请 IP 时,将从与网卡 1 对应的作用域中获取 IP 地址。同样,与网卡 2 位于同一网段的 DHCP 客户机申请 IP 时,也将获得相应的 IP 地址。

　　(3) 在没有 DHCP 服务器的子网上配置一个 DHCP 中继代理

　　DHCP 中继代理(DHCP Relay Agent)是一台侦听 DHCP 客户端的 DHCP 广播包,将这些广播包中继到不同子网的 DHCP 服务器上的一台计算机或路由器。使用中继代理服务,可以使用一台 DHCP 服务器为不同的子网做地址的动态分配工作。在每个子网都设置一台计算机作为 DHCP 中继代理。网络中的主机将 IP 地址的请求发给中继代理,由中继代理与 DHCP 服务器联系,将获得的 IP 地址再发给请求的主机。

　　2. 中继代理的工作过程

　　(1) 收到本子网 DHCP 客户机广播发出的 DHCP 消息报后,如果在预定的时间内没有 DHCP 服务器广播发出的 DHCP 回应消息,则会将客户机的 DHCP 消息以单播方式转发给预先指定的 DHCP 服务器。

　　(2) DHCP 服务器收到 DHCP 中继代理转发来的 DHCP 消息后,会提供一个与 DHCP 中继代理的 IP 地址在同一子网的 IP 地址,然后以单播方式将回应的 DHCP 消息发送给 DHCP 中继代理转发。

　　(3) DHCP 中继代理收到 DHCP 服务器回应的 DHCP 消息后,再通过广播方式发送给 DHCP 客户端。

三、任务实施

　　1. 步骤一:配置 DHCP 中继代理服务器的网络连接

　　中继代理服务器要连接 2 个网段:192.168.1.0/24 和 192.168.3.0/24,在这里把 DHCP 中继代理服务器设置双网卡,对应的两个网卡的 IP 地址分别为 192.168.1.2 和 192.168.3.1。

　　2. 步骤二:添加路由和远程访问服务

　　(1) 选择"开始"菜单中的"服务器管理器"命令,打开服务器管理器窗口,选择左侧"角色"一项之后,单击右侧的"添加角色"链接,在如图 5-48 所示的对话框中,勾选"网络策略和访问服务"复选框。

　　(2) 单击"下一步"按钮,出现网络管理和访问服务的简介,单击"下一步"按钮,进入"选择角色服务"对话框,勾选"路由和远程访问服务"及相关组件复选框,如图 5-49 所示。然后单击"下一步"按钮,开始安装路由和远程访问服务。

　　(3) 单击"下一步"按钮,出现如图 5-50 所示的对话框,确认所选择的组件是否正确,确认无误后单击"安装"按钮,开始安装路由和远程访问服务。

　　(4) 安装完成后,出现如图 5-51 所示的对话框,看到已经将这个服务安装好了。

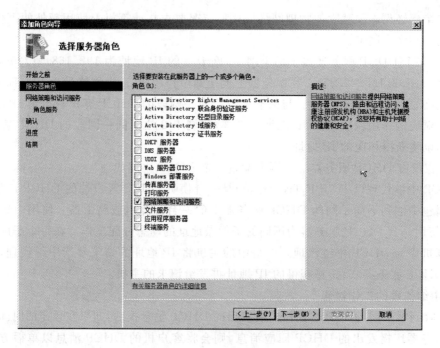

图 5-48　选择服务器角色

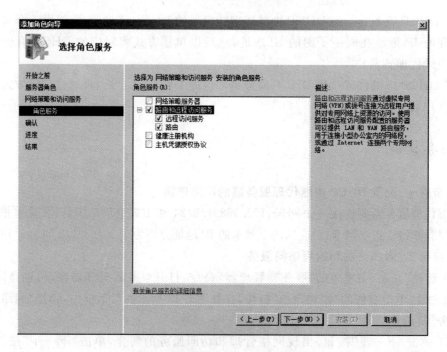

图 5-49　选择路由和远程访问服务

3. 步骤三:配置 DHCP 中继代理程序

配置 DHCP 中继代理程序是通过配置路由和远程访问服务来实现的,操作如下。

(1)选择"管理工具"中的"路由和远程访问"窗口,在控制台树中右键单击"计算机名",选择"配置并启用路由和远程访问",如图 5-52 所示,单击"下一步"按钮,选中"自定义配

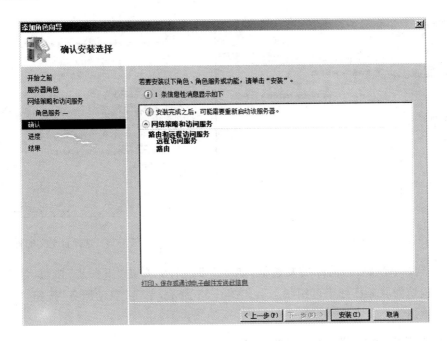

图 5-50　确认安装选择图

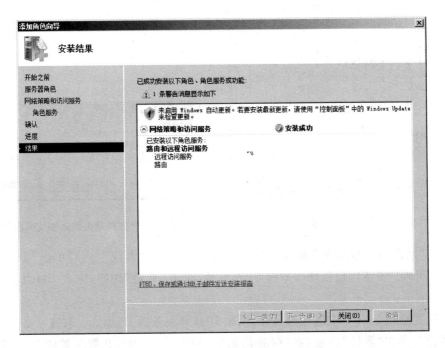

图 5-51　安装完成

置"，如图 5-53 所示，单击"下一步"按钮。

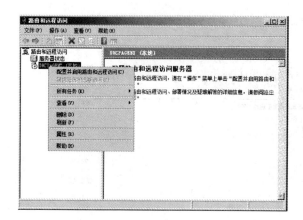

图 5-52　配置路由和远程访问　　　　　　　　图 5-53　选择自定义配置

　　（2）勾选"LAN 路由"前面的复选框，如图 5-54 所示，单击"下一步"按钮，计算机提示"路由和远程访问服务已处于可用状态"，如图 5-55 所示，单击"启动服务"按钮，"路由和远程访问"将被启动。

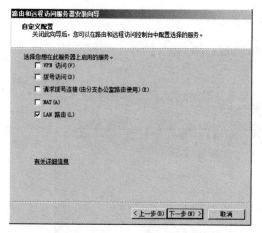

图 5-54　选择服务器角色　　　　　　　图 5-55　选择路由和远程访问服务

　　（3）在"路由和远程访问"窗口中右键单击 IPv4 下的"常规"，然后单击"新增路由协议"，选择"DHCP 中继代理程序"，如图 5-56 所示，单击"确定"按钮，完成 DHCP 中继代理服务的安装。

　　（4）配置全局 DHCP 中继代理属性，添加 DHCP 服务器 IP 地址。右键单击"DHCP 中继代理程序"，单击"属性"按钮，在"服务器地址"栏中输入 DHCP 服务器的 IP 地址"192.168.1.1"，如图 5-57 所示，然后单击"添加"按钮，完成 DHCP 中继代理服务器的配置。

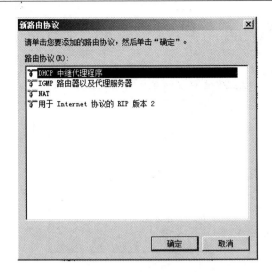

图 5-56 选择服务器角色

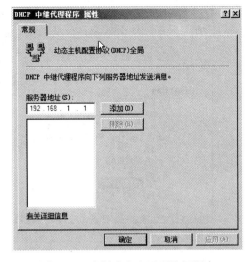

图 5-57 选择路由和远程访问服务

（5）启用 DHCP 中继代理的网络连接接口上，右键单击"DHCP 中继代理程序"、"新增接口"，选中要添加的接口，如图 5-58 所示，然后单击"确定"接钮，验证已选中"中继 DHCP 数据包"复选框，再根据需要修改"跃点计数阈值"和"启动阈值（秒）"的阈值，如图 5-59 所示。

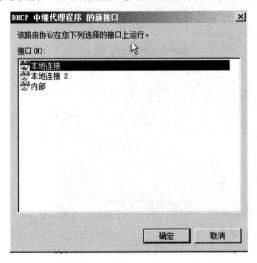

图 5-58 新增接口添加

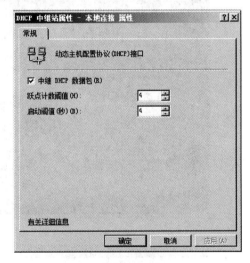

图 5-59 DHCP 数据包

4. 步骤四：DHCP 服务器设置

在本任务中，由于 DHCP 客户端是通过 DHCP 中继代理来访问 DHCP 服务器，所以 DHCP 服务器在分配 IP 地址时，同时也要给网段 192.168.3.0/24 分配一个网关 192.168.3.1，如图 5-60 所示。

5. 步骤五：任务检测

（1）客户端检测

在客户端的命令符提示下，输入 ipconfig/all 显示客户端获得的 IP 信息，如图 5-61 所示。

（2）DHCP 服务器中验证

在 DHCP 管理窗口右部目录树依次展开"作用域［192.168.3.0］"，单击下面的"地址租用"选项，可以查看已经分配给客户端的租用情况，如图 5-62 所示。

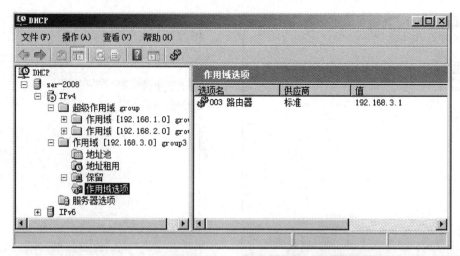

图 5-60　group3 的网关设置

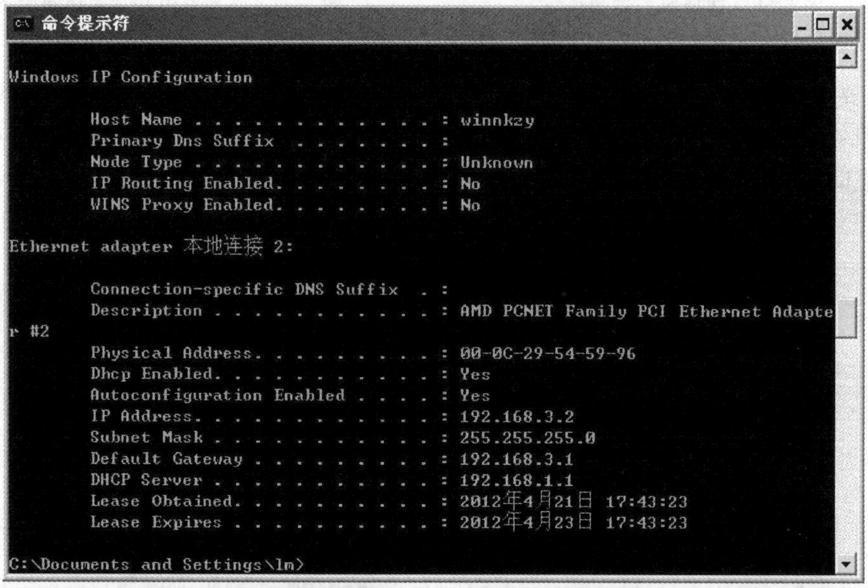

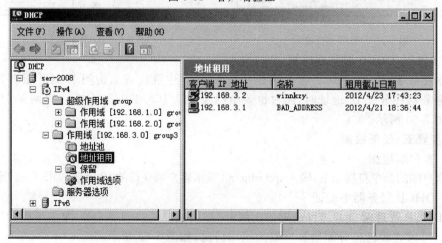

图 5-61　客户端验证

图 5-62　服务器中查看

单元总结

1. 知识要点

DHCP(动态主机配置协议)是 TCP/IP 网络的一种基本网络服务。使用 DHCP 服务不仅可为 DHCP 客户机动态分配 IP 地址,还可以为网络客户机分配网关、DNS 等配置信息,从而大大简化管理员的网络管理工作。通过 IP 地址租期管理,可以提高 IP 地址的使用效率,简化客户端网络配置,降低维护成本。

要了解 DHCP 服务器和 DHCP 客户机的连接需要经过四个工作过程,即 DHCP 发现、DHCP 提供、DHCP 请求和 DHCP 应答。

通过配置 DHCP 服务器,要熟悉 DHCP 服务器配置步骤,了解 DHCP 服务器借助 DHCP 中继代理实现给多个网段动态分配 IP 地址,掌握 ipconfig 命令的/all、/renew、/release 参数的使用。

2. 相关名词

DHCP、APIPA、地址池、作用域、租约、中继代理、超级作用域、保留、排除范围、选项类型、静态管理、动态管理、多网。

知识测试

一、填空题

1. DHCP 的中文名称是＿＿＿＿＿＿＿＿＿＿＿。

2. DHCP 服务器的＿＿＿＿＿是一个 IP 子网中所有可分配的 IP 地址的范围。

3. 如果 Windows 系统客户端无法获得 IP 地址,将自动从 Microsoft 保留地址段＿＿＿＿＿＿＿＿＿＿＿中选择一个作为自己的地址。

4. DHCP 工作过程包括＿＿＿＿＿、＿＿＿＿＿、＿＿＿＿＿和＿＿＿＿＿ 4 种报文。

5. 在 Windows 环境下,DHCP 客户机需要使用＿＿＿＿＿命令可以查看 IP 地址配置,释放 IP 地址使用＿＿＿＿＿命令,重新获取 IP 地址使用＿＿＿＿＿命令。

6. 管理员为工作站分配 IP 地址的方式分为＿＿＿＿＿和＿＿＿＿＿。

7. DHCP 是采用＿＿＿＿＿＿＿＿模式。

8. 如果要设置保留 IP 地址,则必须把 IP 地址和客户端的＿＿＿＿＿进行绑定。

9. DHCP 服务器的主要功能是:动态分配＿＿＿＿＿。

二、选择题

1. DHCP 服务不可以通过 DHCP 服务获得( )参数。

A. IP 地址   B. 子网掩码   C. 网关地址   D. 计算机名

2. TCP/IP 中,( )协议是用来进行 IP 地址自动分配的。

A. ARP   B. NFS   C. DHCP   D. DDNS

3. 在多个网络中实现 DHCP 服务的方法有( )。

A. 设置 IP 作用域   B. 设置 DHCP 中继代理

C. 设置子网掩码   D. 设置 IP 地址保留

4. 如果希望一个 DHCP 客户机总是获得一个固定的 IP 地址,那么可以在 DHCP 服务器上为其设置( )。

A. 作用域   B. IP 地址的保留

C. DHCP 中继代理   D. 子网掩码

5. 在安装 DHCP 服务器之前,必须保证这台计算机具有静态的(　　)。

A. 远程访问服务器的 IP 地址　　　　　　B. DNS 服务器的 IP 地址

C. 设置子网掩码　　　　　　　　　　　　D. IP 地址

6. 要实现动态 IP 地址分配,网络中至少要求有一台计算机的网络操作系统中安装(　　)。

A. DNS 服务器　　　B. DHCP 服务器　　　C. IIS 服务器　　　D. DC 主域控制器

7. 使用 DHCP 服务器功能的好处是(　　)。

A. 降低 TCP/IP 网络的配置工作量

B. 增加系统安全与依赖性

C. 对那些经常变动位置的工作站 DHCP 能迅速更新位置信息

D. 以上都是

8. 在安装 DHCP 服务之前,在局域网中的计算机上进行下面的设置肯定不正确的是(　　)。

A. 子网掩码　　　B. 默认网关　　　C. 动态 IP 地址　　　D. 静态 IP 地址

9. DHCP 配置首先必须配置(　　)。

A. DNS　　　B. 作用域　　　C. Web　　　D. 属性

10. DHCP 选项的设置中不可以设置的是(　　)。

A. DNS 服务器　　　B. DNS 域名　　　C. WINS 服务器　　　D. 计算机名

11. 管理员在该员工的 Windows XP 计算机上登录,并使用 ipconfig/all 命令查看网络配置信息,发现 IP 地址是 169.254.25.38。你知道这可能是由于(　　)原因导致的。

A. 用户自行指定了 IP 地址　　　　　　B. IP 地址冲突

C. 动态申请地址失败　　　　　　　　　D. 以上都不正确

12. 在设置静态 ip 地址时,(　　)参数有时是可以不必设置的。

A. 网关　　　B. 子网掩码　　　C. 首选域名服务器　　　D. 备用域名服务器

13. 如果想显示计算机 IP 地址的详细信息,用(　　)命令。

A. ipconfig　　　B. ipconfig/all　　　C. showipinfo　　　D. showipinfo/all

三、实训

某公司企业网中有一台安装了 Windows Server 2008 系统的计算机,指定计算机名为 "ser-DHCP",静态 IP 地址为 192.168.100.100,子网掩码为 255.255.255.0。公司内部有两个网段 192.168.100.0/24 和 192.168.200.0/24。具体要求如下。

(1) 在 Windows Server 2008 服务器安装、配置及管理 DHCP 服务,给两个网段动态分配 IP 地址。

(2) 自动分配 DNS 服务器地址为 202.97.224.68 和 202.97.224.69。

(3) 网段 1 的 IP 段为 192.168.100.0/24 默认网关为 192.168.100.1,排除地址范围为 192.168.100.151～192.168.100.200。

(4) 网段 2 的 IP 段为 192.168.200.0/24 默认网关为 192.168.200.1,WINS 服务器为 192.168.200.254。

(5) 内网放置了一台 Web 服务器,规划的 IP 地址为 192.168.100.120。配置该地址对应到该计算机的 MAC 地址。

项目六

构建 DNS 服务器

项目描述

　　某高校组建了学校的校园网,网络中有很多台服务器,每个服务器必须分配一个唯一的 IP 地址。计算机在网络上通信时只能识别诸如 202.106.136.97 之类的数字地址,然而这种数字 IP 地址却不十分友好,用户很难通过如 http://102.168.120.68 方式的 IP 地址与某个服务器提供的服务联系起来,也无法通过 IP 地址来记住众多的 Web 网点和 Internet 上的服务。解决的方法就是将 IP 地址映像为"友好"的主机名,如访问该校的邮件服务器网站可以使用 http://mail.nkzy.com,即用容易记忆的域名来代替枯燥的数字所代表的网络服务器的 IP 地址,并且通过 DNS 服务器保存和管理这些域名与 IP 地址的映像关系。为了使校园网中的计算机简单快捷地访问本地网络及 Internet 上的资源,需要在校园网中架设 DNS 服务器,用来提供域名和 IP 地址的转换功能。

学习目标

➢ 了解 DNS 的域名空间
➢ 了解 DNS 服务器的功能
➢ 掌握 DNS 服务器的安装
➢ 掌握 DNS 区域的配置
➢ 掌握 DNS 客户机的配置
➢ 掌握 DNS 服务器的测试
➢ 熟悉 DNS 服务器的管理
➢ 了解 DNS 转发器的配置

任务一　安装与配置 DNS 服务

一、任务描述

　　某学校机房采用 C 类网络地址 192.168.1.0/24,网络中有 DHCP 服务器、多个 Web 服务器、多个 FTP 服务器等很多台服务器,有一名网络管理员管理所有的网络配置与设备维护,如果让教职工或学生使用诸如 192.168.1.1 的 IP 地址访问这些服务器,很容易把这些服务器弄混,搞不清楚哪台服务器是提供什么服务的。为了解决这一问题,管理员向学校申请架设 DNS 服务器,来帮助教职工和学生解决用 IP 访问服务器容易弄混的问题,让他们改用域名访问这些服务器,使教职工或学生一看到域名马上就能联系到他们要访问的服务器类型。

二、相关知识

1. DNS 简介

多数用户喜欢使用友好的名称(如 www.microsoft.com)来定位微软公司的 Web 服务器,很少有人使用 IP 地址去访问。友好的名称更容易记住,但是计算机使用数字地址在网络上通信。为了更方便地使用网络资源,DNS 提供了一种方法,将用户友好的计算机名称或服务器名称映射为数字地址。域名系统(Domain Name System)是 Internet 上计算机命名的规范,DNS 服务器是存储域名和 IP 地址映射记录或连接其他 DNS 服务器的计算机,它把计算机的名字(主机名)与其 IP 地址相对应。DNS 客户机(相对 DNS 服务器,是需要申请名称解析的计算机)则可以通过 DNS 服务器,由计算机的主机名查询到 IP 地址,或由 IP 地址查询到主机名,那么 DNS 服务器提供的这种服务亦称域名解析服务。简单地讲,DNS 服务器就是个"翻译",或者说是个"字典",用来把人容易记忆的域名对照翻译成机器使用的数字格式的 IP 地址。

DNS 服务器是用于存储 Web 域名和 IP 地址、接受客户查询的计算机。DNS 是 Internet 网络或基于 TCP/IP 的网络中广泛使用的,主要用于提供主机名登记和主机名到 IP 地址转换的一组协议和服务。DNS 通过分布式名称解析数据库,为管理大规模网络中的主机名和相关信息提供了一种可靠、高效的应用。

2. DNS 定义

DNS 是域名系统(Domain Name System)的缩写,域名系统为 Internet 上的主机解析域名地址和 IP 地址。用户使用域名地址,该系统就会自动把域名地址转为 IP 地址。域名服务是运行域名系统的 Internet 工具。执行域名服务的服务器称之为 DNS 服务器,通过 DNS 服务器来应答域名服务的查询。

3. DNS 命名空间简介

Internet 上的 DNS 命名空间采用树状层次结构,整个 DNS 结构设计成如图 6-1 所示的 5 层结构,该图显示了顶级域的名字空间及下一级子域之间的树形结构关系,每一个节点以及其下的所有节点叫作一个域,域可以有主机(计算机)和其他域(子域)。在该图中,www.haerbin.net.cn 就是一个主机,而 haerbin.net.cn 则是一个子域。一般在子域中会含有多个主机,haerbin.net.cn 子域下就含有 mail.haerbin.net.cn、www.haerbin.net.cn 以及 ftp.haerbin.net.cn 三台主机。

(1)根域:代表域名命名空间的根,用圆点(.)表示根,这里为空。

(2)顶级域:直接处于根域下面的域,代表一种类型的组织或一些国家。在 Internet 中,顶级域由 InterNIC(Internet Network Information Center)进行管理和维护。

(3)二级域:在顶级域下面,用来标明顶级域以内的一个特定的组织。在 Internet 中,二级域也是由 InterNIC 负责管理和维护。

（4）子域：在二级域的下面所创建的域，它一般由各个组织根据自己的需求与要求，自行创建和维护。

（5）主机：是域名命名空间中的最下面一层，它被称之为完全合格的域名（Fully Qualified Domain Name，FQDN）。

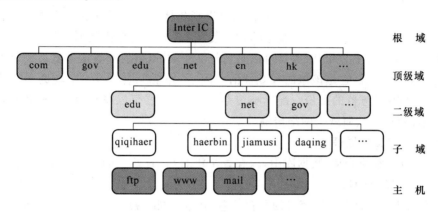

图 6-1　DNS 域名空间

4. DNS 服务器类型

DNS 服务器用于实现 DNS 名称和 IP 地址的双向解析。在网络中，主要有 4 种类型的 DNS 服务器：主 DNS 服务器、辅助 DNS 服务器、转发 DNS 服务器和唯缓存 DNS 服务器。

（1）主 DNS 服务器

主 DNS 服务器是特定 DNS 域所有信息的权威性信息源。它从域管理员构造的本地数据库文件（区域文件，Zone File）中加载域信息，该文件包含着该服务器具有管理权的 DNS 域的最精确信息。

（2）辅助 DNS 服务器

辅助 DNS 服务器可以从主 DNS 服务器中复制一整套域信息。区域文件是从主 DNS 服务器中复制生成的，并作为本地文件存储在辅助 DNS 服务器中。这种复制称为"区域复制（Zone Transfer）"。在辅助 DNS 服务器中存有一个域所有信息的完整只读副本，因此无法进行更改，所有针对区域文件的更改必须在主 DNS 服务器上进行。在实际应用中，辅助 DNS 服务器主要用于负载均衡和容错。如果主 DNS 服务器出现故障，可以根据需要将辅助 DNS 服务器转换为主 DNS 服务器。

（3）转发 DNS 服务器

转发 DNS 服务器可以向其他 DNS 服务器转发解析请求。当 DNS 服务器收到客户机的解析请求后，它首先会尝试从本地数据库中查找；若未能找到，则需要向其他指定的 DNS 服务器转发解析请求；其他 DNS 服务器完成解析后会返回解析结果。在缓存期内，如果客户请求解析相同的名称，则转发 DNS 服务器会立即回应客户机；否则，将会再次发生解析的过程。当前网络中所有的 DNS 服务器均被配置为转发 DNS 服务器，向指定的其他 DNS 服务器或根域服务器转发自己无法完成的解析请求。

（4）唯缓存 DNS 服务器

唯缓存 DNS 服务器可以提供名称解析服务器，但其没有任何本地数据库文件。唯缓存

DNS 服务器必须同时是转发 DNS 服务器,它将客户机的解析请求转发给指定的远程 DNS 服务器,并从远程 DNS 服务器取得每次解析的结果,并将该结果存储在 DNS 缓存中,以后收到相同的解析请求时就用 DNS 缓存中的结果。所有的 DNS 服务器都按这种方式使用缓存中的信息,但唯缓存 DNS 服务器则依赖于这一技术实现所有的名称解析。唯缓存 DNS 服务器并不是权威性的服务器,因为提供的所有信息都是间接信息。

在实际使用 DNS 服务器的过程中我们可以根据实际需要将上述几种 DNS 服务器结合,进行合理搭配,所有的主 DNS 服务器均可使用 DNS 唯缓存机制响应解析请求,以提高解析效率。一些域的主 DNS 服务器可以是另外一个域的辅助 DNS 服务器。一个域只能部署一个主 DNS 服务器,它是该域的权威性信息源;另外至少应部署一个辅助 DNS 服务器,将其作为主 DNS 服务器的备份。配置唯缓存 DNS 服务器可以减轻主 DNS 服务器和辅助 DNS 服务器的负载,从而减少网络传输。

5. DNS 查询工作原理

在 DNS 服务器的 DNS 数据库中,保存着主机名与 IP 地址的对应关系,可以使用以下 3 种方式进行 DNS 查询:

(1) 客户机使用历史查询获得的缓存信息,在客户机主机中进行自应答查询;

(2) 利用 DNS 服务器上存储的资源记录缓存信息来应答查询;

(3) 由 DNS 服务器代表请求客户机查询或联系其他 DNS 服务器,以便完成该名称的解析,并将应答返回至客户机。

在这一过程中,还可以进一步分为递归和迭代两种查询方式。递归查询,是指 DNS 客户机发出查询请求后,如果 DNS 服务器内没有所需的数据,则 DNS 服务器会代替客户机向其他的 DNS 服务器进行查询。在这种方式中,DNS 服务器必须向 DNS 客户机做出回答。DNS 客户机的浏览器与本地 DNS 服务器之间的查询通常是递归查询,客户机程序送出查询请求后,如果本地 DNS 服务器内没有需要的数据,则本地 DNS 服务器会代替客户机向其他 DNS 服务器进行查询。本地 DNS 会将最终结果返回给客户机程序。因此从客户机来看,它是直接得到了查询的结果。迭代查询多用于 DNS 服务器与 DNS 服务器之间的查询方式。它的工作过程是:当第一台 DNS 服务器向第二台 DNS 服务器提出查询请求后,如果在第二台 DNS 服务器内没有所需要的数据,则它会提供第三台 DNS 服务器的 IP 地址给第一台 DNS 服务器,让第一台 DNS 服务器直接向第三台 DNS 服务器进行查询。依此类推,直到找到所需的数据为止。如果到最后一台 DNS 服务器中还没有找到所需的数据时,则通知第一台 DNS 服务器查询失败。因此,可以将 DNS 查询过程总结为:DNS 客户机需要查询程序中使用的名称时,会先从客户机计算机开始查询,并传送至 DNS 客户服务程序进行解析,如果不能就地解析查询,则根据需要通过 DNS 服务器解析名称。下面详细介绍 DNS 域名解析的过程。

DNS 域名解析的过程如图 6-2 所示。

以查询 www.sina.com.cn 地址的 IP 为例,具体操作步骤如下。

(1) 当在客户机的 Web 浏览器中输入某 Web 站点的域名,如 http://www.sina.com.cn 时,Web 浏览器将域名解析请求交给自己计算机上集成的 DNS 客户机软件。

(2) 用户计算机上的 DNS 客户机软件首先查询本机域名缓存,其中存储的是之前本机访问的域名和 IP 地址的对应关系。

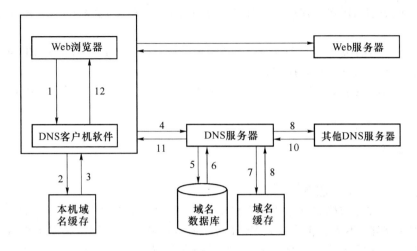

图 6-2　DNS 域名解析过程

（3）若本机域名缓存中存在相匹配的记录,则 DNS 客户机软件将域名解析结果反馈给 Web 浏览器。

（4）若本机域名缓存中不存在相匹配的记录,则用户计算机送出一个问题给这台计算机所设置的 DNS 服务器,询问 www.sina.com.cn 的 IP 地址是什么。

（5）DNS 服务器在自己建立的域名数据库中查找是否有与 www.sina.com.cn 相匹配的记录。域名数据库存储的是 DNS 服务器自身能够解析的资料。

（6）如果在域名数据库中存在相匹配的记录,则 DNS 服务器将查询结果反馈给 DNS 客户机软件。

（7）如果在域名数据库中不存在相匹配的记录,DNS 服务器将访问域名缓存。域名缓存存储的是从其他 DNS 服务器转发的域名解析结果。

（8）域名缓存将查询结果反馈给 DNS 服务器,若域名缓存中查询到指定的记录,则 DNS 服务器将查询结果反馈给 DNS 客户机软件。

（9）若在域名缓存中也没有查询到指定的记录,则按照 DNS 服务器的设置转发域名解析请求到其他 DNS 服务器上进行查找。

（10）其他 DNS 服务器将查询结果反馈给 DNS 服务器。

（11）DNS 服务器将查询结果反馈给 DNS 客户机软件。

（12）DNS 客户机软件将域名解析结果反馈给 Web 浏览器。若反馈成功,Web 浏览器就按指定 IP 地址访问 Web 浏览器,否则将提示网址无法解析或不可访问的信息。

6. 架设 DNS 服务器的需求和环境

（1）架设需求

① 使用提供 DNS 服务器的 Windows Server 2008 标准版、企业版、Web 版和数据中心版等服务器端操作系统。

② DNS 服务器的 IP 地址、子网掩码等 TCP/IP 参数应手工指定,否则将无法有效地为客户机提供名称解析。

（2）架设环境

在本任务中预架设的 DNS 服务器如下。

① DNS 服务器:IP 192.168.1.1,计算机名为 ser-2008,采用 Windows Server 2008 操作系统。

② 用户要访问的服务器:IP 地址分别为 192.168.1.11～192.168.1.13,共 3 台计算机,采用 Windows Server 2008 操作系统。

③ 客户机:IP 地址为 192.168.1.2,计算机名为 Winnkzy,采用 Windows XP 操作系统。

三、任务实施

1. 步骤一:安装 DNS 服务

在安装之前,首先应确定网络中是否已经安装了 DNS 服务器,如果是域控制器,应当已经安装 DNS 服务器,不需要再安装,Windows Server 2008 系统默认情况下没有安装 DNS 服务器,因此管理员需要手工进行 DNS 服务器的安装操作。如果希望该 DNS 服务器能够解析 Internet 上的域名,还需保证该 DNS 服务器能正常连接 Internet。

(1) 使用服务器管理器安装 DNS 服务器

① 在服务器中选择"开始"→"管理工具"→"服务器管理器"命令打开服务器管理器窗口,选择左侧窗格中的"角色"一项之后,"服务器管理器"窗口右侧出现"角色"窗格,单击右侧的"添加角色"链接,出现"添加角色向导"对话框,然后单击"下一步"按钮。

② 在如图 6-3 所示的"选择服务器角色"对话框中选择"DNS 服务"复选框,然后单击"下一步"按钮。

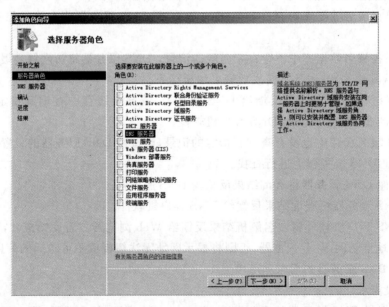

图 6-3 选择服务器角色

③ 在如图 6-4 所示的"DNS 服务器"对话框中,对 DNS 服务进行了简要介绍,再次单击"下一步"按钮继续操作。

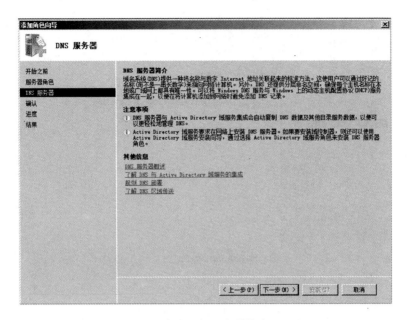

图 6-4　DNS 服务器简介

④ 进入如图 6-5 所示的"确认安装选择"对话框,显示了需要安装的服务器角色信息,此时单击"安装"按钮开始 DNS 服务器的安装。

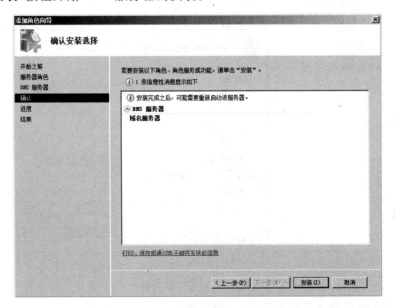

图 6-5　确认安装

⑤ DNS 服务器安装完成后会自动出现如图 6-6 所示的"安装结果"对话框,此时单击"关闭"按钮结束向导操作。

⑥ 返回"服务器管理器"界面如图 6-7 所示,在"服务器管理器"界面中可以在"角色"窗格中看到当前服务器中已经安装了 DNS 服务器。

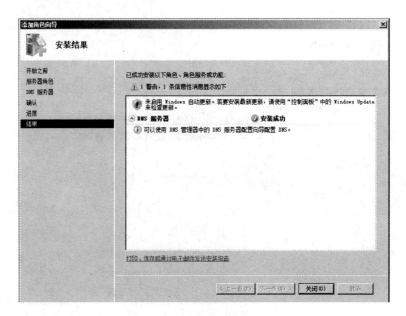

图 6-6　安装结果

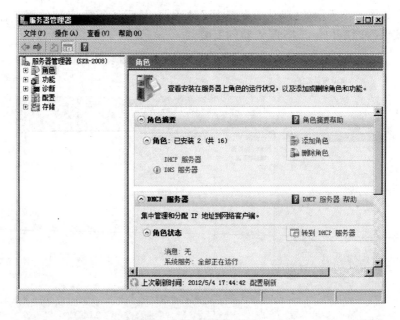

图 6-7　服务器管理器

（2）通过传统的控制面板安装 DNS 服务器

① 选择"开始"菜单→"控制面板"→"程序和功能"命令选项。

② 弹出如图 6-8 所示的"程序和功能"窗口，单击"打开或关闭 Windows 功能"选项。

③ 弹出"服务器管理器"窗口，重复"使用服务器管理器安装 DNS 服务器"中的步骤即可完成 DNS 服务器的安装。

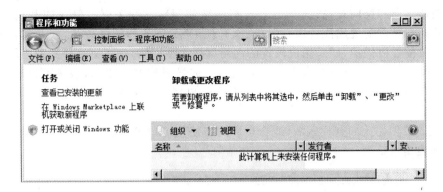

图 6-8 Windows Server 2008 程序和功能

2. 步骤二：配置 DNS 服务器

在安装完 DNS 服务器之后，在管理工具中增加了一个"DNS"选项，管理员通过这个选项来完成 DNS 服务器的前期配置和后期的运行管理工作，具体的配置步骤如下。

（1）选择"开始"→"管理工具"→"DNS"命令，打开 DNS 管理器窗口，如图 6-9 所示。

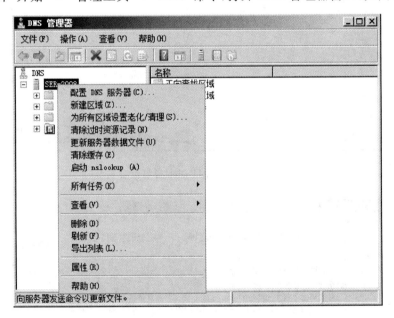

图 6-9 DNS 管理器（1）

（2）在 DNS 管理器左侧窗格中右键单击当前计算机名称（SER-2008）一项，并从弹出的快捷菜单中选择"配置 DNS 服务器"命令，激活 DNS 服务器配置向导，如图 6-10 所示。

（3）在进入"欢迎使用 DNS 服务器配置向导"对话框中说明该向导的配置的内容，单击"下一步"按钮，进入如图 6-11 所示的"选择配置操作"对话框，可以设置网络查找区域的类型，查找区域的类型分三种：

- 创建正向查找区域（适合小型网络使用）：此服务主管本地资源的 DNS 名称，但将所有其他查询转发给一个 LSP 或其他 DNS 服务器。这个向导将配置根提示，但不会创建反向查找区域。如果用户设置的网络属于小型网络，则可以选择此种区域类型。

- 创建正向和反向查找区域(适合大型网络使用):此服务器主管正向和反向查找区域。它可以配置成执行递归解析、向其他 DNS 服务器转发查询,或两者兼顾,此向导将配置根提示,如果用户设置的网络属于大型网络,则可以选择此种区域类型。
- 只配置根提示(只适合高级用户使用):此向导只配置根提示,您还可以将来再配置正向和反向查找区域和转发器。如果用户属于高级用户,则可以选择此种区域类型。

此处选择"创建正向查找区域(适合小型网络使用)"单选按钮,单击"下一步"按钮继续操作,该项也是系统默认的选项。

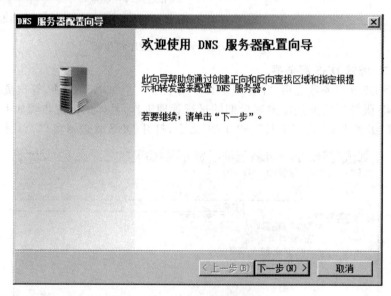

图 6-10　欢迎使用 DNS 服务器配置向导

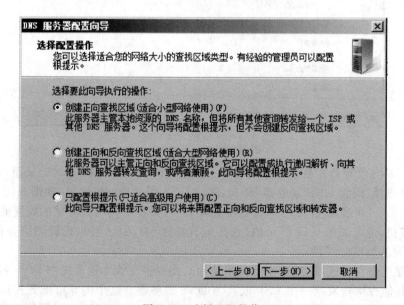

图 6-11　选择配置操作

(4)进入"主服务器位置"对话框,如图 6-12 所示,如果当前所设置的 DNS 服务器是网络中的第一台 DNS 服务器,选择"这台服务器维护该区域"单选按钮,将该 DNS 服务器作为主 DNS 服务器使用,否则可以选择"ISP 维护该区域,一份只读的次要副本常驻在这台服务器上"单选按钮。

(5) 单击"下一步"按钮,进入"区域名称"对话框,如图 6-13 所示,在文本框中输入一个区域的名称,建议输入正式的域名。

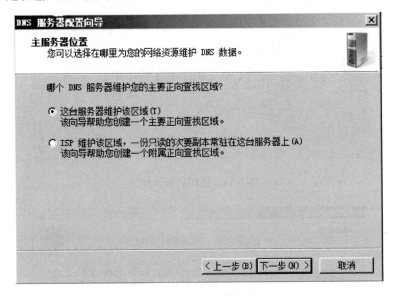

图 6-12　主服务器位置

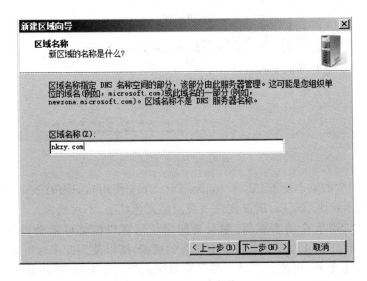

图 6-13　正向区域名称(1)

(6) 单击"下一步"按钮,进入"区域文件"对话框,如图 6-14 所示,系统根据区域默认填入了一个文件名。该文件是一个 ASCII 文本文件,其中保存着该区域的信息,默认情况下保存在%systemroot%\system32\dns 文件夹中,通常情况下不需要更改默认值。

(7) 单击"下一步"按钮,进入"动态更新"对话框,如图 6-15 所示,选择"不允许动态更新"单选按钮,不接受资源记录的动态更新,以安全的手动方式更新 DNS 记录,各选项功能如下。

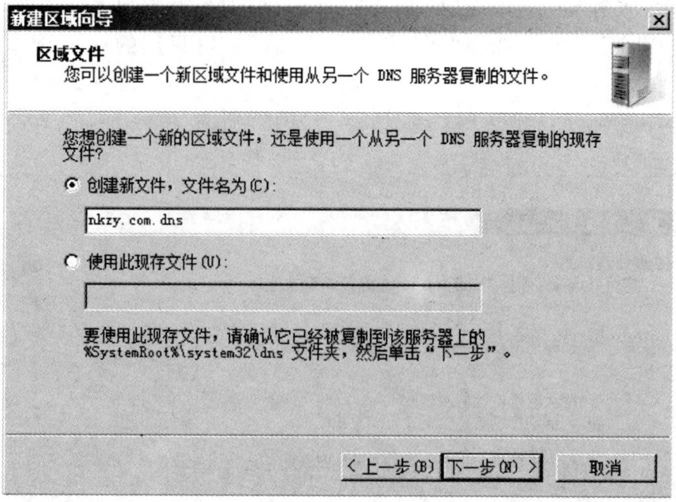

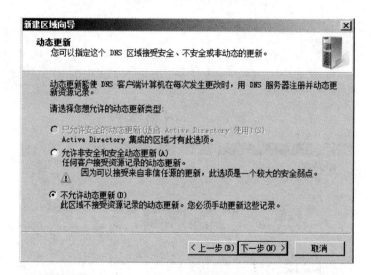

图 6-14　正向区域文件

图 6-15　动态更新

① 只允许安全的动态更新(适合 Active Directory 使用):只有在安装了 Active Directory 集成的区域才能使用该项,所以该选项目前是灰色状态,不可选取。

② 允许非安全和安全动态更新:如果要使用任何客户机都可接受资源记录的动态更新,可选择该项,但由于可以接受来自非信任源的更新,所以使用此项时可能会不安全。

③ 不允许动态更新:可使此区域不接受资源记录的动态更新,使用此项比较安全。

(8) 单击"下一步"按钮,进入"转发器"对话框,如图 6-16 所示,如果选择"是,应当将查询转送到有下列 IP 地址的 DNS 服务器上",可以在 IP 地址编辑框中输入 ISP 或者上级 DNS 服务器提供的 DNS 服务器 IP 地址,如果没有上级 DNS 服务器则可以选择"否,不向前转发查询"单选按钮。

(9) 单击"下一步"按钮,进入"正在完成 DNS 服务器配置向导"对话框,可以查看到有关 DNS 配置的信息,单击"完成"按钮关闭向导。

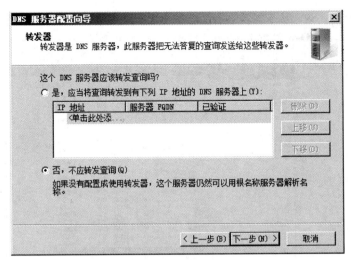

图 6-16 区域名称

3. 步骤三:验证 DNS 安装

DNS 服务器安装完成后,可以通过查看 DNS 相关文件和 DNS 服务两种方法来验证 DNS 是否安装成功。

(1) 查看文件

如果 DNS 服务器安装成功,在系统目录%systemroot%\system32 文件夹下生成一个 dns 文件夹,其中默认包含了缓存文件、日志文件、模板文件夹、备份文件夹等与 DNS 相关的文件,如果创建了 DNS 区域,还会生成相应的区域数据库文件,如图 6-17 所示。

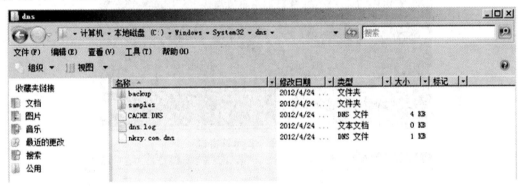

图 6-17 安装 DNS 服务后的 dns 文件夹

(2) 查看服务

DNS 服务如果安装成功,会自动启动。因此,在服务列表中将能够查看到已经启动的 DNS 服务。在 Windows Server 2008 中,可以通过图形界面和命令行两种方法查看已启动的 DNS 服务。

① 通过图形界面查看。单击"开始"→"管理工具"→"服务",如图 6-18 所示。

② 通过命令行界面查看。打开命令提示符窗口,然后执行 net start 命令,将列出当前已启动的所有服务,如图 6-19 所示。在其中也能够查看到已启动的 DNS 服务。

4. 步骤四:DNS 服务的停止和启动

当 DNS 服务器安装好后,单击"开始"→"管理工具" →"DNS",打开 DNS 管理器窗口,右键单击 DNS 服务器节点,在弹出的快捷菜单中单击"所有任务"中的相应功能项可以启动、停止和重新启动 DNS 服务器，如图 6-20 所示。

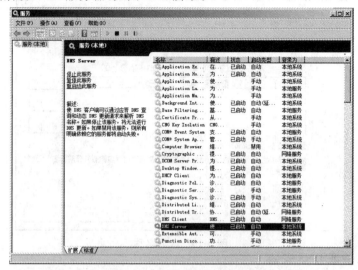

图 6-18　服务管理控制台窗口

图 6-19　命令提示符窗口

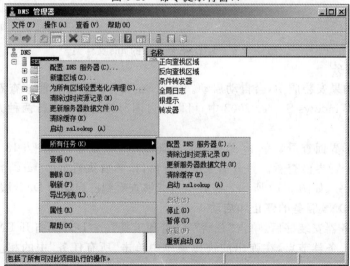

图 6-20　DNS 管理器（2）

任务二 配置 DNS 区域

一、任务描述

某学校为了解决 IP 地址和域名转换的问题,管理员向学校申请安装了 DNS 服务器,但是只安装 DNS 服务器并不能解决 IP 地址和域名之间的转换问题,要想解决 IP 和域名的转换必须创建 DNS 的正向查找区域和反向查找区域以及相关资源记录。

二、相关知识

1. DNS 区域简介

DNS 服务器需要通过 DNS 区域管理 DNS 名称空间,因此在 DNS 服务器安装完成并正常运行之后,需要在 DNS 服务器上创建相应的 DNS 区域。正向查找区域用于域名到 IP 地址的解析,反向查找区域用于 IP 地址到域名的解析。如果 DNS 服务器上创建了一个 DNS 区域的主要区域,则该 DNS 服务器即成为 DNS 区域的主 DNS 服务器。

2. DNS 区域类型

DNS 服务器中有两种类型的查找区域:正向查找区域和反向查找区域。其中正向查找区域用来处理正向解析,即把主机名解析为 IP 地址;而反向查找区域用来处理反向解析,即把 IP 地址解析为主机名,是和正向查找相对应的一种 DNS 解析方式。在网络中,大部分 DNS 搜索都是正向查找。但为了实现客户机对服务器的访问,不仅需要将一个域名解析成 IP 地址,还需要将 IP 地址解析成域名,这就需要使用反向查找功能。在 DNS 服务器中,通过主机名查询其 IP 地址的过程称为正向查询,而通过 IP 地址查询其主机名的过程叫作反向查询。

无论是正向查找区域还是反向查找区域都有三种区域类型,分别为:主要区域、辅助区域和存根区域。主要区域创建一个可以直接在这个服务器上更新的区域副本;辅助区域创建一个存在于另一个服务器上的区域的副本。此选项帮助主服务器平衡处理工作量,并提供容错;存根区域创建只含有名称服务器(NS)、起始授权机构(SOA)和粘连主机(A)记录的区域的副本。含有存根区域的服务器对该区域没有主管权。

三、任务实施

1. 步骤一:创建正向主要区域

在同一台 DNS 服务器中可以创建多个 DNS 区域,在安装和配置 DNS 服务器时,就已经创建了一个全新的 DNS 区域,还可以通过 DNS 管理器再添加其他的 DNS 区域。在一台 DNS 服务器上可以提供多个域名的 DNS 解析,因此可以创建多个 DNS 区域,具体的操作步骤如下。

(1)单击"开始"→"管理工具"→"DNS",打开如图 6-21 所示的"DNS 管理器"窗口。

（2）展开 DNS 管理器左侧窗格的目录树，右键单击"正向查找区域"项，选择快捷菜单中的"新建区域"选项，显示如图 6-22 所示的"新建区域向导"。

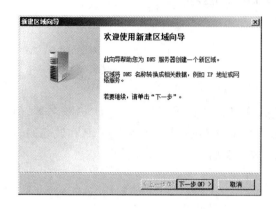

图 6-21　欢迎使用新建区域向导

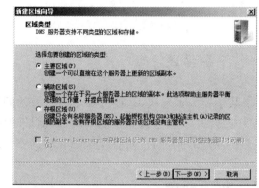

图 6-22　区域类型

（3）单击"下一步"按钮，弹出如图 6-23 所示"区域类型"窗口，用来选择要创建的区域的类型，有"主要区域"、"辅助区域"和"存根区域"三种，若要创建新的区域，应当选择"主要区域"单选项。

（4）在"区域名称"文本框中设置要创建的区域名称，如 software.com。区域名称指定 DNS 名称空间的部分，接下来的操作与任务一中"配置 DNS 服务器"中的内容相似，此处不再赘述。

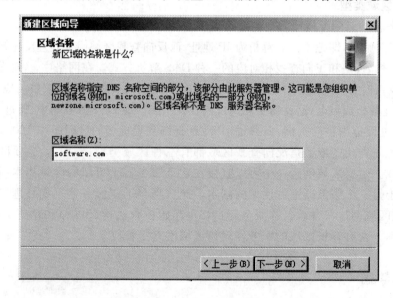

图 6-23　正向区域名称（2）

（5）当一个新的主要区域创建成功后，便会显示在 DNS 主窗口中，如图 6-24 所示。

2. 步骤二：创建反向主要区域

通过 IP 地址查询主机名的过程称为反向查找，反向查找区域可以实现 DNS 客户机利用 IP 地址来查询其主机名的功能，即反向查找就是和正向查找相对应的一种 DNS 解析方式。反向查找不是必需的，可以在需要的时候创建，在网络中，大部分 DNS 搜索都是正向查

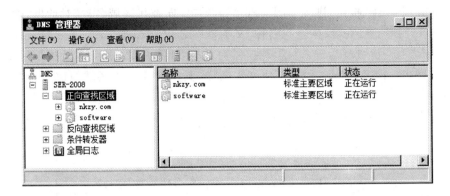

图 6-24　DNS 管理器(3)

找。但为了实现客户机对服务器的访问,不仅需要将一个域名解析成 IP 地址,还需要将 IP 地址解析成域名,这就需要使用反向查找功能。

反向查询区域与正向查询区域同样提供了三种类型:主要区域、辅助区域和存根区域。当利用反向查找来将 IP 地址解析成主机名时,反向区域的前半部分是其网络 ID(Network ID)的反向书写,而后半部分必须是 in-addr.arpa。in-addr.arpa 是 DNS 标准中为反向查找定义的特殊域,并保留在 Internet DNS 名称空间中,以便提供切实可靠的方式执行反向查询。例如,如果要针对网络 ID 为 192.168.1 的 IP 地址来提供反向查找功能,则此反向区域的名称必须是 1.168.192.in-addr.arpa。

这里我们创建一个 IP 地址为 192.168.1 的反向查找区域,与创建正向查找区域的操作有些相似,具体的操作步骤如下。

(1) 在图 6-24 所示的 DNS 管理器窗口的左侧窗格目录树中右键单击"反向查找区域"项,选择快捷菜单中的"新建区域"选项,显示新建区域向导。

(2) 单击"下一步"按钮,弹出如图 6-22 所示"区域类型"窗口,选择"主要区域"选项。

如果当前 DNS 服务器同时也是一台域控制器,单击"下一步"按钮,进入"Active Directory 区域传送作用域"对话框,选择"至此域中所有域控制器(为了与 Windows 2003 兼容)(Q):nkzy.com"单选按钮。

(3) 单击"下一步"按钮,进入如图 6-25 所示的"反向查找区域名称"对话框,根据目前网络的状况,一般建议选择"IPv4 反向查找区域"。

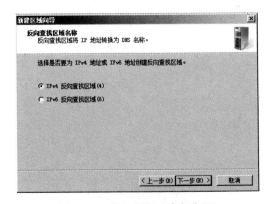

图 6-25　反向查找区域名称(1)

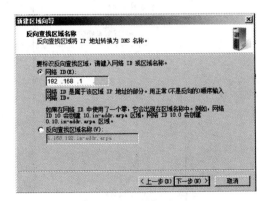

图 6-26　反向查找区域名称(2)

（4）单击"下一步"按钮，进入如图 6-26 所示的"反向查找区域名称"对话框，输入 IP 地址 192.168.1，同时它会在"反向查找名称"文本框中显示为 1.168.192.in-addr.arpa。

（5）单击"下一步"按钮，进入"区域文件"对话框，如图 6-27 所示，系统根据区域默认填入了一个文件名。该文件是一个 ASCII 文本文件，其中保存着该区域的信息，默认情况下保存在％systemroot％\system32\dns 文件夹中，通常情况下不需要更改默认值。

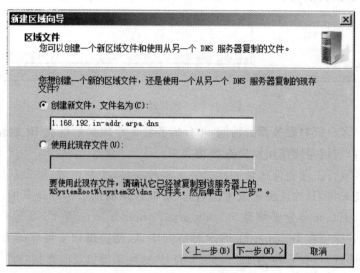

图 6-27　反向区域文件

（6）单击"下一步"按钮，弹出如图 6-15 所示"动态更新"窗口，建议选择"不允许动态更新"单选项，以减少来自网络的攻击。

（7）继续单击"下一步"按钮，弹出"正在完成新建区域向导"对话框，单击"完成"按钮即可完成"新建反向查找区域"的任务。

（8）当反向区域创建完成以后，该反向主要区域就会显示在 DNS 的"反向查找区域"项中，且区域名称显示为"1.168.192.in-addr.arpa"，如图 6-28 所示。

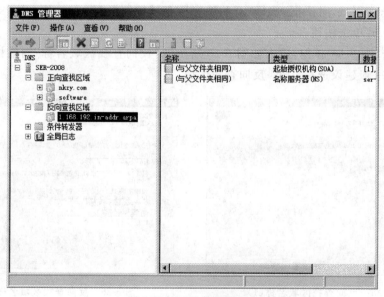

图 6-28　DNS 管理器（4）

3. 步骤三:在区域中创建资源记录

创建新的正向查找主区域后,"域服务管理器"会自动创建起始机构授权、名称服务器等记录。除此之外,DNS 数据库还包含其他的资源记录,用户根据需要,自行向主区域或域中添加资源记录,DNS 服务器支持相当多的不同类型的资源记录,在此我们学习其中几个比较常用的资源记录,并将其创建到区域内。

Ⅰ. 创建正向记录

常用正向区域记录类型有主机记录、别名记录、邮件记录等。

(1) 主机(A 类型)记录

DNS 服务器区域创建完成后,还必须添加主机记录才能真正地实现 DNS 解析服务。主机记录在 DNS 区域中,用于记录在正向查找区域内建立的主机名与 IP 地址的关系,以供从 DNS 的主机域名、主机名到 IP 地址的查询,即完成计算机名到 IP 地址的映射。创建主机记录的具体步骤如下。

新建 3 台主机记录,其 IP 地址和域名的对应关系为:

IP 地址 192.168.1.11——域名 ycsm. nkzy. com

IP 地址 192.168.1.12——域名 jjgl. nkzy. com

IP 地址 192.168.1.13——域名 spjg. nkzy. com

① 在 DNS 管理器窗口中,选择要创建主机记录的区域(如 nkzy. com),右键单击并选择快捷菜单中的"新建主机"选项,如图 6-29 所示。

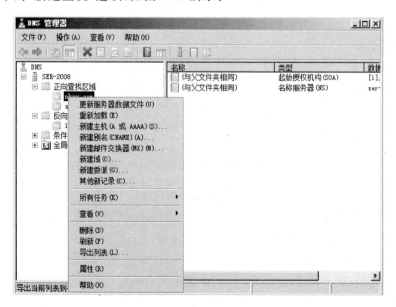

图 6-29　DNS 管理器(5)

② 弹出如图 6-30 所示"新建主机"窗口,在"名称"文本框中输入主机名称"yscm",这里应输入相对名称,而不能是全称域名(输入名称的同时,域名会在"完全合格的域名"中自动显示出来)。在"IP 地址"框中输入主机对应的 IP 地址 192.168.1.11。

如果所创建的这一条主机记录要提供反向查询的服务功能时,选中"创建相关的指针(PTR)记录"项,则在"反向查找区域"刷新后,会自动生成相应的指针记录,以供反向查找时使用,也可直接在反向查找区域直接创建指针记录,将 IP 地址转换成主机名;如果本机是域控制器,如图 6-30 所示的"新建主机"窗口中还会有一项"允许所有经过身份验证的用户用相同的所有者名称来更新 DNS 记录"复选框,若选择了此项,则允许动态更新资源记录。

③ 单击"添加主机"按钮,弹出如图 6-31 所示的提示框,则表示已经成功创建了一条主机记录。

图 6-30　新建主机　　　　　　　图 6-31　向区域添加新主机记录

④ 重复②~③,分别添加 jjgl.、spjg。添加成功后的 DNS 管理器如图 6-32 所示。

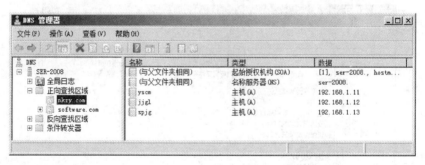

图 6-32　DNS 管理器(6)

提示:在实现虚拟主机技术时,管理员通过为同一主机设置多个不同的 A 类型记录,来达到同一 IP 地址的主机对应不同主机域名的目的。

(2) 别名(CNAME)记录

在很多情况下,需要为区域内的一台主机建立多个主机名称。别名用于将 DNS 域名映射为一个主机记录。

下面为主机 yscm. nkzy. com 建立别名为 www. nkzy. com 的记录。

① 在 DNS 管理器窗口中右键单击"正向查找区域"的"nkzy. com",如图 6-32 所示。

② 选择快捷菜单中的"新建别名(CNAME)"选项,显示"新建资源记录"窗口,如图 6-33 所示,输入主机别名(www)和指派该别名的主机名称(yscm. nkzy. com),或单击"浏览"按钮来选择,如图 6-34 所示。

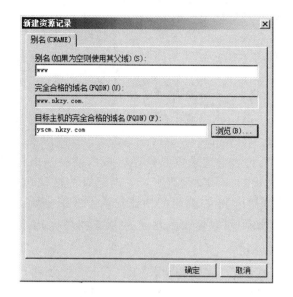

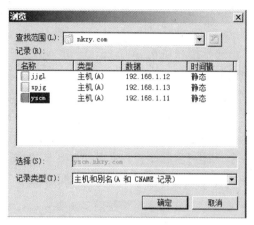

图 6-33　新建资源记录(1)　　　　　　　　图 6-34　浏览主机 DNS 域名

③ 单击"确定"按钮,即可在该区域中添加新别名记录。

④ 重复步骤①～③,为 jjgl. nkzy. com 建立别名为 smtp. nkzy. com 的记录,以方便用户访问。添加完成后的 DNS 管理器如图 6-35 所示。

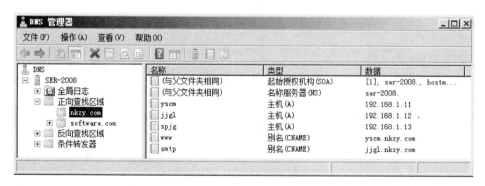

图 6-35　DNS 管理器(7)

有时一台主机可能担当多个服务器,这时需要给这台主机创建多个别名。例如,一台主机既是 Web 服务器,也是 FTP 服务器,这时就要给这台主机创建两个别名,也就是根据不同的用途所起的不同名称,如 Web 服务器和 FTP 服务器分别为 www. software. com 和 ftp. software. com,而且还要知道该别名是由哪台主机所指派的(即多个服务器对应一台主机)。

(3) 邮件交换器(MX)记录

邮件交换器记录的缩写是 MX,它的英文全称是 Mail Exchanger。MX 记录为电子邮件服务专用,它可以告诉用户哪些服务器可以为该域接收邮件。当局域网用户与其他 Internet 用户进行邮件交换时,将由在该处指定的邮件服务器与其他 Internet 邮件服务器之间完成。也就是说,如果不知道邮件交换记录,网络用户将不能实现 Internet 电子邮件的收发。也就是说,根据收信人邮件地址中的 DNS 域名,向 DNS 服务器查询邮件交换器资源记录,定位到要接收邮件的邮件服务器。例如将邮件交换器记录所负责的域名设为 nkzy.

com,发送"admin@nkzy.com"信箱时,系统对该邮件地址中的域名 nkzy.com 进行 DNS 的 MX 记录解析。如果 MX 记录存在,系统就根据 MX 记录的优先级,将邮件转发到与该 MX 相应的邮件服务器上,如果不存在 MX 记录邮件将不能转发到邮件服务器上。具体建立邮件交换记录的过程在项目中讲述。

(4) 起始授权机构(SOA)记录

起始授权机构 SOA(Start of Authority)用于记录此区域中的主要名称服务器以及管理此 DNS 服务器的管理员的电子邮件信箱名称。在 Windows Server 2003/2008 操作系统中,每创建一个区域就会自动建立 SOA 记录,因此这个记录就是所建区域内的第一条记录。修改和查看该记录的方法为:在 DNS 管理窗口中,选择要创建主机记录的区域(如 nkzy.com),在窗口右侧,右键单击"起始授权机构"记录,在弹出的快捷菜单中选中"属性"命令,切换到"起始授权机构"选项卡,如图 6-36 所示,可以修改序列号、主服务器名称、负责人、刷新间隔、重试间隔、过期时间和最小 TTL 等内容。

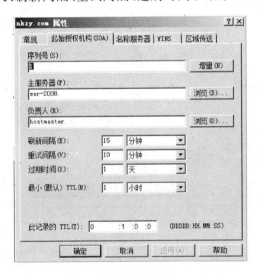

图 6-36　起始授权机构

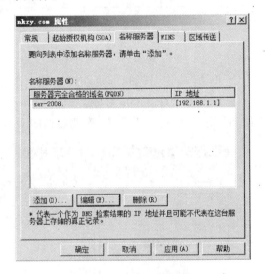

图 6-37　名称服务器

(5) 名称服务器(NS)记录

名称服务器(Name Server,NS)记录,它用于记录管辖此区域的名称服务器,包括主要名称服务器和辅助名称服务器。在 Windows Server 2003/2008 操作系统的 DNS 管理器窗口中,每创建一个区域就会自动建立这个记录。如果需要修改和查看该记录的属性,可以在图 6-36 所示的对话框中,选择"名称服务器"选项卡,如图 6-37 所示,单击其中"编辑"、"添加"和"删除"按钮即可修改 NS 记录。

Ⅱ. 创建反向记录

当反向主要区域创建完成以后,还必须在该区域内创建记录数据,只有这些记录数据在实际的查询中才是有用的。具体的操作步骤如下。

① 在 DNS 管理器窗口,右键单击反向主要区域名称"1.168.192.in-addr.arpa",如图 6-38 所示。

② 选择快捷菜单中的"新建指针(PTR)"选项,弹出如图 6-39 所示"新建资源记录"窗口,在"主机 IP 号"文本框中,输入主机 IP 地址的最后一段(前 3 段是网络 ID),并在"主机

名"后输入或单击"浏览"按钮,选择该 IP 地址对应的主机名(如图 6-34 所示)。

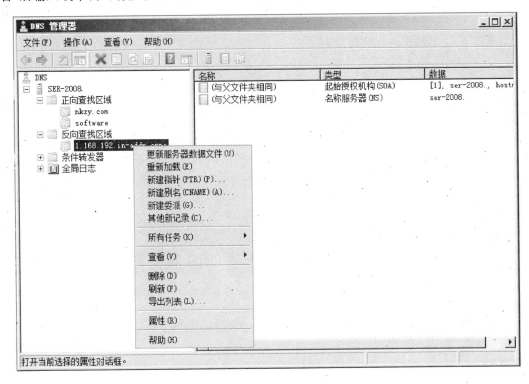

图 6-38　DNS 管理器(8)

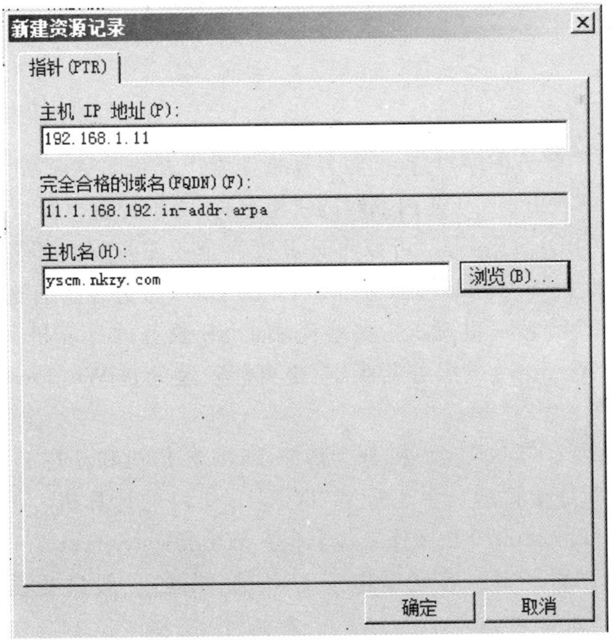

图 6-39　新建资源记录(3)

③ 单击"确定"按钮,一个反向记录就创建成功了。

④ 重复①～③步骤,添加 192.168.1.12 和 192.168.1.13 的反向记录,添加完成后的 DNS 管理器如图 6-40 所示。

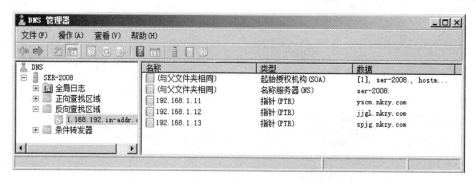

图 6-40　DNS 管理器(9)

任务三　DNS 客户机配置与 DNS 服务器检测

一、任务描述

某学校为了解决 IP 地址和域名转换的问题,管理员向学校申请安装了 DNS 服务器并创建了正向查找区域和反向查找区域及相关指针,那么如何来检测 DNS 服务器是否能够完成 IP 地址和域名的转换工作呢? 我们需要配置 DNS 客户机对 DNS 服务器进行检测。

二、相关知识

DNS 客户机也称作解析程序,它查询服务器来搜索以及将名称解析为查询中指定的资源记录类型。客户机要解析 Internet 或内部网的主机名称,必须配置已经设置的 DNS 服务器,如果企业或学校有自己的 DNS 服务器,可以将其设置为企业或学校内部客户机首选 DNS 服务器,否则设置 Internet 上 ISP(互联网服务提供商)的 DNS 服务器为首选 DNS 服务器。

在 C/S 模式中,DNS 客户机就是指那些使用 DNS 服务的计算机。从系统软件平台来看,有可能安装的是 Windows 的服务器版本,也可能安装的是 Windows 专业版(工作站)或 Linux 工作站系统。

从网络管理的角度看,DNS 客户机分为静态 DNS 客户机和动态 DNS 客户机。

➤ 静态 DNS 客户是指管理员手工配置 TCP/IP 协议的计算机,对于静态客户,无论是 Windows 98/NT/2000/XP 操作系统,还是 Windows Server 2003/2008 操作系统的各个版本,设置的主要内容就是指定 DNS 服务器,一般只要设置 TCP/IP 的 DNS 选项卡的 IP 地址即可。

➤ 动态 DNS 客户是指使用 DHCP 服务的计算机,对于动态 DNS 客户机重要的是在配置 DHCP 服务时指定"域名称和 DNS 服务器"。动态 DNS 客户机使用的 TCP/IP 协议的配置参数都是从 DHCP 服务器自动获取的。

三、任务实施

1. 步骤一:静态 DNS 客户机的配置

在 Windows Server 2008 或 Windows XP 操作系统中配置 DNS 客户机大同小异,下面仅以 Windows XP 操作系统中配置静态 DNS 客户为例进行介绍,具体的操作步骤如下。

① 在"控制面板"中双击"网络连接"图标,打开"网络连接"窗口,列出了所有可用的网络连接,右键单击"本地连接"图标,在快捷菜单中选择"属性"项,弹出如图 6-41 所示"本地连接属性"对话框。

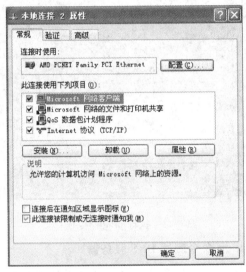

图 6-41 本地连接属性

② 在"此连接使用下列项目"列表框中,选择"Internet 协议(TCP/IP)",并单击"属性"按钮,弹出如图 6-42 所示"Internet 协议(TCP/IP)属性"对话框。选择"使用下面的 DNS 服务器地址"选项,分别在"首选 DNS 服务器"和"备用 DNS 服务器"文本框中输入主 DNS 服务器和辅 DNS 服务器的 IP 地址。单击"确定"按钮,保存对设置的修改即可。

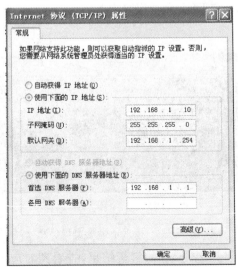

图 6-42 Internet 协议 TCP/IP 属性

2. 步骤二:ping 命令测试

ping 命令是系统内置的网络测试工具,可以用 ping 命令来测试一下网络是否通畅。ping 命令是用来测试 DNS 能否正常工作最为简单和实用的工具,这在局域网的维护中经常用到,方法很简单。只要打开 Windows 的"开始"菜单→"运行"窗口,输入 cmd 命令打开命令提示符窗口,在其中输入 ping 加上所要测试的目标计算机的 IP 地址或主机名即可(目标计算机要和用户所运行 ping 命令的计算机在同一网络或通过电话线或专项方式已连接成一个网络),如图 6-43 所示。

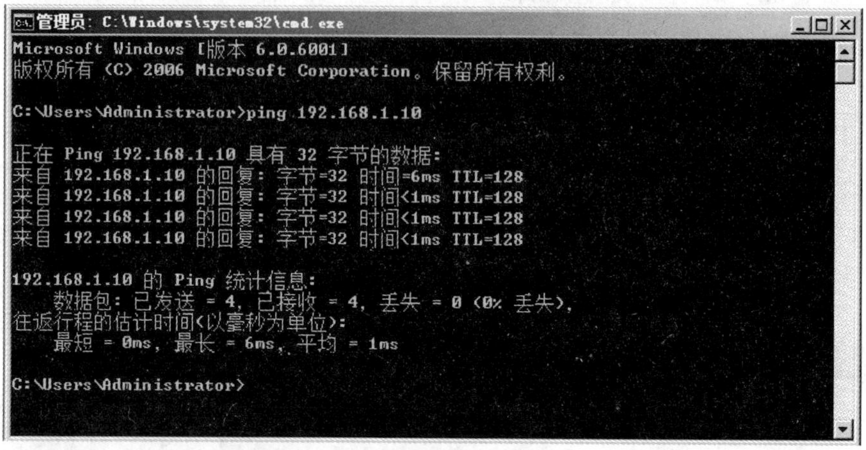

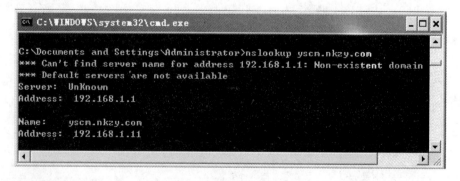

图 6-43　执行 ping 命令窗口

3. 步骤三:使用 nslookup 命令测试 DNS 服务器

nslookup 是一个监测网络中 DNS 服务器是否能正确实现域名解析的命令行工具,是用来进行手动 DNS 查询的最常用工具。它既可以模拟标准的客户解析器,也可以模拟服务器。作为客户解析器,nslookup 可以直接向服务器查询信息,而作为服务器,nslookup 可以实现从主服务器到辅助服务器的区域传递。

使用 nslookup 命令在客户机上进行 DNS 测试的内容如下。

① 检测正向解析结果:在 DOS 命令窗口中输入"nslookup yscm. nkzy. com"命令,操作结果如图 6-44 所示。

图 6-44　slookup 命令窗口(1)

从图中可以看到 yscm. nkzy. com 的解析结果,查看到对应的 IP 地址,但图中只提供了 DNS 服务器的 IP 地址(客户机上已经配置了),而不能把 DNS 服务器的 IP 地址转换成相应的主机名(图中显示为 UnKnown),所以需要在 DNS 服务器的 DNS 控制台的区域中添加 DNS 服务器的资源记录,即在 nkzy.com 的正向区域中添加主机记录,在反向区域中添加指针记录。添加 DNS 服务器的资源记录后再在 DOS 窗口中执行"nslookup yscm.nkzy.com"命令,操作结果如图 6-45 所示。

图 6-45　nslookup 命令窗口(2)

② 检测别名解析结果:在命令提示符窗口中输入"nslookup www.nkzy.com"命令,操作结果如图 6-46 所示。

图 6-46　nslookup 命令窗口(3)

③ 检测反向解析结果:在命令提示符窗口中输入"nslookup 192.168.1.11"命令,操作结果如图 6-47 所示。

图 6-47　nslookup 命令窗口(4)

任务四 管理 DNS 服务器

一、任务描述

某学校为了解决 IP 和域名转换的问题,管理员向学校申请安装了 DNS 服务器;创建了正向查找区域和反向查找区域及相关指针;配置了 DNS 客户机对 DNS 服务器进行了检测,DNS 服务器已经投入正常使用,使用过程中需要管理员对 DNS 服务器进行适当的管理。

二、相关知识

Internet 上的大型服务器的数据库包括一个或多个区域文件。每个区域文件都拥有一组结构化的资源记录,每条资源记录就是一条域名解析结果。如果 DNS 服务器允许客户机启动更新技术,则每当客户机的信息发生变化时,在 DNS 服务器的区域中就会增加一条该客户机的资源记录,随着时间的推移这些资源记录会不断地在区域中累积,从而产生一些没有意义的资源记录数据,称为老化数据。因此我们需要把这些老化数据进行清理;还需要将改动的内容写入磁盘,保存到区域文件中;另外 DNS 服务器上的缓存加速了 DNS 域名解析的性能,同时大大减少了网络上与 DNS 相关的查询通信量。缓存信息也有一个生命周期(TTL)的问题,超过生命周期的缓存信息是没有意义的。默认情况下,最小的缓存的生命周期为 3 600 s,也可以根据需要设置每个资源记录的缓存。

三、任务实施

1. 步骤一:设置区域中老化数据的清理

设置区域中老化数据清理的步骤如下。

(1) 在 DNS 管理器窗口中,右键单击 DNS 服务器节点,弹出如图 6-9 所示的快捷菜单。

(2) 选择"为所有区域设置老化/清理(S)…",弹出如图 6-48 所示的"服务器老化/清理属性"对话框,用来设置对 DNS 服务器上的超过一定生命周期的 DNS 资源的处理方法。选中"清除过时资源记录"复选框,在"无刷新间隔"文本框中输入 7 天,表示系统将认为超过 7 天没有进行再次刷新的资源记录是老化数据。在"刷新间隔"文本框中输入 7 天,表示系统将要刷新的资源记录(删除或修改)与此次记录最后一次刷新的日期之间至少要有 7 天的时间间隔。

(3) 单击"确定"按钮,弹出如图 6-49 所示的"服务器老化/清理确认"对话框。单击"确认"按钮,设置开始自动生效。

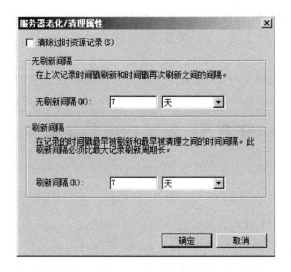

图 6-48　服务器老化/清理属性图

图 6-49　服务器老化/清理确认图

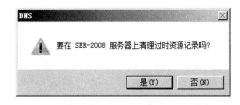

图 6-50　清理 DNS 过时记录确认

如果想自动清除老化的资源记录,在弹出的菜单中单击"清理过时资源记录",弹出如图 6-50 所示的提示界面,提示"要在服务器上清理过时资源记录吗?"单击"是"按钮即可完成清理操作。

2. 步骤二:更新 DNS 服务器数据文件

在如图 6-9 所示的快捷菜单中单击"更新服务器数据文件"选项可使 DNS 服务器立即将其内存的改动内容写到磁盘上,以便在区域文件中存储。通常情况下,只有预定义的更新间隔和 DNS 服务器关机时,才向区域文件中写入这些改动的内容。

3. 步骤三:清除缓存

在如图 6-9 所示的快捷菜单中单击"清除缓存",可手动清除 DNS 服务器上超过生命周期的缓存信息。

提示:DNS 客户机也有其本身的高速缓存,存储 DNS 服务器发来的解析结果。查看 DNS 客户机缓存的命令是 ipconfig/displaydns,要清除 DNS 客户机的高速缓存,可以使用命令 ipconfig/flushdns。

4. 步骤四:查看 DNS 调试日志

(1) 停止 DNS 服务。

(2) 打开写字板。

(3) 在"文件"菜单中,单击"打开"命令。

（4）在"打开"对话框的"文件名"下,指定至 DNS 服务器调试日志文件的路径。在默认情况下,如果在本地运行相应的 DNS 服务器,则文件和路径如下:systemroot\System32\Dns\Dns.log。

（5）指定正确的路径和文件之后,请单击"打开"以查看日志文件。

任务五　配置 DNS 转发器.

一、任务描述

某学校安装并配置了 DNS 服务器,通过测试,可以对内网的所有客户机进行域名解析了。但是如果客户机要求解析的是外网的 IP 地址或域名时,本地的 DNS 服务器就无法进行解析,那么就需要在原有 DNS 服务器的基础上配置 DNS 转发器来解决外网域名和 IP 地址的解析问题。

二、相关知识

转发器是网络上的域名系统(DNS)服务器,用来将外部 DNS 名称的 DNS 查询转发给该网络外的 DNS 服务器。通过网络中的其他 DNS 服务器将它们在本地无法解析的查询转发给网络上的 DNS 服务器,该 DNS 服务器即被指定为转发器。使用转发器可管理网络外的名称的名称解析(例如,Internet 上的名称),并改进网络中的计算机的名称解析效率。将 DNS 服务器指定为转发器时,转发器将负责处理外部通信,从而将 DNS 服务器有限地暴露给 Internet。转发器将建立外部 DNS 信息的巨大缓存,因为网络中的所有外部 DNS 查询都是通过它解析的。在很短的时间内,转发器将使用该缓存数据解析大部分外部 DNS 查询,从而减少网络的 Internet 通信与 DNS 客户机的响应时间。

当 DNS 服务器收到查询时,它会尝试使用它主持和缓存的主要和辅助区域解析该查询。如果不能使用该本地数据解析查询,它会将查询转发给指定为转发器的 DNS 服务器。在尝试与 DNS 服务器的根提示中指定的 DNS 服务器联系之前,该 DNS 服务器会等待一段很短的时间,等待来自转发器的应答。当 DNS 服务器将查询转发给转发器时,它会为转发器发送递归查询。这与迭代查询不同,在标准名称解析(不涉及转发器的名称解析)期间,DNS 服务器将迭代查询发送给另一个 DNS 服务器。

三、任务实施

1. 打开 DNS 管理器窗口,在左侧窗格中右键单击准备设置 DNS 转发器的 DNS 服务器名称,选择"属性"命令,打开 DNS 服务器属性对话框,选择"转发器"选项卡,如图 6-51 所示。

2. 单击"编辑"按钮,显示如图 6-52 所示"编辑转发器"对话框,用来添加转发器 IP

地址。

  3. 在"单击此处添加 IP 地址或 DNS 名称"文本框中,输入转发器的 IP 地址或 DNS 域名,按回车键添加,系统会自动对该转发器进行验证。

  4. 如果所输入的转发器地址无误,能够通过验证,则单击"确定"按钮,转发地址添加成功。

  5. 单击"确定"按钮,DNS 转发器设置成功。网络中的 DNS 客户机即可访问 Internet 中的域名了。

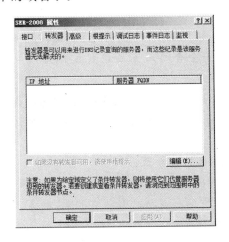

图 6-51　DNS 属性窗口

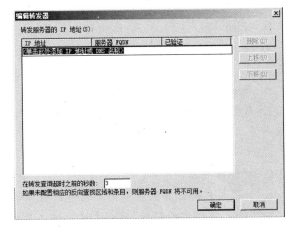

图 6-52　编辑转发器

单元总结

1. 知识总结

➢ DNS 服务器应设置好静态 IP 地址、子网掩码、首选 DNS 服务器(本机 IP)等参数。

➢ 使用 Windows Server 2008 中的"服务器管理器"专用管理工具安装 DNS 服务器,也可以自己试着使用"控制面板"中的"打开或关闭程序"的传统工具安装 DNS。

➢ DNS 控制台的设置次序,依次为正向查找区域、反向查找区域、资源记录和转发器。

➢ 在 Windows 2000/XP/2003/2008 等客户机上,必须配置 TCP/IP 协议的 IP 地址、子网掩码和首选 DNS(注意设为网络中的 DNS 服务器使用的 IP 地址)。

➢ 在"命令提示符"窗口进行客户机的 DNS 服务测试,如 www. nkzy. com。

2. 相关名词

InterNIC　域名空间　区域　根域　顶级域　二级域　子域　转发器　根提示　正向查找区域　方向查找区域　DNS 服务器　DNS 客户机　主机记录　别名记录　指针记录

知识测试

一、填空题

  1. DNS 是_____的简称,功能是实现_____到_____的解析。

  2. DNS 域名解析的方式有两种:_____和_____。

  3. 当本地的 DNS 服务器不能解析地址时,往往采用_____来进行转发。

  4. 在 DNS 域名和 IP 地址的解析过程中,如果本地 DNS 服务器的缓存中没有找到相关记录,则服务器会把请求发送给_____服务器。

5. 一个 IP 地址可以对应_____主机域名,一个域名可以对应_____IP 地址。

6. 常用的 DNS 测试命令是_____。

二、选择题

1. 实现完全合格域名的解析方法有(　　)。

A. DNS 服务　　　　B. 路由服务　　　　C. DHCP 服务　　　D. 远程访问服务

2. 将 DNS 客户机请求的完全合格域名解析为对应的 IP 地址的过程被称为(　　)查询。

A. 正向　　　　　　B. 路由服务　　　　C. DHCP 服务　　　D. 远程访问服务

3. 将 DNS 客户机请求的 IP 地址解析为对应的完全合格域名的过程被称为(　　)查询。

A. 反向　　　　　　B. 路由服务　　　　C. DHCP 服务　　　D. 远程访问服务

4. 当 DNS 服务器收到 DNS 客户机查询 IP 地址的请求后,如果自己无法解析,那么会把这个请求送给(　　),继续进行查询。

A. 邮件服务器　　　　　　　　　　　B. DHCP 服务器

C. 打印服务器　　　　　　　　　　　D. Internet 上的根 DNS 服务器

5. 如果用户的计算机在查询本地解析程序缓存没有解析成功时希望有 DNS 服务器为其进行完全合格域名的解析,那么需要把这些用户的计算机配置为(　　)客户机。

A. DNS　　　　　　B. DHCP　　　　　C. WINS　　　　　D. 远程访问

三、实训

某公司企业网中有一台安装了 Windows Server 2008 系统的计算机,指定计算机名为"ser-DNS",静态 IP 地址为 192.168.215.120,子网掩码为 255.255.255.0。现在需要使用此计算机为企业内的其他服务器提供域名解析服务器,要求如下。

1. 在 Windows Server 2008 系统上安装 DNS 服务器。

2. 创建一个正向区域 computer.com.。

3. 创建一个反向区域 215.168.192.in-addr.arpa.。

4. 新建 3 条主机记录分别为:

① bg.computer.com 对应 IP 地址为 192.168.215.11

② jw.computer.com 对应 IP 地址为 192.168.215.12

③ xjzc.computer.com 对应 IP 地址为 192.168.215.13

5. 为 bg.computer.com 建立别名记录为 www.computer.com;为 jw.computer.com 建立别名记录为 ftp.computer.com。

6. 为第 4 题中建立的三条主机记录分别建立对应的指针记录。

7. 查看客户机分别测试主机、别名和指针的记录解析是否正确。

项目七

Web 服务器的配置与管理

项目描述

Web 服务在 Internet 中的应用非常广泛，大部分学校和企业都习惯于搭建 Web 服务器来发布信息，广告宣传，甚至实现网上交易信息反馈等功能。如今有很多网络公司都提供网站空间的租用，但价格不菲，因此，如果利用自己的服务器，在 Windows Server 2008 中搭建 Web 服务器，不仅可以节省大量资金，而且使用方便，也没有诸多限制。

学习目标

> 掌握 IIS 基本概念以及安装
> 熟悉 Web 服务的配置与管理
> 掌握虚拟目录与虚拟主机技术
> 熟悉 Web 服务器的安全与维护

任务一　Web 服务器安装和基本设置

一、任务描述

现在，很多学校和一些较大的企业都建设了单位的内部网站，那么这些网站中的信息如何才能使单位内部或外部的用户浏览？要想把建立的网站发布出去，一个非常好的方法就是通过安装 Web 服务器向 Internet、Intranet 和 Extranet 的众多用户提供信息服务。

二、相关知识

1. Web 服务器简介

Web 服务即 WWW（World Wide Web，万维网）服务，是网络中最重要的服务，可以用来搭建 Web 服务器，创建 Web 网站，使客户机可以通过 Web 浏览器来浏览网站内容。它为用户在 Internet 上查看文档提供了一个图形化的、易于进入的界面。这些文档及其之间的链接组成了 Web 信息网。

Web 服务器就是用来搭建基于 HTTP 的 WWW 网页的计算机，通常这些计算机都采用 Windows Server 版本或者 UNIX/Linux 系统,以确保服务器具有良好的运行效率和稳定的运行状态。Web 服务器的实质就是将 Web 服务器上的文档发送给客户机,并在 Web 客户机的浏览器中显示出来。

2. IIS 7.0 的简介

在 Windows Server 2008 中为 Web 程序的发布和应用提供了一个统一的、功能强大的平台。这个平台集成了 IIS 7.0(互联网信息服务 7.0)、ASP. NET(为用户建立强大的企业级 Web 应用服务的编程框架)、Windows 通信基础(通信的协议和端口)、Windows Workflow Foundation(提供了 API 和一些用于开发与执行基于工作流的应用程序工具)和 Windows SharePoint Services(办公室自动化平台)多种平台、服务和工具。

IIS 7.0 是微软用户期待已久的一个比 IIS 5.0 和 IIS 6.0 的功能更为齐全、性能更加强大的 IIS 平台,是对现有的 IIS Web 服务器的重大改进,并在集成网络平台技术方面发挥着重要作用。IIS 7.0 经过广泛地修订和重新设计后,极大地提高了 Web 服务器的可用性、可靠性、应用性和安全性。IIS 7.0 的模块化平台提供了比 IIS 6.0 更为简化的、集成的、基于任务管理的窗口,而且可以更好地进行跨站点的控制。IIS 7.0 的主要特点如下:

(1) 高可靠性和应用性;

(2) 灵活便捷的服务器管理;

(3) 多种服务站点的集成管理;

(4) . NET 与 IIS 的高效集成;

(5) 支持多种媒体的访问和搜索能力;

(6) 更高的安全性。

3. 安装前的准备工作

架设 Web 服务应满足下列需求。

(1) 使用内置了 IIS 提供 Web 服务的 Windows Server 2008 标准版、企业版、数据中心版和 Web 版等的服务器端操作系统。

(2) 由于要为 Web 客户机提供 Web 服务,因此 Web 服务器的 IP 地址、子网掩码等 TCP/IP 参数应手工指定。

(3) 为了更好地为客户机提供服务,Web 站点应拥有一个友好的 DNS 名称,并且应能够被正常解析,以便 Web 客户机能够通过该 DNS 名称访问 Web 站点。

(4) 将 Web 服务器的磁盘至少分为两个分区,一个系统分区,用来安装操作系统,一个为数据分区,用于保存网页数据。这样,即使因需要重装系统而格式化,也不会影响数据分区的数据。

(5) 确保分区格式化为 NTFS 分区,以方便为网站文件设置 NTFS 权限,保障数据的安全。

(6) 安装位置:确认实现 Web 服务器的计算机身份。在域中,为了安全,推荐选择成员服务器而非域控制器作为 Web 和 FTP 服务器(IIS)。对于较大的工作组网络,推荐在 Windows Server 2003/2008 的"独立服务器"中安装;对于较小的工作组网络,则可以使用安装了 Windows XP/Vista/7 的计算机安装。

(7) 登录用户账号应具有管理员的权限,例如以 Administrator 或 Administrator 组成员的账号登录到计算机,否则操作权限不够。

(8) 申请域名和公网 IP 地址:如果需要在 Internet 中建设网站,则应当到 ISP 或 CNNIC 等机构申请可以在 Internet 上使用的 IP 地址及域名。

4. 主目录

Web 中的目录分为两种类型:主目录和虚拟目录。

主目录是位于计算机物理文件系统中的目录,它可以包含文件及其他目录,是公司、单位Web网站或FTP站点发布树的顶点,也是网站访问的起点。因此至少包括有一个主页,通常包含有多个子目录和Web网页。这些网页通常又包含有指向其他网页的多个链接。在IIS 7.0以前的IIS版本中,首页所在的目录被称为主目录,任何一个网站都需要有主目录作为默认目录,当客户机请求链接时,就会将主目录中的网页等内容显示给用户。主目录是指保存Web网站的文件夹,当用户访问该网站时,Web服务器会自动将该文件夹中的默认网页显示给客户机用户。

5. 默认文档

通常情况下,我们在访问网站时只需输入网站域名或IP地址即可显示网页,不需要专门输入网页名,这就是默认文档的功劳,为网站设置了默认文档以后,访问该网站时就会自动打开与默认文档名称相同的网页,从而方便用户的访问。IIS默认添加了一些文档名称,通常不需要另行添加,除非自己制作的网页首页名不包含在默认文档中。

三、任务实施

1. 步骤一:安装Web服务器

在Windows Server 2008中,利用专用管理工具,可以方便地选择一次安装多种服务器。在Internet中,应用最多的是Web服务器,其次是FTP服务器。因此,可以根据自身的需要,选择安装一个或多个服务器角色。当然,通过传统工具"控制面板"中的"程序与功能"组件,也可以调用同样的"服务器管理器"工具,安装服务器或服务功能。

安装Web服务器的方法有两种:传统的"控制面板"安装和服务器版的专用工具安装。

(1)通过服务器版得专用工具安装

① 选择"开始"→"服务器管理器"命令打开"服务器管理器"窗口,选择左侧窗格"角色"一项之后,单击右侧的"添加角色"链接,启动"添加角色向导"对话框。

② 单击"下一步"按钮,进入"选择服务器角色"对话框,勾选"Web服务器(IIS)"复选框,由于IIS依赖Windows进程激活服务(WAS),因此会出现"进程激活服务功能"的对话框,如图7-1所示,单击"添加必需的功能"按钮,然后在"选择服务器角色"对话框中单击"下一步"按钮继续操作。

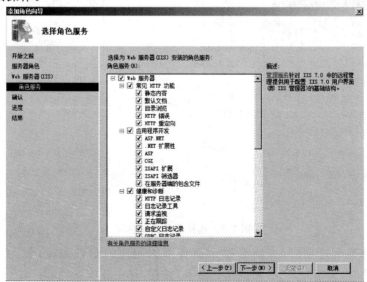

图7-1　添加Web服务器(IIS)

③ 在如图 7-2 所示"Web 服务器(IIS)"简介对话框中,对 Web 服务器(IIS)进行了简要介绍,在此单击"下一步"按钮继续操作。

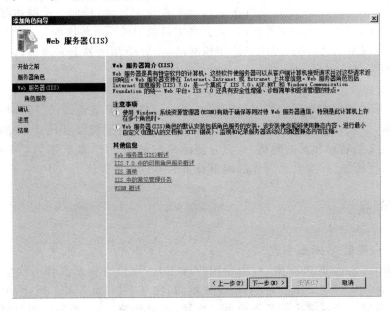

图 7-2　Web 服务器(IIS)简介

④ 进入"选择角色服务"对话框,列出了 Web 服务器的角色服务,可以根据需要选择要安装的组件。由于在后面的配置中需要用到很多组件,如果不安装则无法使用,因此这里选中所有角色服务,如图 7-3 所示。

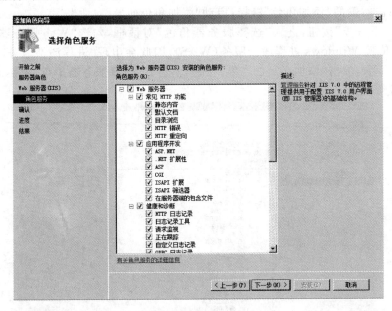

图 7-3　选择服务器角色图

⑤ 当选择某个选项时,可能会提示是否添加相应的角色服务,如图 7-4 所示,例如 ASP. NET。此时,单击"添加必需的角色服务"按钮,选中相应选项即可。

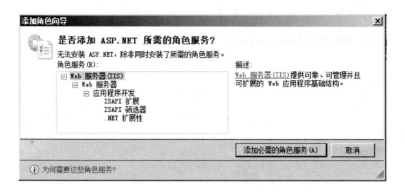

图 7-4 添加角色服务提示框

⑥ 单击"下一步"按钮,进入"确认安装选择"对话框,如图 7-5 所示,显示了 Web 服务器安装的详细信息,确认安装这些信息可以单击"安装"按钮。

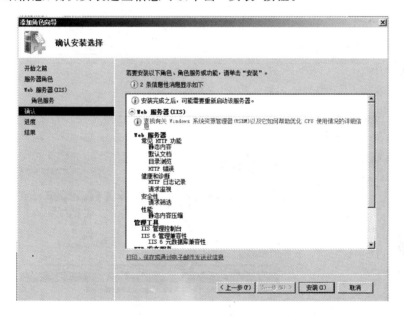

图 7-5 确认安装选择图

⑦ 安装 Web 服务器之后,在如图 7-6 所示的对话框中可以查看到 Web 服务器安装完成的提示,此时单击"关闭"按钮退出添加角色向导。

⑧ 完成上述操作之后,依次选择"开始"→"管理工具"→"Internet 信息服务管理器"命令打开 Internet 信息服务管理器窗口,可以发现 IIS 7.0 的界面和以前版本有了很大的区别,在起始页中显示的是 IIS 服务的连接任务,如图 7-7 所示。

(2)通过"控制面板"安装

通过 Windows Server 2008 的"控制面板"→"程序和功能"→"打开或关闭 Windows 功能"组件也能启动"服务器管理器工具",其他的安装步骤和第一种方法一样,不再累述。

无论哪种方法安装,最后都会归结为同一结果。但是,第二种方法的使用面更广,因为在早期的服务器版本中都可以使用(与早期版本稍有差别),而第一种方法更加适合于初学的管理员,因为在安装过程中,用户可以得到更多的帮助和引导。最后,应当注意不同服务器版的专用工具的界面,虽功能大同小异,但名称却是不同的。

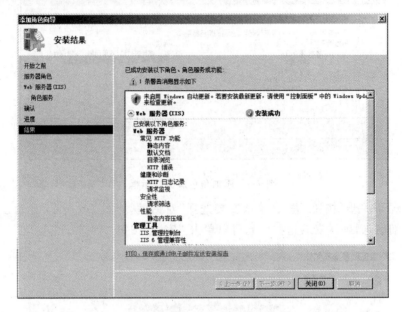

图 7-6　安装结果

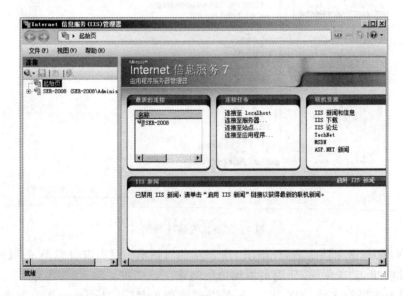

图 7-7　IIS 管理器(1)

2. 步骤二:查看服务

Web 服务如果安装成功,会自动启动。因此,在服务列表中将能够查看到已经启动的 Web 服务。在 Windows Server 2008 中,可以通过图形界面和命令行两种方法查看已启动的 Web 服务。

(1)通过图形界面查看。单击"开始"→"管理工具"→"服务",打开服务管理控制台,如图 7-8 所示。

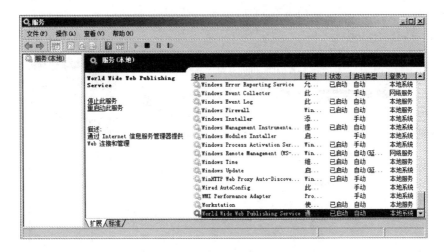

图 7-8　服务管理控制台(1)

（2）通过命令行界面查看。打开命令提示符窗口，然后执行 net start 命令，将列出当前
已启动的所有服务，如图 7-9 所示。在其中也能够查看到已启动的 Web 服务。

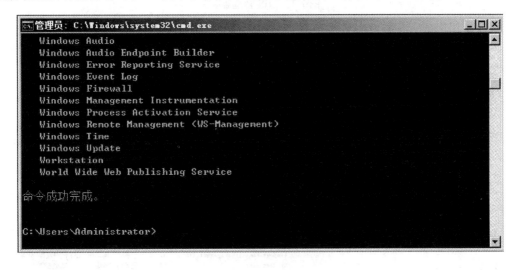

图 7-9　命令提示符

3. 步骤三：启动、停止和重新启动 Web 服务

（1）使用"Internet 信息服务（IIS）管理器"控制台

单击"开始"→"管理工具"→ "Internet 信息服务（IIS）管理器"，打开"Internet 信息服务
（IIS）管理器"窗口。在左侧窗格中右键单击要进行管理的 Web 服务器，然后在弹出的快捷
菜单中选择是"启动"还是"停止"服务，也可以在右侧的操作任务窗格中选择"启动"、"停止"
还是"重新启动"。如图 7-10 所示。

图 7-10　IIS 管理器(2)

（2）使用服务管理控制台

"开始"→"管理工具"→"服务"，打开如图 7-11 所示的服务管理控制台，选择操作菜单打开如图 7-11 所示菜单窗口，选择要进行"启动"、"停止"还是"重新启动"操作。

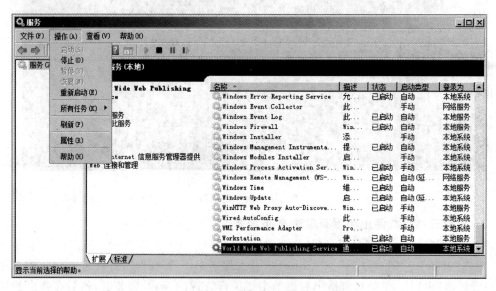

图 7-11　服务管理控制台(2)

4. 步骤四：测试"Internet 信息服务(IIS)管理器"的默认网站

"Internet 信息服务(IIS)管理器"是管理网站的主要窗口，安装后应先进行 Web 服务器的本机测试，步骤如下。

（1）选择"开始"→"管理工具"→"Internet 信息服务(IIS)管理器"选项。

（2）弹出"Internet 信息服务(IIS)管理器"窗口，在左侧窗格"SER-2008"(本地计算机)

→"网站"目录下,单击"Default Web Site(默认网站)"前面的"＋",中间窗格将显示默认网站有关的内容,如图 7-12 所示。在右侧窗格单击"浏览网站"下的"浏览＊:80"链接。

图 7-12　IIS 管理器(3)

（3）弹出如图 7-13 所示的 IIS 7.0 默认网站窗口,正常时应显示首页,说明 Web 服务器的默认网站工作正常。

（4）在 IE 7.0 浏览器中,直接输入服务器的 IP 地址也可以验证 Web 服务器是否正常工作,如果在 IE 7.0 浏览器中直接输入网站域名,如"http://www.nkzy.com",可以同时验证默认网站和 DNS 服务器的工作是否正常。

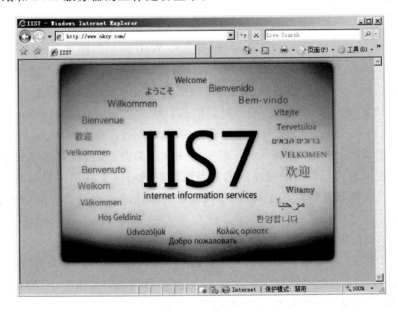

图 7-13　网站测试(1)

5. 步骤五:设置主目录

默认的网站主目录是%SystemDrive\Inetpub\wwwroot,可以使用 IIS 管理器或通过直接编辑 MetaBase. xml 文件来更改网站的主目录。当用户访问默认网站时,Web 服务器会自动将其主目录中的默认网页传送给用户的浏览器。但在实际应用中通常不采用该默认文件夹,因为将数据文件和操作系统放在同一磁盘分区中,会失去安全保障以及产生系统安装、恢复不太方便等问题,并且当保存大量音视频文件时,可能造成磁盘或分区的空间不足,所以建议将作为数据文件的 Web 主目录保存在其他硬盘或非系统分区中。

设置和查看主目录的方法如下。

(1) 在图 7-10 IIS 管理器(2)所示的窗口中,选择左侧窗格的"网站"→默认网站,在右侧窗格的"操作"窗格,单击"基本设置"选项。

(2) 弹出如图 7-14 所示的"编辑网站"对话框,可以看到系统默认的网站主目录路径为"%SystemDrive%Inetpub\wwwroot",其中"%SystemDrive%"表示系统文件的安装盘,即系统文件夹 Windows 所在的分区,通常为 C:。当用户访问此默认网站时,浏览器将会显示"主目录"中的默认网页,即 wwwroot 子文件夹中的 iisstart 页面,需要更改时,则应单击"…"(浏览)按钮,重新指定新的主目录。之后,单击"确定"按钮,完成主目录的指定。

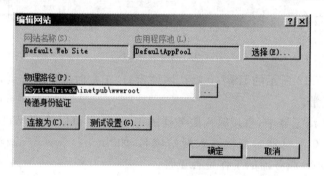

图 7-14　编辑网站

当用户需要通过主目录发布信息时,应当先将 Web 网站的网页及所有子目录复制到主目录中。每个 Web 网站都必须拥有一个主目录。对该网站的访问,实际上就是对 Web 网站主目录的访问。另外,由于主目录已经被映射为"域名",因此访问者能够使用域名的方式进行访问。例如,图 7-13 所示的 Web 默认的主目录为 "C:\Inetpub\wwwroot",其映射的主机域名是 www. nkzy. com。用户在浏览器中输入"http://www. nkzy. com"时,实际上访问的就是主目录"C:\Inetpub\wwwroot"中的文件。为此,通过设置的主目录,用户就可以快速、便捷、轻松地发布自己的网站信息。当用户的网站位于其他主目录时,用户无须移动自己的网站文件到系统的默认主目录下,只需要将默认的主目录改为网站的文件所在的主目录即可。

6. 步骤六:网站绑定

默认站点会绑定 Web 服务器的所有 IP 地址,当服务器绑定了多个 IP 地址时,用户就可以使用任意一个 IP 地址来访问 Web 网站。而服务器可能会提供多个 Web 网站,或者有些 IP 要另做他用,因此,应该为 Web 站点指定唯一的 IP 地址。

现在将默认站点绑定唯一的 IP 地址 192. 168. 1. 1。

（1）在如图 7-12"IIS 管理器（3）"所示的窗口中，左侧目录树可以看到默认站点"Default Web Site"，在中间的"Default Web Site 主页"窗口和右侧的"操作"窗格中，可以对 Web 站点进行各种配置。

（2）右键单击"Default Web Site"并选择快捷菜单中的"编辑绑定"选项，或者单击右侧"操作"窗格中的"绑定"超链接，显示如图 7-15 所示的"网站绑定"对话框。默认端口号为80，IP 地址显示为"＊"，表示绑定所有 IP 地址。

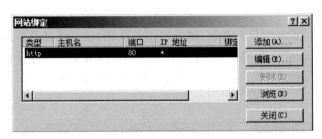

图 7-15　网站绑定（1）

（3）选择该网站，单击"编辑"按钮，显示如图 7-16 所示"编辑网站绑定"对话框，"IP 地址"中默认为"全部分配"。在"IP 地址"下拉列表中，选择预指定的 IP 地址 192.168.1.1；"端口"文本框中使用默认的 80。

图 7-16　编辑网站绑定（1）

（4）设置完成以后，依次单击"确定"按钮保存设置。此时，访问该网站时将只能使用所指定的唯一 IP 地址。

7. 步骤七:配置默认文档

通常情况下，Web 网站都需要一个默认文档，当在 IE 浏览器中使用 IP 地址或域名访问时，Web 服务器会将默认文档回应给浏览器，并显示内容。当用户浏览网页时没有指定文档名时，例如输入的是 http://192.168.1.28，而不是 http://192.168.1.28/default. htm，IIS 服务器会把事先设定的默认文档返回给用户，这个文档就称为默认页面。在默认情况下，IIS 7.0 的 Web 站点启用了默认文档，并预设了默认文档的名称。

（1）设置默认网站的默认首页

打开"IIS 管理器"窗口，在功能视图中选择"默认文档"图标，双击查看网站的默认文档，如图 7-17 所示。利用 IIS 7.0 搭建 Web 网站时，默认文档的文件名有六个，分别为:default. htm、default. asp、index. htm、index. html、iisstar. htm 和 default. aspx，这也是一般网站中最常用的主页名。当然也可以由用户自定义默认网页文件。

在访问时,系统会自动按顺序由上到下依次查找与之相对应的文件名。当客户浏览 http://192.168.1.1 时,IIS 服务器会先读取主目录下的 default.htm(排列在列表中最上面的文件),若在主目录内没有该文件,则依次读取后面的文件(default.asp 等)。可以通过单击"上移"和"下移"按钮来调整 IIS 读取这些文件的顺序。

在图 7-17 中,中间窗格显示着默认文档列表名称,即该网站的主目录"C:\Inetpub\wwwroot"中存在着 5 个 Web 页面,希望打开的首页是"iisstar.htm"。只有"iisstar.htm"是实际存在的文件时,为了避免逐一查找,提高网站的性能,应将该文件移动到队首;当有"Index.htm"和"iisstar.htm"两个网页是实际存在的网页时,为了正确打开该网站的主页,提高性能,必须将"iisstar.htm"移动到队首;否则,打开的主页是"index.htm",而不是希望打开的"iisstar.htm"主页。

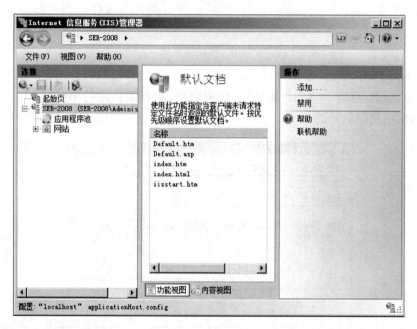

图 7-17   IIS 管理器(4)

(2)将默认网站更改为自己的网站

如果不想保留默认网站,也可以将其改为想要发布的网站。操作步骤如下:

① 将想要发布的网站的所有 Web 文件和目录复制到主目录"C:\Inetpub\wwwroot";

② 在图 7-17 所示的"IIS 管理器(4)"中的操作窗格中选择"添加"选项;

③ 弹出如图 7-18 所示的"添加默认文档"对话框,输入主页的名称,来添加想要发布网站的默认网页。

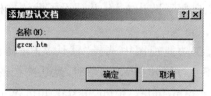

图 7-18   添加默认文档

④ 将新添加的主页文件名移动到队首,之后重新启动"默认网站",完成新默认网站首页的发布任务。

(3) 测试默认网站

① 在如图 7-17 所示的"IIS 管理器(4)"窗口中右键单击默认网站,在弹出的快捷菜单中选择"管理网站"→"浏览"命令,进行服务器端的测试,成功的响应与图 7-13 所示的内容类似。内容应当为想要发布的网页,如图 7-19 所示。

图 7-19 网站测试(2)

② 在客户机的 IE 浏览器中输入 http://FQDN 或 http://IP 进行访问测试。

任务二 创建网站

一、任务描述

学校安装了 Web 服务器,并在默认网站中可以发布一个网站,我们可以自己在 Web 服务器上创建一个自定义网站来提供信息服务;此外由于站点的磁盘空间是有限的,同时一个站点只能指向一个主目录,随着网站内容的不断增加,可能出现磁盘容量不足的问题,管理员可以通过创建虚拟目录来解决此问题;另外为了节约硬件资源,降低成本,管理员还可以通过虚拟主机技术在一台服务器上创建多个网站。

二、相关知识

1. 虚拟目录

在 Internet 上浏览网页时,经常会看到一个网站下面有许多子目录,这就是虚拟目录。

虚拟目录只是一个文件夹,并不一定包含于主目录内,但在浏览 Web 站点的用户看来,就像位于主目录中一样。对于任何一个网站,都需要使用目录来保存文件,可以将所有的网页及相关文件都保存在主目录下,也可以保存到其他物理文件夹内,如本地计算机或其他计算机内,然后通过虚拟目录映射到这个文件夹。每个虚拟目录都有一个别名。虚拟目录的好处就是在不需要改变别名的情况下,可以随时改变对应的文件夹。

在 Web 网站中默认发布主目录中的内容。但如果要发布其他物理目录中的内容,就需要创建虚拟目录。虚拟目录也就是网站的子目录,每个网站都可能会有多个子目录,不同的子目录内容不同,在磁盘中总会用不同的文件夹来存放不同的文件。

虚拟目录具有如下几个特点。

(1) 方便扩展:随着时间的推移,网站的内容会越来越多,但磁盘的使用空间却有减不增,最后硬盘空间会消耗殆尽。此时需要安装新硬盘以便扩展磁盘空间,借助于虚拟目录将新增磁盘作为该网站的一部分,可以在不停机的情况下,实现磁盘的扩展。

(2) 灵活增删:虚拟目录可以根据需要随时添加到虚拟 Web 网站,或者从网站中移除。因此它具有非常大的灵活性。同时,在添加或移除虚拟目录时,不会对 Web 网站的运行造成任何影响。

(3) 简单配置:虚拟目录使用与宿主服务器网站相同的 IP 地址、端口号和主机头名,因此不会与其网络标识产生冲突。同时在创建虚拟目录时,将自动继承宿主服务器网站的配置。并且对于宿主服务器网站配置也将直接传递至虚拟目录,所以虚拟目录配置更加简单。

2. 虚拟主机

使用 IIS 7.0 可以很方便地架设 Web 网站。虽然在安装 IIS 时系统已经建立了一个默认 Web 网站,直接将网站内容放到其主目录或虚拟目录中即可直接使用,但最好还是重新设置,以保证网站的安全。如果需要,还可以在一台服务器上建立多个虚拟主机,来实现多个 Web 网站,这样可以节约硬件资源、节省空间,降低能源成本。在一台宿主机上创建多个网站可以理解为一台服务器充当若干台服务器使用。使用 IIS 7.0 的虚拟主机技术,通过分配 TCP 端口、IP 地址和主机头名,可以在一台服务器上建立多个虚拟 Web 网站,每个网站都具有唯一的由端口号、IP 地址和主机头名三部分组成的网站标识,用来接收来自客户机的请求,不同的 Web 网站可以提供不同的 Web 服务,而且每一个虚拟主机和一台独立的主机完全一样。

虚拟技术将一个物理主机分割成多个逻辑上的虚拟主机使用,显然能够节省经费,对于访问量较小的网站来说比较经济实用,但由于这些虚拟主机共享这台服务器的硬件资源和带宽,在访问量较大时就容易出现资源不够用的情况。

三、任务实施

使用 IIS 7.0 可以很方便地架设 Web 网站。虽然在安装 IIS 时系统已经建立了一个默认 Web 网站,直接将网站内容放到其主目录中即可直接使用,但最好还是重新设置,以保证网站的安全。如果需要,还可以在一台服务器上建立多个虚拟主机,来实现多个 Web 网站,这样可以节约硬件资源、节省空间,降低能源成本。

1. 步骤一：创建自定义网站

① 选择"开始"→"管理工具"→"Internet 信息服务（IIS）管理器"命令。

② 弹出如图 7-20 所示的"IIS 管理器（5）"窗口，在左侧窗格右键单击"网站"选项，在快捷菜单中选择"添加网站"命令。

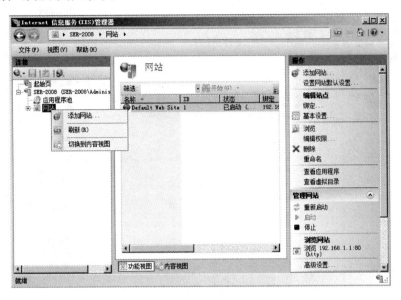

图 7-20　IIS管理器（5）

③ 弹出如图 7-21 所示的"添加网站"对话框，输入网站名称，在"物理路径"文本框浏览定位新建网站的物理路径，然后绑定网站使用的 IP 地址，单击"确定"按钮，完成网站的创建。

图 7-21　添加网站（1）

④ 打开如图 7-22 所示的新建网站后的"IIS 管理器（6）"窗口，可以看到新建的网站处

于未启动状态。这是由于"默认网站"与"新建网站"都使用了同一个 IP 地址,同一个默认端口号(80)。为此,应当先选择"默认网站",并在右侧"操作"窗格,单击"停止"选项,将默认网站的状态变为"停止"状态,然后选中新建的网站,在"操作"窗格单击"启动"选项,使其正常工作。

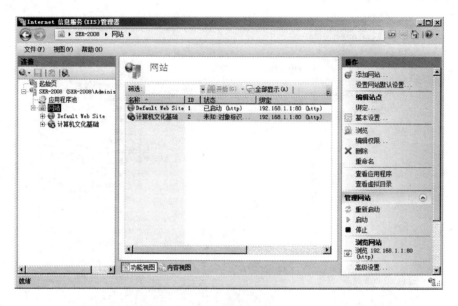

图 7-22　IIS 管理器(6)

⑤ 修改新网站的"默认文档",选择新建网站,如"计算机文化基础",在中间窗格中选择"默认文档",在右侧"操作"窗格单击"添加"选项,在打开的"添加内容页"对话框,输入本网站主页的名称,如"wjjc.htm",并将其移动至队首,如图 7-23 所示。

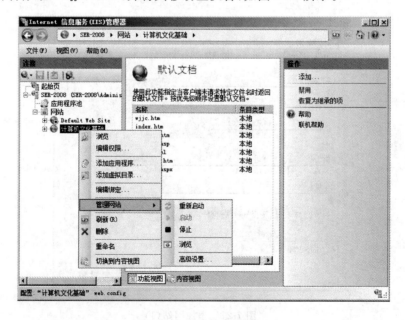

图 7-23　IIS 管理器(7)

⑥ 在 IIS 管理器中测试新网站

在如图 7-23 所示的"IIS 管理器(7)"所示的窗口中,右键单击新建网站,如"计算机文化基础",在快捷菜单中选择"管理网站"→"浏览"命令,成功的测试结果如图 7-24 所示。

⑦ 在 IE 浏览器中使用 FQDN 测试新建网站

在 IE 浏览器中,输入本机的 FQDN 名称(即域名地址)进行测试(需要事先在 DNS 服务器的"nkzy.com"区域中建立"wjjc"的主机记录,成功的响应和图 7-24 所示的相似,只是在地址中显示的是"wjjc.nkzy.com"域名地址。

图 7-24　网站测试(3)

2. 步骤二:虚拟目录

对于 Web 网站来说,不可能只有一个主页,要根据需要创建多个子目录,分别存放不同的内容,这就是虚拟目录。一个 Web 网站可以创建多个虚拟目录,并且可以设置主目录、默认文档、身份验证等,但不能指定 IP 地址和端口。

(1) 在 IIS 管理器中,选择一个网站,如"计算机文化基础",右键单击并选择快捷菜单中的"添加虚拟目录"选项,显示如图 7-25 所示的"添加虚拟目录"对话框。在"别名"文本框中键入虚拟目录的别名,"物理路径"文本框中选择该虚拟目录所在的物理路径。

(2) 单击"确定"按钮,虚拟目录添加成功,并显示在 Web 站点下方作为子目录,如图 7-26 所示。

每个站点可以添加多个虚拟目录,在虚拟目录中也可以添加子虚拟目录。

同时,在虚拟目录的主页窗口中同样也包含许多和 Web 站点一样的配置功能,可以像 Web 站点一样管理。不过,不能为其指定单独的 IP 地址。

另外,当网站主目录文件夹中还包含有子目录时,也将会在 IIS 中的网站中显示,并且与虚拟目录并列,但该子目录是实际的 Windows 文件夹,而不是虚拟目录。

(3) **虚拟目录测试**

虚拟目录配置完成后,需要测试该虚拟目录是否配置正确,是否能够正常访问,如果不能正常访问说明配置有问题,需要检查或重新配置虚拟目录。

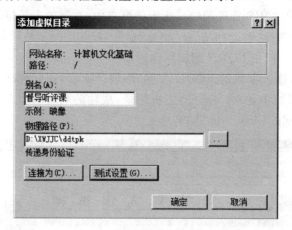

图 7-25　添加虚拟目录

图 7-26　IIS 管理器(8)

在图"IIS 管理器(6)"所示的窗口中,右键单击"计算机文化基础"网站,在快捷菜单中选择"管理网站"→"浏览"命令,看到如图 7-24 所示的"计算机文化基础"网站,在网站的地址栏中输入 http://192.168.1.1/ddtpk/dudao.htm 或 http://wjjc.nkzy.com/ddtpk/dudao.htm,测试结果如图 7-27 所示。

3. 步骤三:使用不同的 IP 地址架设多个 Web 网站

使用不同的 IP 地址架设多个 Web 网站是指多个使用不同 IP 地址、相同默认端口号(80)的 Web 网站同时运行。这种方法适用于有足够静态 IP 地址的单位。客户机访问时,符合一般人的认知习惯。

如果要在一台 Web 服务器上创建多个网站,为了使每个网站域名都能对应于独立的 IP 地址,一般都使用多个 IP 地址来实现,这种方案称为 IP 虚拟主机技术,也是比较传统的

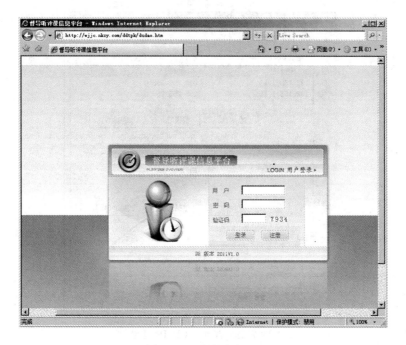

图 7-27　网站测试(4)

解决方案。当然,为了使用户在浏览器中可使用不同的域名来访问不同的 Web 网站,必须将主机名及其对应的 IP 地址添加到域名解析系统(DNS)中。如果使用此方法在 Internet 上维护多个网站,也需要通过 InterNIC 注册域名。

Windows Server 2008 系统支持在一台服务器上安装多块网卡,并且一块网卡还可以绑定多个 IP 地址。将这些 IP 地址分配给不同的虚拟网站,就可以达到一台服务器多个 IP 地址来架设多个 Web 网站的目的。例如,要在一台服务器上创建两个网站:www. bg. com 和 www. jw. net,对应的 IP 地址分别为 192.168.1.1 和 192.168.1.11,需要在服务器网卡中添加这两个 IP 地址,具体的操作步骤如下。

(1)在"控制面板"中打开"网络连接"窗口,右键单击要添加 IP 地址的网卡的本地连接,选择快捷菜单中的"属性"项。在"Internet 协议 4(TCP/IPv4)属性"窗口中,单击"高级"按钮,显示"高级 TCP/IP 设置"窗口。单击"添加"按钮将这两个 IP 地址添加到"IP 地址"列表框中,如图 7-28 所示。

(2)在 DNS 管理器窗口中,分别使用"新建区域向导"新建两个域,域名称分别为 bg. com 和 jw. net,并创建相应主机记录,对应 IP 地址分别为 192.168.1.1 和 192.168.1.11,使不同 DNS 域名与相应的 IP 地址对应起来,如图 7-29 所示,这样 Internet 上的用户才能够使用不同的域名来访问不同的网站。

(3)在"IIS 管理器"窗口的"连接"窗格中选择"网站"节点,在右侧"操作"窗格中单击"添加网站"链接,或右键单击"网站"节点,在弹出的菜单中选择"添加网站"命令,弹出"添加网站"对话框,在"网站名称"文本框中输入"办公网","物理路径"文本框中选择"D:\web\办公","IP 地址"下位列表中选择"192.168.1.1",主机名文本框输入"www. bg. com",如图 7-30 所示。

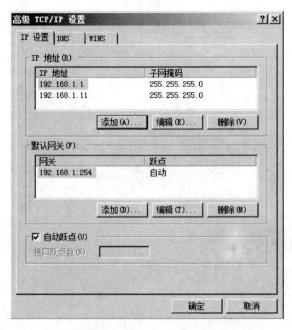

图 7-28　高级 TCP/IP 设置

图 7-29　DNS 管理器(1)

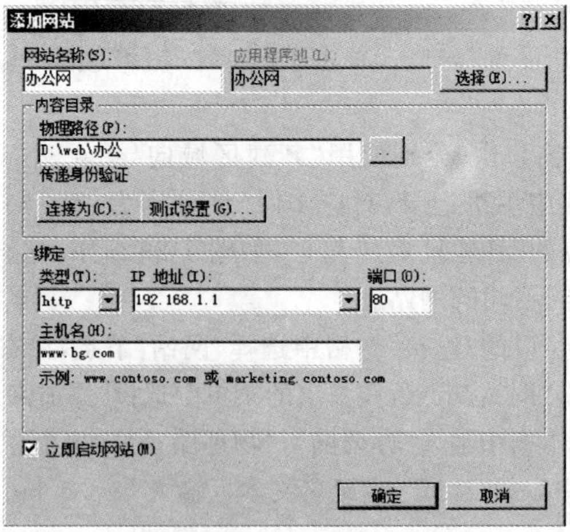

图 7-30　添加网站(2)

（4）重复步骤（3），在"添加网站"对话框中"网站名称"文本框中输入"教务网"，"物理路径"文本框中选择"D:\web\教务"，"IP 地址"下位列表中选择"192.168.1.11"，主机名文本框输入"www.jw.net"，如图 7-31 所示。

图 7-31 添加网站（3）

（5）修改"办公网"网站的默认文档为"WebOffice.htm"，"教务网"网站的默认文档为"jwc.htm"，并把相应的默认文档移动到队首。

（6）在 IE 浏览器中输入 http://www.bg.com/和 http://www.jw.net/可以访问在同一个服务器上的两个网站，测试结果如图 7-32 和图 7-33 所示。

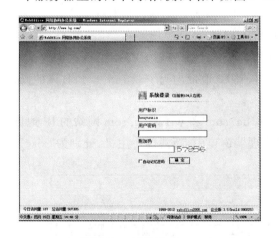

图 7-32 网站测试（5）

图 7-33 网站测试（6）

4．步骤四：使用不同端口号架设多个 Web 网站

IP 地址资源越来越紧张，有时需要在 Web 服务器上架设多个网站，但计算机却只有一个 IP 地址，那么使用不同的端口号也可以达到架设多个网站的目的。其实，用户访问所有的网站都需要使用相应的 TCP 端口，Web 服务器默认的 TCP 端口为 80，在用户访问时不需要输入。但如果网站的 TCP 端口不为 80，在输入网址时就必须添加上端口号，而且用户在上网时也会经常遇到必须使用端口号才能访问的网站。利用 Web 服务的这个特点，可以架设多个网站,每个网站均使用不同的端口号,这种方式创建的网站,其域名或 IP 地址部分完全相同,仅端口号不同。

例如,保持图 7-23"IIS 管理器(7)"中默认网站端口号为"80",而将"计算机文化基础"网站的端口号更改为 8080。

(1) 在图 7-23"IIS 管理器(7)"所示的窗口,右键单击所选网站,从快捷菜单中选择"编辑绑定"命令。

(2) 弹出如图 7-34 所示的"网站绑定"对话框,单击"编辑"按钮。

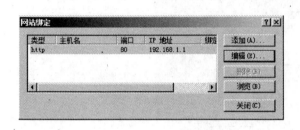

图 7-34　网站绑定(2)　　　　　　　　图 7-35　编辑网站绑定(2)

(3) 弹出如图 7-35 所示的"编辑网站绑定"对话框,将选中网站使用的端口号由默认的"80"更改为"8080",单击"确定"按钮,完成修改网站端口号的任务。

(4) 返回"IIS 管理器"窗口,重新启动或刷新两个网站后,会发现使用同一 IP 地址和不同端口号的两个网站都处于运行状态。

(5) 确认这两个网站的主目录与默认文档无误后,分别使用 192.168.1.1:80 和 192.168.1.1:8080 进行测试,测试结果与图 7-32 和图 7-33 相似。

5. 步骤五:使用不同的主机头名架设多个 Web 网站

使用主机头创建的域名也称二级域名。现在,以 Web 服务器上利用主机头创建 xjzc.bg.com 和 wlfw.bg.com 两个网站为例进行介绍,其 IP 地址均为 192.168.1.1,具体的操作步骤如下。

(1) 为了让用户能够通过 Internet 找到 xjzc.bg.com 和 wlfw.bg.com 网站的 IP 地址,需将其 IP 地址注册到 DNS 服务器。在 DNS 管理器窗口中,新建两个主机,分别为"xjzc"和"wlfw",IP 地址均为 192.168.1.1,如图 7-36 所示。

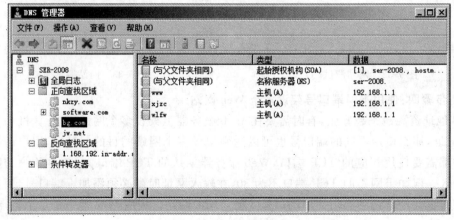

图 7-36　DNS 管理器(2)

（2）在"IIS管理器"窗口的"连接"窗格中选择"网站"节点，在"操作"窗格中单击"添加网站"链接，或右键单击"网站"节点，在弹出的菜单中选择"添加网站"命令，在弹出"添加网站"对话框的"网站名称"文本框中输入"学籍注册"，"物理路径"文本框中选择"D:\web\学籍注册"，"IP地址"下位列表中选择"192.168.1.1"，主机名文本框输入"xjzc.bg.com"，如图7-37所示。

（3）重复步骤（2），在弹出"添加网站"对话框中，在"网站名称"文本框中输入"网络管理"，"物理路径"文本框中选择"D:\web\网络管理"，"IP地址"下位列表中选择"192.168.1.1"，"主机名"文本框中输入"wlfw.bg.com"。

（4）添加新建网站的默认文档，添加"学籍注册"网站的默认文档为"xjzc.htm"，添加"网络服务"网站的默认文档为"wlfw.htm"，如图7-38所示。

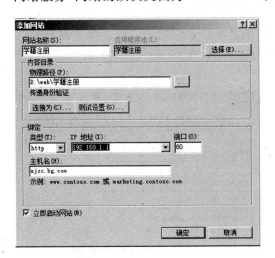

图 7-37　添加网站（4）

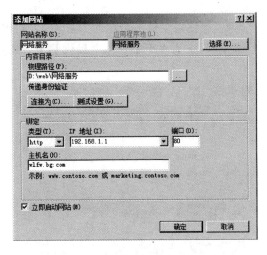

图 7-38　添加网站（5）

（5）配置完成后的 IIS 管理器如图 7-39 所示。

图 7-39　IIS 管理器（9）

（6）在 IE 浏览器中输入"http://xjzc.bg.com"和"http://wlfw.bg.com"可以访问在同一个服务器上的两个网站。测试过程中弹出如图 7-40 所示的"IE 安全配置-网络阻止"对话框，单击"添加"按钮，弹出如图 7-41 所示的"可信站点"对话框，确认网站使用的主机名后，单击"确定"按钮，将选中的网站添加到区域栏目。单击"关闭"按钮，正常时的响应如图 7-42 和图 7-43 所示。

使用主机头来搭建多个具有不同域名的 Web 网站，与利用不同的 IP 地址建立虚拟主机的方式相比，这种方案更为经济实用，可以充分利用有限的 IP 地址资源，来为更多的客户提供虚拟主机服务。

提示：① 如果使用非标准 TCP 端口号来标识网站，则用户必须知道指派给网站的非标准 TCP 端口号，在访问网站时，在 URL 中指定该端口号才能访问，此方法适用于专有网站的开发；

② 与使用主机头名称的方法相比，利用 IP 地址来架设网站的方法会降低网站的运行效率，它主要用于服务器上提供基于 SSL(Secure Sockets Layer)的 Web 服务。

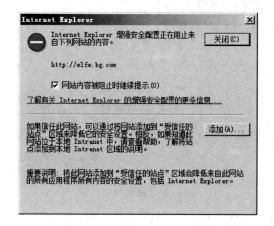

图 7-40　IE 安全配置-网络阻止

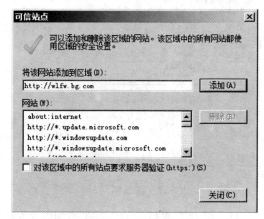

图 7-41　可信站点

图 7-42　网站测试(7)

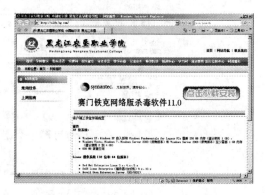

图 7-43　网站测试(8)

任务三　Web 网站的维护与安全

一、任务描述

学校的 Web 网站配置完成后,日常维护也是必不可少的,如网站的网页文件更新、网站性能调整等。另外,由于网站数据的重要性,不能被其他用户随意访问和更改,更要避免来自外网的恶意和无意攻击。同时,还要根据服务器所在网络的性能以及网站的访问情况进行调整,防止因访问量过大影响服务器或网站的正常运行。

二、相关知识

1. 网站更新

如果网站管理员经常在局域网中更新 Web 网站,就可以将网站主目录文件夹设置为共享,这样,只要位于局域网中即可更新网页。不过,为了安全起见,应当将主目录文件夹设置为隐藏共享,并允许网站管理员具有完全访问权限,同时配合 NTFS 权限,以保证网站数据安全。如果网站管理员经常维护 Web 网站,或者 Web 网站位于其他网站中,那么,就可以在 Web 服务器上安装 FTP 服务,利用 FTP 服务器来更新 Web 网站的文件,并利用 NTFS 权限来限制用户访问。这也是最常用的 Web 网站更新方法。

2. Web 网站安全技术

由于 Web 网站可以被网站中的任何用户所访问到,而且很多公司都以 Web 网站为中心,很多重要的信息发布或者交易都会通过 Web 网站来完成,因此 Web 网站也最容易成为网络中的攻击目标。为了 Web 网站的安全,首先提供操作系统本身的安全性,如及时安装更新、部署防火墙、部署杀毒软件、配置服务器安全配置等,还可以根据需要来选择是否配置以下安全选项。

(1)动态属性:为了增强安全性,默认情况下 Windows Server 2008 并未安装 IIS 7.0。当安装 IIS 7.0 时,Web 服务器被配置为只提供静态内容(包括 HTML 和图像文件)。可以自行启动 Active Server Pages、ASP. NET 等服务,以便 IIS 支持动态网页。

(2)身份验证:这是 IIS 安全机制中最主要的内容。在用户访问服务器上的任何信息之前,都对用户进行身份验证,以决定是否允许用户访问 Web 网站。

(3)IP 地址限制:当用户访问 Web 网站时,IIS 将检查来访者的 IP 地址,并与网站设置列表中的 IP 地址进行比较,以决定是否允许用户访问。

(4)NTFS 权限:NTFS 权限可以直接设置 Web 网站主目录的访问权限,从而控制来访用户的访问权限。

(5)审核 IIS 日志记录:无论使用哪种服务,记录系统活动都是一项重要的工作,日志记录可以收集网站和用户的活动情况,便于网络管理员分析网站的访问量、网站点击率等,从而帮助网站管理员对网站有更清楚的了解,并找出对网站安全有威胁的活动。

3. Web 网站身份验证

除了匿名身份验证以外，IIS 7.0 还支持 5 种身份验证方法：基本身份验证、摘要式身份验证、ASP. NET 模拟身份验证、Forms 身份验证、Windows 身份验证，如果在域环境中还有 AD 客户证书身份验证。

（1）匿名身份验证

匿名身份验证使用户无须输入用户名或密码便可以访问 Web 的公共区域。当用户试图连接到公共网站时，Web 服务器将连接分配给 Windows 用户账户 IUSR_computername，此处 computername 是运行 IIS 所在的计算机的名称。默认情况下，IUSR_computername 账户包含在 Windows 用户组 Guests 中。该组具有安全限制，由 NTFS 权限强制使用，它指出了访问级别和可用于公共用户的内容类型。当允许匿名访问时，就向用户返回网页页面；如果禁止匿名访问，IIS 将尝试使用其他验证方法。对于一般的、非敏感的企业信息发布，建议采用匿名访问方法。如果启用了匿名验证，则 IIS 始终尝试先使用匿名验证对用户进行验证，即使启用了其他验证方法也是如此。

（2）基本身份验证

基本身份验证要求用户提供有效的用户名和密码才能访问内容。这种身份验证方法不需要特殊浏览器，所有主流浏览器都支持这种身份验证方法。基本身份验证还可以跨防火墙和代理服务器工作。鉴于这些原因，在要求仅允许访问服务器上的部分内容而非全部内容时，这种身份验证方法是一个不错的选择。

但是，基本身份验证的缺点是其在网络上传输不加密的 Base64 编码的密码。只有当用户知道客户端与服务器之间的连接是安全连接时，才能使用基本身份验证。应通过专用线路或利用安全套接字层（SSL）加密和传输层安全性（TLS）来建立连接。例如，若要将基本身份验证与 Web 分布式创作和版本管理（WebDAV）一起使用，应配置 SSL 加密。

（3）摘要式身份验证

摘要式身份验证提供与基本身份验证相同的功能；但是，摘要式身份验证在通过网络发送用户凭据方面提高了安全性。摘要式身份验证将凭据作为 MD5 哈希或消息摘要在网络上传送（无法从哈希中解密原始的用户名和密码）。在 Web 分布式创作和版本控制（WebDAV）目录中可以使用摘要式身份验证。

（4）ASP. NET 模拟身份验证

如果要在 ASP. NET 应用程序的非默认安全环境中运行 ASP. NET 应用程序，请使用 ASP. NET 模拟。在为 ASP. NET 应用程序启用模拟后，该应用程序将可以在两种环境中运行：以通过 IIS 7.0 身份验证的用户身份运行，或作为设置的任意账户运行。例如，如果使用的是匿名身份验证，并选择作为已通过身份验证的用户运行 ASP. NET 应用程序，那么该应用程序将在为匿名用户设置的账户（通常为 IUSR）下运行。同样，如果选择在任意账户下运行应用程序，则它将运行在为该账户设置的任意安全环境中。默认情况下，ASP. NET 模拟处于禁用状态。启用模拟后，ASP. NET 应用程序将在通过 IIS 7.0 身份验证的用户的安全环境中运行。

（5）Forms 身份验证

Forms 身份验证使用客户机重定向来将未经过身份验证的用户重定向至一个 HTML 表单，用户可以在该表单中输入凭据，通常是用户名和密码。确认凭据有效后，系统会将用户重定向至他们最初请求的页面。由于 Forms 身份验证以明文形式向 Web 服务器发送用户名和密码,因此应当对应用程序的登录页和其他所有页使用安全套接字层(SSL)加密。该身份验证非常适用于在公共 Web 服务器上接收大量请求的站点或应用程序,能够使用户在应用程序级别的管理客户机注册,而无须依赖操作系统提供的身份验证机制。

(6)Windows 身份验证

用户是通过使用有效的 Windows 账户登录到自己的计算机来进行身份验证的。凭据可以是本地账户(对于计算机来说,账户是本地的)或域账户(Windows 域的有效成员)。Windows 身份验证使用 NTLM 或 Kerberos 协议对客户机进行身份验证。Windows 身份验证最适用于 Intranet 环境。用户可以用一种安全的方式提供对 Web 服务的无缝访问,而不必提示用户输入其他凭据或重复输入凭据。Windows 身份验证不适合在 Internet 上使用,因为该环境不需要用户凭据,也不对用户凭据进行加密。

(7)AD 客户证书身份验证

AD 客户证书身份验证允许使用 Active Directory 目录服务功能将用户映射到客户证书,以便进行身份验证。将用户映射到客户证书可以自动验证用户的身份,而无须使用基本、摘要式或集成 Windows 身份验证等其他身份验证方法。

三、任务实施

1. 步骤一:利用文件共享更新网站

假设网站管理员经常在局域网中更新 Web 网站,可以将网站主目录文件夹设置为隐藏共享,并允许网站管理员具有完全访问权限,同时配合 NTFS 权限,以保证网站数据安全。

(1)右键单击要共享的 Web 网站选择"属性"项,弹出要共享的 Web 网站文件夹属性窗口,选择"共享"选项卡,弹出如图 7-44 所示的文件属性窗口。

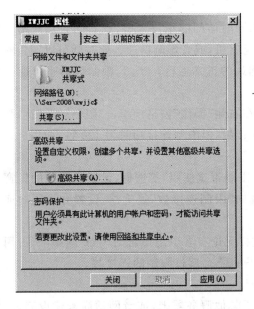

图 7-44　文件属性

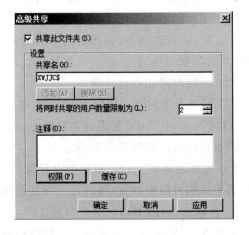

图 7-45　高级共享

（2）隐藏共享需要使用"高级共享"方式设置，同时，还要将"将同时共享的用户数量限制为"设置为尽量小的数量，如图 7-45 所示。这样，其他用户即使能够看到 Web 服务器上的共享文件夹，但却不能够看到隐藏的共享文件夹。只有管理员才知道共享名称，并且只能一个人访问。

（3）单击"权限"按钮可以为文件夹设置共享权限，仅允许网站管理员具有访问权限，并且允许更改和删除其他任何用户账号，如图 7-46 所示。

（4）设置完成后单击"确定"按钮保存即可。这样管理员即可使用共享名访问共享文件夹了。如图 7-47 所示。

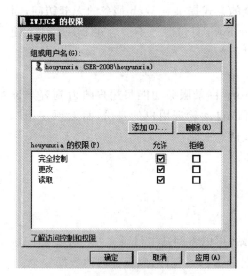

图 7-46　文件权限

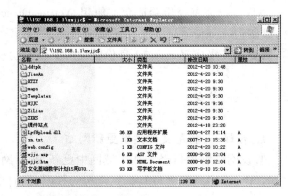

图 7-47　访问共享文件夹

2. 步骤二：Web 网站性能调整

搭建 Web 网站对服务器要求很低，但如果同时访问的用户太多，或者同时从网站下载文件较多，那么就容易造成服务器响应迟缓甚至宕机，或者影响网速。此时就可以调整网站性能，限制并发连接数量或所有带宽，以保证网站的正常运行。当然，限制以后也可能造成部分用户无法访问。

（1）在 IIS 管理器中，选择要调整的网站，在右侧"操作"窗格中单击"限制…"链接，弹出"编辑网站限制"对话框。默认不限制带宽和连接数，但限制连接超时为 120 秒，即用户如果在 120 秒内没有活动则自动断开。

（2）如果要限制网站使用的带宽，可选择"限制带宽使用"复选框，设置欲限制的带宽大小，以字节为单位。如果要限制并发数量，可选中"限制连接数"复选框，设置允许同时连接网站的数量即可。如图 7-48 所示。

（3）完成后单击"确定"按钮保存设置。这样无论有多少用户访问 Web 网站，所占用的带宽都不会超过限制带宽，同时连接网站的用户也不会超过限制的连接数。

3. 步骤三：利用 HTTP 重定向转发网站地址

如果 Web 网站或者虚拟目录临时转移到了其他服务器上，或者网站尚未建设完成，但又想让用户能通过原域名访问到某个网站，就可以利用 HTTP 重定向功能，将用户的访问请求转发到其他文件、目录或站点。

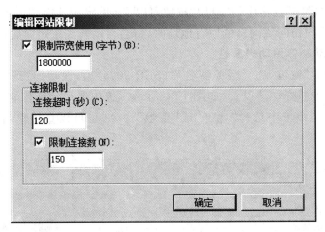

图 7-48　编辑网站限制

（1）选择要执行 HTTP 重定向的站点，在主页窗口中双击"HTTP 重定向"图标，显示如图 7-49 所示的"HTTP 重定向"窗口。选中"将请求重定向到此目标"复选框，启动重定向功能，并在文本框中输入目标网址。

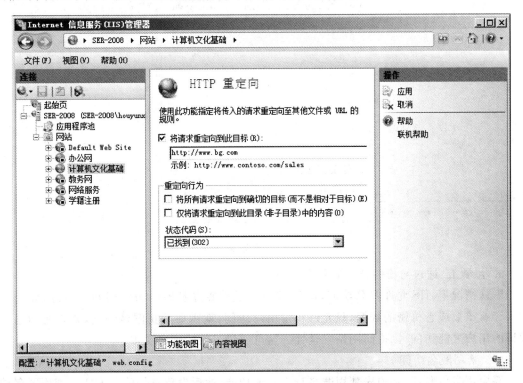

图 7-49　IIS 管理器(10)

①"将所有请求重定向到确切的目标"，如果要将用户的访问请求重定向到某个确切的网址或文件，选择此复选框。

②"仅将请求重定向到此目录中的内容"，如果要重定向到文件、目录或站点等相对目

标,可选择此复选框。

（2）单击右侧"操作"窗格中的"应用"按钮,HTTP重定向设置成功。

如此一来,当用户访问该网站的原有地址时,将会自动转到重定向后的网站。

4. 步骤四:启动和停用动态属性

打开"IIS管理器"窗口,选择服务器名称（SER-2008）项,在功能视图中选择"ISAPI和CGI限制"图标,双击并查看其设置,如图7-50所示。选中要启动或停止动态属性服务,右键单击在弹出的快捷菜单中选择"允许"或"拒绝"命令,也可以直接单击"允许"或"拒绝"按钮。

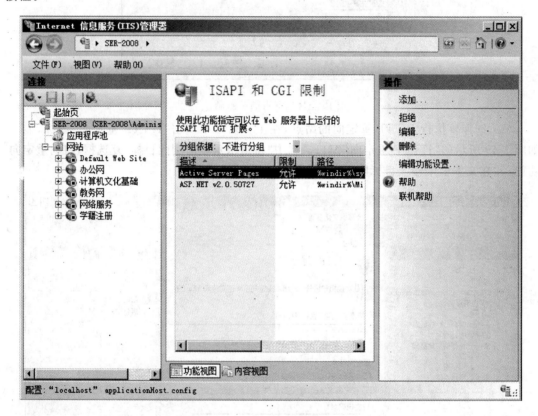

图7-50　IIS管理器(11)

5. 步骤五:通过身份验证控制用户访问

默认情况下,IIS允许匿名访问,即任何用户不需要登录即可访问网站。不过,如果网站保存有重要或者机密的数据,只允许特定用户访问,就需要禁止匿名访问,并限制为通过验证的用户才能访问,以提高网站安全性。这可通过身份验证来实现。

（1）禁用匿名访问

要启用身份验证,必须先禁用匿名身份验证功能,然后设置身份验证方式。禁用匿名访问的操作如下:在IIS管理器中,选择欲禁用匿名访问的Web站点,在主页窗口中,双击"身份验证"图标,弹出"身份验证"窗口。选择"匿名身份验证"选项,默认为"已启动"状态。单击右侧"操作"窗格中的"禁用"按钮,使其变为"已禁用"状态,如图7-51所示。

这样,即可禁用匿名访问,用户再次访问时就会提示如图7-52所示的窗口,必须配置

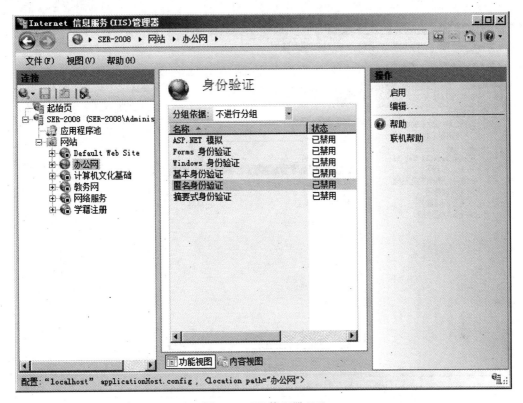

图 7-51　IIS 管理器(12)

一种身份验证方式,才能使用用户名登录。

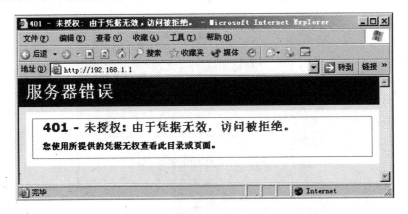

图 7-52　未授权无法登录

（2）配置身份验证

在 7-51 所示的窗口中,选择要启用的身份验证方式,例如"Windows 身份验证",单击"操作"窗格中的"启用"按钮,即可启用该验证方式,如图 7-53 所示。

如果 Web 服务器启用了 Windows 身份验证,那么客户机用户在访问该网站时,就会显示如图 7-54 所示的"正在连接到 www.bg.com"对话框,需要使用域用户或者 Web 服务器上的账户名登录,才能打开网页。

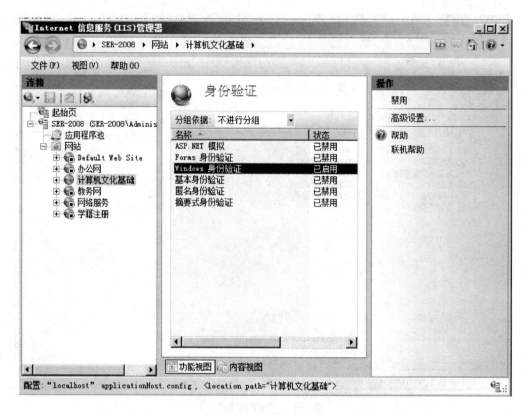

图 7-53　IIS 管理器(13)

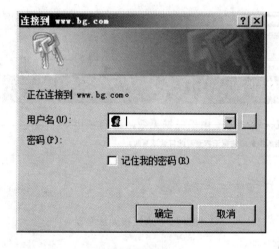

图 7-54　正在连接

6. 步骤六:通过 IP 地址和域名限制保护网站

使用用户验证的方式,每次访问该 Web 站点都需要输入用户名和密码,对于授权用户而言比较烦锁。IIS 会检查每个来访者的 IP 地址,可以通过 IP 地址的访问,来防止或允许某些特定的计算机、计算机组、域甚至整个网络访问 Web 站点。例如,如果 Intranet 服务器已连接到 Internet,可以防止 Internet 用户访问 Web 服务器,方法是仅授予 Intranet 成员访问权限而明确拒绝外部用户的访问。

（1）设置拒绝访问的 IP 地址和域名

默认情况下，Web 网站允许来自所有 IP 地址的用户访问。如果不允许来自某些 IP 的计算机访问，则需添加拒绝条目，将不允许访问的 IP 地址添加到列表中。

① 打开"IIS 管理器"窗口，在功能视图中选择"IPv4 地址和域限制"图标，双击并查看其设置，如图 7-55 所示。

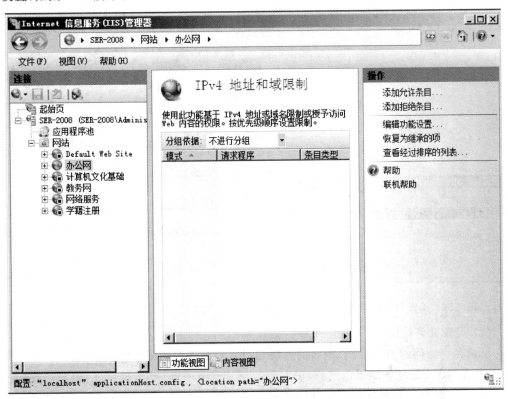

图 7-55　IIS 管理器（14）

② 在右侧"操作"窗格中选择"添加拒绝条目"按钮，在弹出的如图 7-56 所示的"添加拒绝限制规则"对话框中，如果要添加拒绝的单个 IP 地址，可选择"特定 IPv4 地址"单选按钮，并输入允许访问的 IP 地址或域名。

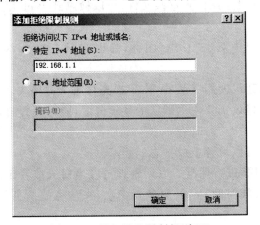

图 7-56　添加拒绝限制规则（1）

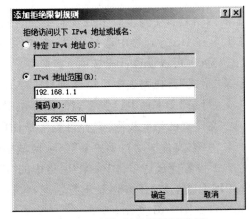

图 7-57　添加拒绝限制规则（2）

如果要添加一个 IP 地址段,可单击"IPv4 地址范围"单选按钮,并输入 IP 地址及子网掩码或前缀即可,如图 7-57 所示。

如果要通过域名来限制保护网站,在"IPv4 地址和域限制"窗口的右侧"操作"窗格中选择"编辑功能设置"按钮,弹出"编辑 IP 和域限制设置"窗口,如图 7-58 所示,选中"启用域名限制"对话框后单击"确定"返回"IPv4.地址和域限制"窗口,在右侧"操作"窗格中再次选择"添加拒绝条目"对话框变为如图 7-59 所示窗口,在域名文本框中输入要限制访问的域名即可。

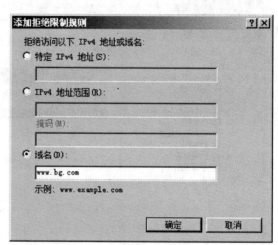

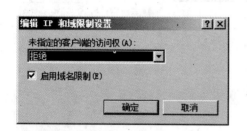

图 7-58　编辑 IP 和域限制设置　　　　图 7-59　添加拒绝限制规则(2)

(2) 设置允许访问的 IP 地址和域名

设置允许访问的 IP.地址和域名的方法与设置拒绝访问的 IP 地址和域名的方法基本一样,就是在"IPv4 地址和域限制"窗口的右侧"操作"窗格中选择"添加允许条目"后弹出的窗口会变为"添加允许限制规则",在此对话框中可以设置允许访问的 IP 地址、IP 地址范围和域名。

7. 步骤七:审核 IIS 日志记录

IIS 默认会每天记录网站的所有活动事件,保护来访问者的所有信息、所访问的网站文件等,并生成日志文件,供网站管理员查询。通过定期检查这些文件,可以检测到 Web 服务器上的网站是否受到了攻击或其他安全问题。

(1) 在 IIS 管理器中选择网站,在主页窗口中双击"日志"图标,弹出如图 7-60 所示的"日志"窗口,可以设置日志选项。

➤ "格式"下拉列表中可以选择日志格式,建议使用默认的 W3C 扩充日志文件格式。

➤ "目录"文本框中设置日志的保存位置,建议不要使用默认的系统分区,同时设置日志文件夹的访问权限,只允许管理员访问。

➤ "日志文件滚动自动更新"选项区域中,可以设置生成日志的频率。

(2) 设置完成后单击"操作"窗格中的"应用"进行保存。以后管理员应当每天或者定期检查 IIS 日志,及时了解网站运行情况,包括日期时间、Web 服务器信息、来访者的信息等,日志文件如图 7-61 所示。

图 7-60　IIS 管理器(15)

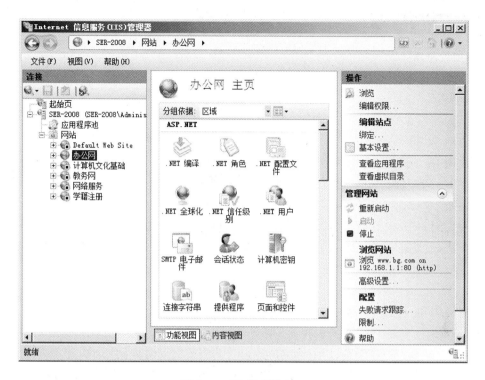

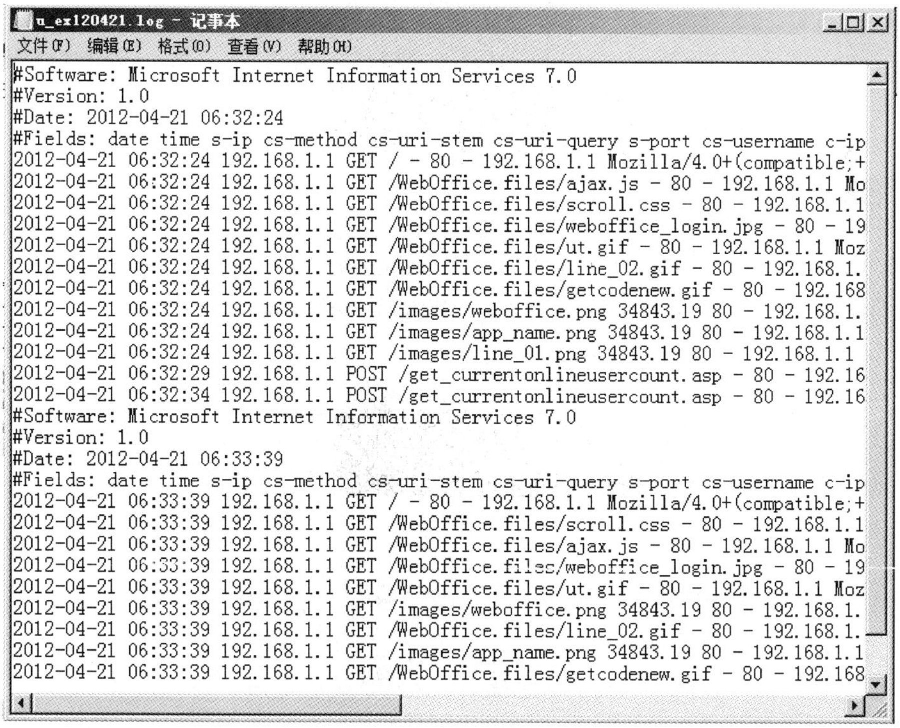

u_ex120421.log - 记事本

文件(F) 编辑(E) 格式(O) 查看(V) 帮助(H)

```
#Software: Microsoft Internet Information Services 7.0
#Version: 1.0
#Date: 2012-04-21 06:32:24
#Fields: date time s-ip cs-method cs-uri-stem cs-uri-query s-port cs-username c-ip
2012-04-21 06:32:24 192.168.1.1 GET / - 80 - 192.168.1.1 Mozilla/4.0+(compatible;+
2012-04-21 06:32:24 192.168.1.1 GET /WebOffice.files/ajax.js - 80 - 192.168.1.1 Mo
2012-04-21 06:32:24 192.168.1.1 GET /WebOffice.files/scroll.css - 80 - 192.168.1.1
2012-04-21 06:32:24 192.168.1.1 GET /WebOffice.files/weboffice_login.jpg - 80 - 19
2012-04-21 06:32:24 192.168.1.1 GET /WebOffice.files/ut.gif - 80 - 192.168.1.1 Moz
2012-04-21 06:32:24 192.168.1.1 GET /WebOffice.files/line_02.gif - 80 - 192.168.1.
2012-04-21 06:32:24 192.168.1.1 GET /WebOffice.files/getcodenew.gif - 80 - 192.168
2012-04-21 06:32:24 192.168.1.1 GET /images/weboffice.png 34843.19 80 - 192.168.1.
2012-04-21 06:32:24 192.168.1.1 GET /images/app_name.png 34843.19 80 - 192.168.1.1
2012-04-21 06:32:24 192.168.1.1 GET /images/line_01.png 34843.19 80 - 192.168.1.1
2012-04-21 06:32:29 192.168.1.1 POST /get_currentonlineusercount.asp - 80 - 192.16
2012-04-21 06:32:34 192.168.1.1 POST /get_currentonlineusercount.asp - 80 - 192.16
#Software: Microsoft Internet Information Services 7.0
#Version: 1.0
#Date: 2012-04-21 06:33:39
#Fields: date time s-ip cs-method cs-uri-stem cs-uri-query s-port cs-username c-ip
2012-04-21 06:33:39 192.168.1.1 GET / - 80 - 192.168.1.1 Mozilla/4.0+(compatible;+
2012-04-21 06:33:39 192.168.1.1 GET /WebOffice.files/scroll.css - 80 - 192.168.1.1
2012-04-21 06:33:39 192.168.1.1 GET /WebOffice.files/ajax.js - 80 - 192.168.1.1 Mo
2012-04-21 06:33:39 192.168.1.1 GET /WebOffice.files/weboffice_login.jpg - 80 - 19
2012-04-21 06:33:39 192.168.1.1 GET /WebOffice.files/ut.gif - 80 - 192.168.1.1 Moz
2012-04-21 06:33:39 192.168.1.1 GET /images/weboffice.png 34843.19 80 - 192.168.1.
2012-04-21 06:33:39 192.168.1.1 GET /WebOffice.files/line_02.gif - 80 - 192.168.1.
2012-04-21 06:33:39 192.168.1.1 GET /images/app_name.png 34843.19 80 - 192.168.1.1
2012-04-21 06:33:39 192.168.1.1 GET /WebOffice.files/getcodenew.gif - 80 - 192.168
```

图 7-61　日志文件

📁 单元总结

1. 知识总结

➤ 在 Internet 网络中,为了使用域名访问相关网站资源,应先配置好 DNS 服务器再创建 Web 网站。

➤ 设置好静态 IP 地址、子网掩码和首选 DNS 服务器等参数。

➤ 使用 Windows Server 2008 中的"服务器管理器"专用管理工具安装 IIS 7.0,也可以使用"控制面板"中的"打开或关闭程序"传统工具安装 IIS 7.0。

➤ 在 IIS 管理器中,可以添加管理网站和虚拟目录。

➤ 发布主页到网站指定的主目录,进行网站服务器端的浏览测试。

➤ 使用同一 IP 地址创建多个站点的服务器,网站可以采用不同主机名、不同端口号的方法,另外还可以使用多个 IP 地址架设多个网站,也可以采用创建多个子目录,分别存放不同内容的虚拟目录来发布网站内容。

➤ 在 Windows 2000/XP/2003/2008 等客户机上,必须配置 TCP/IP 协议的 IP 地址、子网掩码和首选 DNS 服务器等。

➤ 访问多个网站时,注意采用相应的方法,多 IP 多网站采用对应的 IP 地址访问相应的网站,单 IP 多端口号采用 IP 地址:端口号的方式访问对应网站,单 IP 不同主机域名的采用不同的主机域名访问对应的网站,对于虚拟目录的采用"主机域名+别名"或"主机 IP+别名"的形式访问网站。

2. 相关名称

Internet、IIS、WWW、Web、浏览器、HTTP 协议、添加角色、添加服务器角色、默认文档、网站、端口号、主机名、主目录、虚拟目录、虚拟主机、消息、匿名账户、*.html 和 *.htm 文档。

✍ 知识测试

一、填空

1. 当启动 Web 服务器时,Web 默认启动文档一般有 htm、_____ 和 _____ 三种。

2. 在默认情况下,所有计算机都将被 _____ 访问 Web 站点。

3. 在 IIS 中,_____ 是学校等单位 Web 发布树的顶点。

4. 在浏览器中访问 Web 网站的协议是 _____。

5. 在 IIS 中,虚拟目录是用户为服务器的任何一个主目录创建的 _____。

6. 要想在一个 Web 服务器中发布多个网站可采用 _____、_____ 和 _____ 技术。

7. Web 服务器中的目录分为 _____ 和 _____ 两种类型。

一、选择

1. 在 Windows Server 2008 中使用的 IIS 的版本是(　　)。

A. IIS 4.0　　　　　　B. IIS 5.0　　　　　　C. IIS 6.0　　　　　　D. IIS 7.0

2. 在 C 盘上安装 Windows Server 2008 的 IIS 后,默认网站的默认的物理目录(主目录)的位置是(　　)。

A. C:\inetpub\wwwroot　　　　　　　B. C:\inetpub\ftproot

C. C:\Windows\Inetpub\wwwroot　　　D. C:\Windows\Inetpub\ftproot

3. 对于 Intranet 网站内访问的客户机,在配置 TCP/IP 协议时,除了需要配置 IP 地址和子网掩码外,还需要配置的参数是(　　　)。

A. 该机的物理地址　　　　　　　　B. 首选 DNS 服务器

C. 辅助 DNS 服务器　　　　　　　　D. 默认网关

4. 虚拟主机技术不能通过(　　　)来架设网站。

A. 计算机名　　　　B. TCP 端口　　　　C. IP 地址　　　　D. 主机头名

5. 虚拟目录不具备的特点是(　　　)。

A. 方便扩展　　　　B. 灵活增删　　　　C. 简单配置　　　　D. 动态分配空间

6. 下面(　　　)不是利用 IIS 7.0 架设网站的默认文档。

A. iisstar. htm　　　　B. default. asp　　　　C. index. htm　　　　D. index. asp

7. 从 Internet 上获得软件最常用的方法(　　　)。

A. WWW　　　　B. Telnet　　　　C. E-mail　　　　D. DNS

三、实训

某公司企业网中有一台安装了 Windows Server 2008 系统的计算机,指定计算机名为 "ser-Web",两个静态 IP 地址分别为 192. 168. 215. 100 和 192. 168. 215. 200,子网掩码为 255. 255. 255. 0。公司内部有几个网站需要通过"ser-Web"发布出去。要求如下:

1. 在 Windows Server 2008 系统中安装 Web 服务器,并利用默认网站发布"yscm"网站,绑定 IP 地址为 192. 168. 215. 100,并在服务器端和客户机分别测试网站。

2. 停用第 1 题发布的网站,自定义一个网站,用于发布"jjgl"网站,绑定 IP 地址为 192. 168. 215. 100,并在服务器端和客户机分别进行测试网站。

3. 停用第 2 题发布的网站,创建一个网站用于发布"spjg"网站,绑定 IP 地址为 192. 168. 215. 100,再创建一个网站用于发布"sfjy"网站,绑定 IP 地址为 192. 168. 215. 200,并在服务器端和客户机分别测试两个网站,看是否可以同时启动。

4. 停用第 3 题创建的两个网站,创建一个网站用于发布"yixue"网站,绑定 IP 地址为 192. 168. 215. 100,端口号为 8080;再创建一个网站用于发布"zhiyao"网站,绑定 IP 地址为 192. 168. 215. 100,端口号为 8088,并在服务器端和客户机分别测试两个网站,看是否可以同时启动。

5. 停用第 4 题创建的两个网站,创建一个网站用于发布"tiyu"网站,绑定 IP 地址为 192. 168. 215. 100,主机域名为 tiyu. nkzy. com;再创建一个网站用于发布"sxzz"网站,绑定 IP 地址为 192. 168. 215. 100,主机域名为 sxzz. nkzy. com,并在服务器端和客户机分别测试两个网站,看是否可以同时启动。

提示,需要配置 DNS 服务器,新建一个正向区域 nkzy. com,创建两个主机记录,tiyu. nkzy. com 对应 IP 地为 192. 168. 215. 100 和 sxzz. nkzy. com 对应 IP 地址为 192. 168. 215. 200。

项目八

构建 FTP 服务器

💬 **项目描述**

随着 Internet 的迅猛发展,通过 Internet 浏览信息、搜索下载所需的资源对于计算机用户已经不是难事了。用户需要从远在异地的计算机系统将文件复制到本地计算机时,最常用的就是 FTP 应用程序。FTP 服务是 IIS 服务的又一重要组成部分,其作用是在 FTP 客户端之间完成文件的传输。FTP 可以传输如文本文件、图像文件、程序文件、声音文件、电影文件等任何文件。而对于企业来说,通过架设 FTP 服务可以更加轻松地实现信息共享和资源分享。

🔍 **学习目标**

- ➤ 了解 FTP 概念及 FTP 的应用领域
- ➤ 理解 FTP 的会话过程
- ➤ 学会安装 FTP 服务
- ➤ 熟悉 FTP 站点的建立和配置
- ➤ 了解各种客户机对 FTP 站点的访问技术
- ➤ 掌握 FTP 用户的分类及其权限
- ➤ 学会使用 FTP 命令
- ➤ 掌握创建隔离用户的 FTP 站点的方法
- ➤ 掌握使用 Serv-U 建立 FTP 服务

任务一 安装和管理 FTP 服务

一、任务描述

某学校校园网中,在一台安装 Windows Server 2008 系统的计算机上搭建 FTP 服务器。创建一个 FTP 站点,实现每个教职工都可以匿名访问 FTP 服务器,进行公共文档的查看和下载,网络结构示意图如图 8-1 所示。

图 8-1 网络结构示意图

二、相关知识

1. FTP 简介

FTP 的全称是 File Transfer Protocol(文件传输协议),是一个在 TCP/IP 网络中传输文件的协议,也是 Internet 上使用最广泛的文件传输协议,它使用客户端/服务器模式,安装 FTP 服务器端软件的计算机称 FTP 服务器,安装 FTP 客户端软件(如 CuteFTP、IE)的计算机则为客户端。

文件传输是指将文件从一台计算机上发送到另一台计算机上。如果用户将一个文件从自己的计算机上发送到另一台计算机上,就称为上传(upload),从远程主机复制文件至自己的计算机上,称为下载(download)。FTP 主要是实现在 FTP 服务器和 FTP 客户端之间文件的传输。

2. FTP 服务的工作端口

FTP 服务使用两个 TCP 连接来传输一个文件,使用 20 端口传送数据,21 端口传送控制信息。进行文件传输时,FTP 客户端和服务器之间要建立"控制连接"和"数据连接"两个连接,其中控制连接用于传递客户端的命令和服务器端对命令的响应,它使用服务器的 21 端口;数据连接用于传输文件或其他数据,例如目录列表等。这种连接在需要数据传输时建立,每次使用的端口不一定相同,而一旦数据传输结束就关闭。而且,数据连接既可能是客户端发起的,也可以是服务器端发起的。FTP 客户和服务器通信的模型如图 8-2 所示。

图 8-2 FTP 客户和服务器通信的模型

3. FTP 会话过程

FTP 客户端使用"三次握手"的方式来与 FTP 服务器建立 TCP 会话,具体会话过程如下。

(1) FTP 客户端向远程的 FTP 服务器申请建立连接。

(2) FTP 服务器 21 端口侦听到请求,做出响应,建立会话连接。在建立连接后,这个连接端口将在会话进行时全程打开。

(3) 客户端程序会动态指定一个连接端口号,通常是 1 024~65 535 之间,连接到 FTP

服务器的 21 号端口。

（4）需要传输数据时，客户端打开数据端口连接服务器 20 端口，而且每一次文件传输时，客户端都会打开另一个新的连接端口传送文件。但它会在文件传输后立即关闭。

（5）空闲时间超过规定后，FTP 会话自行终止，也可由客户端或 FTP 服务器强行断开连接。

4. FTP 服务主要应用

（1）软件下载

对于文件传输而言，尽管 Web 也可以提供文件下载服务，但是 FTP 服务的效率更高，对权限控制更为严格。当利用 Web 下载时，必须在 Web 页面中为所有软件都建立一个超链接，否则，即使在硬盘中保存有该文件，但浏览者将不能发现该文件的存在而无法实现下载。而当增加新的软件时，网络管理员必须重新制作或修改 Web 页面，以保证用户能及时了解这些变化。

FTP 服务提供上传和下载功能，FTP 用户登录 FTP 服务器后，将直接显示所有的文件或文件夹列表，并根据用户的需要直接下载。当要向 FTP 站点添加软件时，网络管理员只需将其复制至相应的目录即可，从而减轻了劳动强度。

（2）Web 站点维护和更新

一个 Web 网站在发布后，必须对其内容进行及时更新，同时根据需要对网站的结构和内容进行适时的调整。一般情况下，对 Web 网络的管理都是远程进行的。由于 FTP 能自由地上传和修改文件及其内容，所以在 Web 网络的管理中 FTP 的应用非常广泛。

（3）不同类型计算机之间传输文件

目前存在各种类型的操作系统，比如 Windows、Linux 和 UNIX 等，如果实现跨平台文件传输，可通过 NFS、Samba 或 FTP 方式实现。FTP 和所有的 TCP/IP 家庭成员一样，都是与平台无关的。也就是说，无论是什么样的计算机，无论使用什么操作系统，只要计算机安装有 TCP/IP 协议，那么这些计算机就可以实现通信。这一特性对于在不同类型的计算机之间以及安装不同操作系统的计算机之间，实现数据传输具有非常重要的意义。

5. FTP 站点的访问

搭建 FTP 服务器的目的是为了方便用户上传和下载文件。当 FTP 服务器建立成功并提供 FTP 服务后，用户就可以访问了。可以用 3 种方式来访问 FTP 站点，分别是命令行状态的 FTP 命令、使用 Web 浏览器和 FTP 客户端软件。

（1）命令行方式访问

FTP 用户使用 FTP 程序提供的命令实现信息传输，在客户端的"命令提示符"下输入"ftp FTP 服务器的域名或 IP 地址"，若连接成功，系统将提示用户输入用户名及口令。

（2）Web 浏览器访问

Web 浏览器除了可以访问 Web 网站外，还可以用来登录 FTP 服务器。

匿名访问时的格式为：ftp：//FTP 服务器的域名或 IP 地址。

非匿名访问时的格式为：ftp：//用户名：密码@FTP 服务器的域名或 IP 地址。

（3）FTP 客户端软件访问

大多数访问 FTP 站点的用户都会使用 FTP 客户端软件。因为 FTP 客户端软件不仅方便，而且和 Web 浏览器相比。它的功能更加强大。比较常用的 FTP 客户端软件有 Cute-

FTP、FlashFXP、Leapftp 等。

6. 虚拟 FTP 站点

FTP 服务器自动创建一个默认站点，在一台服务器上可以创建多个虚拟 FTP 站点。虚拟 FTP 站点与默认 FTP 站点使用几乎完全相同，都可以拥有自己的 IP 地址和主目录，可以单独进行配置和管理，可以独立启动、暂停和停止。在同一台服务器上创建多个 FTP 虚拟站点通常有两种方式，是分别利用不同 IP 地址和同一 IP 地址不同端口来实现。

三、实施过程

1. 步骤一：安装 FTP 服务

Windows Server 2008 提供的 IIS 7.0 服务器中内嵌了 FTP 服务器软件，但是在默认安装的情况下，FTP 服务器软件是没有安装的，需要手动进行安装。

（1）在 Windows Server 2008 中，FTP 服务并不是单独的服务器角色，而是集成在 Web 服务器角色中，在安装 Web 服务器时可以选择安装，在"角色服务"下，选择"FTP 发布服务"，如图 8-3 所示。

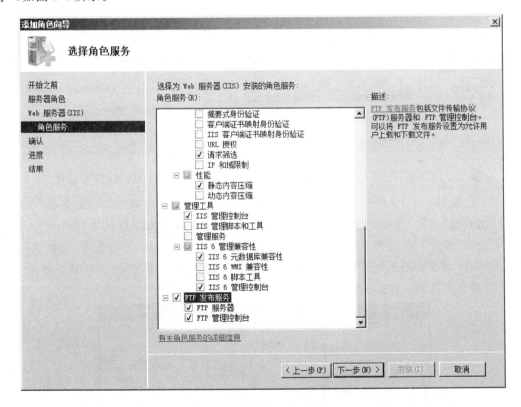

图 8-3　安装 FTP 服务

（2）FTP 服务需要使用 IIS 6.0 来进行管理，因此，在选择安装 FTP 服务器时，会提示"是否添加 FTP 发布服务所需的角色服务"对话框，如图 8-4 所示。单击"添加必需的角色服务"按钮。同时，勾选中"IIS6 管理控制台"复选框，这样就开始安装 FTP 服务和 IIS 6.0 管理控制台。

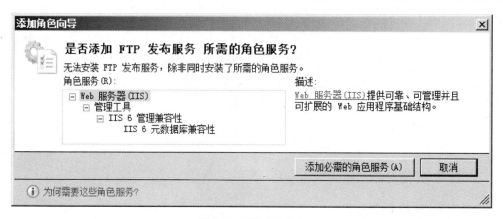

图 8-4　安装 IIS 6.0

2. 步骤二:启动 FTP 服务

（1）FTP 安装完成后,选择"开始"菜单中的"管理工具",然后单击"Internet 信息服务(IIS)6.0 管理器",如图 8-5 所示。就像 IIS 7.0 上默认不安装 FTP 服务一样,当在 IIS 7.0 上安装 FTP 服务后,默认情况下也不会启动该服务,FTP 服务启动后才能提供服务。右键单击默认 FTP 站点,选择快捷菜单中的"启动"选项,弹出如图 8-6 所示"IIS6 管理器"对话框,提示 FTP 服务没有启动。单击"是"按钮,即可启动默认 FTP 站点。

图 8-5　IIS 6.0 控制台

图 8-6　IIS 管理器对话框

（2）安装 IIS 的"FTP 服务器"后,系统自建一个"默认 FTP 站点",其主目录是"C:\Inetpub\ftproot"。在工作站浏览器地址中输入"ftp://FTP 服务器计算机名"或"ftp://FTP 服务器的 IP 地址",本例为 ftp://ser-2008,并以匿名(anonymous)方式登录,如果 FTP 运行正常,则会出现如图 8-7 所示的连接窗口。由于"默认 FTP 站点"的主目录下还没有内容,所以看不到任何文件或文件夹。

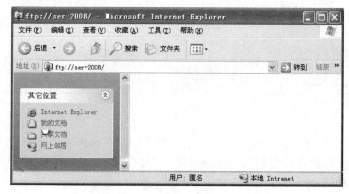

图 8-7　通过浏览器访问 FTP 服务器

3. 步骤三:建立 FTP 站点

(1) 在"Internet 信息服务(IIS)6.0 管理器"的窗口中,右键单击 FTP 站点,选择快捷菜单中"新建"命令下的"FTP 站点"选项,启动"FTP 站点创建向导"。单击"下一步"按钮,在弹出的"FTP 站点描述"对话框中,为新站点设置一个名称,用于区分其他站点。这里设置为"ftppublic",如图 8-8 所示。

(2) 单击"下一步"按钮,在弹出的"IP 地址和端口设置"对话框中,可以在"输入此 FTP 站点使用的 IP 地址"下拉列表中,选择一个用于与该 FTP 站点对应的 IP 地址,在这里指定 IP 地址为 192.168.1.1。在"输入此 FTP 站点的 TCP 端口"中输入 TCP 端口号,默认值为 21,由于默认 FTP 站点已经占用了 21 端口号,所以这里端口号设为"2121",如图 8-9 所示。

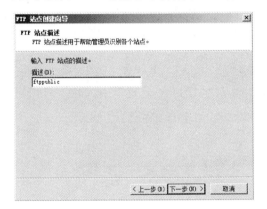
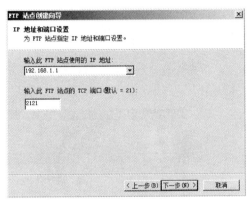

图 8-8 FTP 站点描述   图 8-9 IP 地址和端口设置

(3) 单击"下一步"按钮,在弹出的"FTP 隔离"对话框中,选择是否将 FTP 用户限制到他们自己的 FTP 主目录。选择默认的"不隔离用户"单选按钮,如图 8-10 所示。

(4) 单击"下一步"按钮,在弹出"FTP 站点主目录"对话框中,用于指定 FTP 站点的主目录,可单击"浏览"按钮选择主目录文件夹,如图 8-11 所示,这里的主目录为 C:\public。

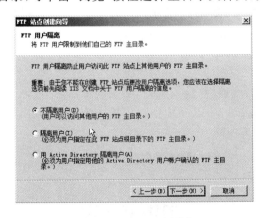
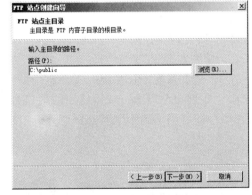

图 8-10 FTP 用户隔离   图 8-11 FTP 站点主目录

提示:为便于进行访问权限和磁盘限额的限制,建议将主目录文件夹创建在 NTFS 系统分区。

(5) 单击"下一步"按钮,在弹出的"FTP 站点权限"对话框中,用来选择用户访问此 FTP 站点的权限,如图 8-12 所示。

(6) 单击"下一步"按钮,在弹出的"已成功完成 FTP 站点的创建向导"对话框中,如

图 8-13 所示,单击"完成"按钮,FTP 站点创建完成。

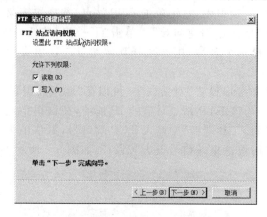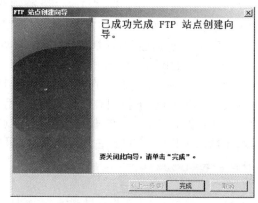

图 8-12 FTP 站点访问权限   图 8-13 FTP 站点创建完成

(7) 新 FTP 站点创建完成后,会自动启动,并显示在 IIS 6.0 管理器中,如图 8-14 所示。

图 8-14 新创建的站点

3. 步骤三:测试 FTP 站点

(1) 本机测试

在"Internet 信息服务"的窗口中,依次选择"FTP 站点"下的"ftppublic"选项,右键单击,在激活的快捷菜单中,选择"浏览器浏览"选项,正常时,应当显示如图 8-15 所示的"IIS 管理器"FTP 站点的"浏览"窗口。

(2) 客户机测试

在 IE 浏览器的 URL(统一资源定位器)后的地址栏,输入 FTP 站点的 IP 地址或域名,由于刚才在创建 FTP 站点时,使用的端口号是 2121,所以在地址栏中输入 ftp://192.168.1.1:2121,即可浏览到刚刚发布的程序,如图 8-16 所示。

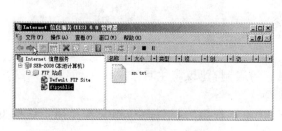

图 8-15 本机测试 FTP 站点   图 8-16 客户机测试 FTP 站点

任务二 配置 FTP 站点的基本信息

一、任务描述

在校园网中,在一台 Windows Server 2008 的计算机上,已经架设了一台 FTP 服务器,需要对这台服务器进行安全设置。网络中还有一些安装了 UNIX、Linux 或 Netware 操作系统的计算机,需要采用命令行方式访问 FTP 服务器,使用 FTP 命令实现公共文档的上传和下载操作。网络结构示意图如图 8-17 所示。

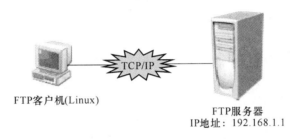

图 8-17 网络结构示意图

二、相关知识

在网络中,有很多运行不同操作系统的计算机,有运行 UNIX、Linux 的服务器,也有运行 DOS、Windows 的 PC 和运行 Mac OS 的苹果机等,要实现传输文件,并不是一件容易的事。基于不同的操作系统有不同的 FTP 应用程序,而所有这些应用程序都遵守 FTP 协议,这样任何两台 Internet 主机之间可通过 FTP 复制文件。

1. FTP 命令

如果客户机安装的是 UNIX、Linux 或 Netware 操作系统,则使用 FTP 协议来传输文件是最便捷的方法。用户通过一个支持 FTP 协议的客户机程序,连接到在远程主机上的 FTP 服务器程序,向服务器程序发出 FTP 命令,服务器程序执行用户所发出的 FTP 命令,并将执行的结果返回到客户机。例如用户发出一条命令,要求服务器向用户传送某一个文件的一份副本,服务器会响应这条命令,将指定文件送至用户的机器上。客户机程序代表用户接收到这个文件,将其存放在用户目录中。

FTP 提供的命令十分丰富,涉及文件传输、文件管理、目录管理、连接管理等。FTP 命令是 Internet 用户使用最频繁的命令之一,熟悉并灵活应用 FTP 命令,可以大大方便使用者。

进入 FTP 站点后,用户就可以进行相应的文件传输操作了,其中一些重要的命令如下。

（1）ls 或 dir 命令

功能描述：列出 FTP 服务器上的目录清单。

命令格式：ls［路径］［选项］或 dir［路径］［选项］。

说明：显示格式与 Linux 命令提示行所显示的某个目录文件方式完全相同。

（2）cd 命令

功能描述：改变当前目录。

命令格式：cd［目录名］。

说明："cd．．"命令可以进入上一级目录；执行"cd 子目录名"命令，可以进入子目录，例如，输入"cd doc"，表示进入当前目录下的"doc"子目录。

（3）get 命令

功能描述：能从远程计算机上下载一个文件。

命令格式：get 源文件名 目标文件名。

（4）put 命令

功能描述：将本地计算机的单个文件传送到远程计算机上。

命令格式：put 源文件名 目标文件名。

（5）bye 或 quit 命令

功能描述：退出 FTP 服务器。

命令格式：bye 或 quit。

（6）open 命令

功能描述：连接某个远端 FTP 服务器。

命令格式：open IP(或域名)。

（7）close 或 disconnect 命令

功能描述：关闭目前的 FTP 连接。

命令格式：close 或 disconnect。

（8）delete 命令

功能描述：删除 FTP 服务器的文件。

命令格式：delete 文件名。

（9）rename 命令

功能描述：更改 FTP 服务器的文件名。

命令格式：rename 旧文件名 新文件名。

（10）help 命令

功能描述：显示所有可用命令或指定命令说明。

命令格式：help［命令］。

2．FTP 站点的基本信息

（1）FTP 站点标识

在同一台 FTP 服务器上可以同时创建多个 FTP 站点，为了区别不同的站点，为每一个站点设置不同的识别信息。如 FTP 站点的名称、IP 地址和 TCP 端口号。其中 FTP 站点的名称,只用于站点管理,客户端无法看到该信息。FTP 站点的 IP 地址,采用默认的"全部未分配",那么通过每个 IP 地址都会连接该 FTP 站点。若此计算机内有多个 IP 地址,也可以指定只有通过某个 IP 地址才可以访问 FTP 站点,如 192.168.1.1。FTP 默认的 TCP 端口是 21,当发布不同的 FTP 站点时,为了避免 TCP 端口的冲突,则要求不同的 FTP 站点设置不同的 TCP 端口号,不过修改后,用户要连接此站点时,必须输入端口号。

（2）连接数量限制

FTP 站点连接用来限制同时连接 FTP 客户端数量,根据系统的容量和带宽,限制连接的数量。一个下载窗口就是一个连接,默认为"不受限制"。但当大量的用户并发访问 FTP 服务器时,当服务器的配置较低、性能较差或 Internet 接入带宽较小时,就很容易造成系统响应迟缓或瘫痪。为了保护 FTP 服务器及保证带宽的有效利用,常需要设置最大连接数,对 FTP 连接数量进行一定的限制。

（3）日志

可以配置服务器或站点级别的日志记录功能以及配置日志记录设置。系统若启用了日志记录,所有连接到此 FTP 站点的记录都将存储到指定的文件。

（4）安全账户

根据用户的安全要求,可以选择一种 IIS 验证方法,对请求访问 FTP 站点的用户进行验证。FTP 身份验证方法有两种:匿名 FTP 身份验证和基本 FTP 身份验证。如果选择了匿名 FTP 身份验证,则登录 FTP 服务器时不提示用户输入用户名或密码。因为 IIS 将自动创建名为 IUSR_computername 的 Windows 用户账户,其中 computername 是正在运行 IIS 的服务器的名称,这和基于 Web 的匿名身份验证非常相似。要使用基本 FTP 身份验证与 FTP 服务器建立 FTP 连接,用户必须使用与有效 Windows 用户账户对应的用户名和密码进行登录。如果 FTP 服务器不能提供用户的身份,服务器就会返回错误消息。

（5）站点消息

FTP 的客户界面比较单一,但是用户可以设置个性化的界面。当用户登录后,发送欢迎消息,当用户退出后,给出退出信息。如果服务器已达到限制的最大连接数目,就会发送一条最大连接数的消息给用户,并立刻断开连接。

（6）主目录

主目录可以设定供网络服务下载文件的 FTP 站点的主目录。主目录可以是此计算机上的目录,或者是另外一台计算机的共享文件夹。

（7）访问权限

FTP 服务器不但能进行文件的传输,还可以管理与控制用户访问 FTP 服务器的权力。例如,哪些用户可以下载文件,哪些用户可以上传文件。用户对 FTP 服务器的访问权限包括读取、写入和记录访问。设置读取权限后,用户可以读取主目录内的文件,例如可以下载文件。设置写入权限后,用户可以在主目录内添加、删除、修改文件或目录,例如可以上传文件。设置记录访问权限后,则启动日志,将连接到此 FTP 站点的行为记录到日志文件内。

（8）目录列表样式

在命令行访问方式中,显示主目录内的文件有两种选择:MS-DOS 和 UNIX。MS-DOS

是默认选项,显示的格式中以两位数字显示年份。UNIX 显示的格式中以四位数格式显示年份。

(9)目录安全性

通过指定允许或禁止访问的 IP 地址、子网掩码、一台或多台计算机的域名,就可以控制对 FTP 资源(如站点、虚拟目录)的访问,这不仅有助于在局域网内部实现对 FTP 站点的访问控制,而且更有利于阻止来自 Internet 的恶意攻击。

三、实施过程

1. 步骤一:修改 FTP 站点的基本信息

如果要更改新站点的配置,可以右键单击 FTP 站点中的 ftppublic 站点,选择快捷菜单中的"属性"选项。

(1)在"FTP 站点"选项卡中,选择在"FTP 站点连接"区域中的"连接限制为(M)"一项,系统默认最多可以有 100 000 个连接,这里设置为 600,即最多允许 600 个人同时连接到 FTP 服务器,如图 8-18 所示。

(2)在"安全账户"选项卡中,如图 8-19 所示的匿名账号为 IUSER_SER-2008。系统默认的是"允许匿名连接"前的复选框为选中状态,这表示用户无须身份验证,即可登录 FTP 服务器。

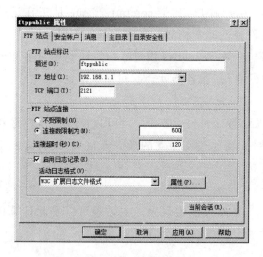

图 8-18　FTP 站点属性

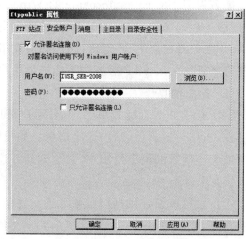

图 8-19　安全账户属性

(3)在"消息"选项卡中,在"横幅"文本框中输入连接 FTP 站点时的文字,用横幅显示一些较为敏感的消息。在"欢迎"文本框中输入 FTP 客户端登录成功后显示的信息,"退出"文本为其离开 FTP 站点后得到的信息。当用户连接到此 FTP 站点时,如果连接的数目已经达到此数目,则会显示"最大连接数"文本框中的信息,具体设置内容如图 8-20 所示。

(4)在"主目录"选项卡中,可以设定 FTP 站点的主目录。用户的访问权限及选择目录样式。如果允许用户向 FTP 站点中上传文件,需要选中"写入"复选框,如图 8-21 所示。

图 8-20 消息属性

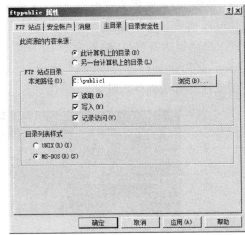

图 8-21 主目录属性

提示：当赋予用户写入权限时，许多用户可能会向 FTP 服务器上传大量的文件，从而导致磁盘空间迅速被占用。如果 FTP 的主目录处于 NTFS 卷，那么，可以使用 NTFS 文件系统的磁盘限额功能来限制每个用户写入的数据量。

（5）在"目录安全性"选项卡中，可以设置特定 IP 地址的访问权限，来阻止某些个人或者群组访问服务器。单击"添加"按钮，选择"一组计算机"，在网络标识栏中输入这些计算机的网络标识，在子网掩码中输入这一组计算机所属子网的子网掩码，即可确定某一逻辑网段的用户属"例外"范围。这里 IP 地址的网络标识设为 192.166.0.0，子网掩码为 255.255.255.0，如图 8-22 所示，单击"确定"按钮。则完成 IP 地址的添加，如图 8-23 所示。

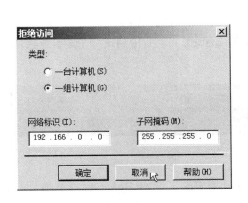

图 8-22 设置拒绝访问的计算机

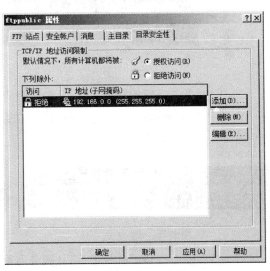

图 8-23 目录安全性属性

提示：授权访问指对所有用户开放此站点的访问权限；拒绝访问则关闭此站点的访问权限。

2. 步骤二:命令行方式登录 FTP 服务器

Linux 客户机通过命令行方式访问 FTP 服务器,实现文件的上传和下载。其操作过程为:进入命令提示符窗口,输入命令 ftp 192.168.1.1 2121,若连接成功,然后根据屏幕上的信息提示,在 Name(192.168.1.1:root)处输入匿名账户 anonymous,Password 处按"Enter"键或任意合法邮件地址如"user@163.com",屏幕上的信息如图 8-24 所示。

```
[root@redh9 root]# ftp 192.168.1.1 2121
Connected to 192.168.1.1 (192.168.1.1).
220-Microsoft FTP Service
220 hello.
Name (192.168.1.1:root): anonymous
331 Anonymous access allowed, send identity (e-mail name) as password.
Password:
230-welcome to here.
230 Anonymous user logged in.
Remote system type is Windows_NT.
ftp> _
```

图 8-24 命令行方式登录

3. 步骤三:FTP 命令的使用

(1) 成功登录后可以用"help"查看可供使用的命令,如图 8-25 所示。

```
ftp> help
Commands may be abbreviated.  Commands are:

!              debug          mdir           sendport       site
$              dir            mget           put            size
account        disconnect     mkdir          pwd            status
append         exit           mls            quit           struct
ascii          form           mode           quote          system
bell           get            modtime        recv           sunique
binary         glob           mput           reget          tenex
bye            hash           newer          rstatus        tick
case           help           nmap           rhelp          trace
cd             idle           nlist          rename         type
cdup           image          ntrans         reset          user
chmod          lcd            open           restart        umask
close          ls             prompt         rmdir          verbose
cr             macdef         passive        runique        ?
delete         mdelete        proxy          send
ftp> _
```

图 8-25 help 命令

(2) 使用"dir"命令来查看 FTP 服务器中的文件及目录,如图 8-26 所示。

(3) 输入"put install.log"把当前目录中的文件 install.log 上传到 FTP 服务器默认目录中,如图 8-27 所示。

```
ftp> dir
227 Entering Passive Mode (192,168,1,1,192,22).
125 Data connection already open; Transfer starting.
04-26-12  04:04PM                  7 sn.txt
226 Transfer complete.
```

图 8-26 dir 命令

```
ftp> put install.log
local: install.log remote: install.log
227 Entering Passive Mode (192,168,1,1,192,23).
125 Data connection already open; Transfer starting.
226 Transfer complete.
18502 bytes sent in 0.0417 secs (4.3e+02 Kbytes/sec)
```

图 8-27 put 命令

(4) 使用"get sn.txt"命令把 FTP 服务器默认目录中的文件 sn.txt 下载到本地计算机默认目录下,如图 8-28 所示。

(5) 输入"bye"命令,结束 FTP 进程,如图 8-29 所示。

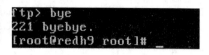

图 8-28　get 命令　　　　　　　　　　　　图 8-29　bye 命令

任务三　创建隔离用户的 FTP 站点

一、任务描述

在校园网中,已经架设了一台 FTP 服务器。有些教师希望在 FTP 服务器上有一个自己专用的文件夹,使用自己的账户登录 FTP 服务器,进行个人文档的管理。网络结构示意图如图 8-30 所示。

图 8-30　网络结构示意图

二、相关知识

随着 FTP 应用的日渐普及,传统的匿名登录和简单的身份验证已经无法满足部分用户的特殊要求。为此 2008 操作系统提供了"FTP 用户隔离"功能。它可以让每个用户在同一台 FTP 服务器上拥有一个专用的文件夹。这样,当不同的用户登录 FTP 站点时,系统会根据不同的用户访问不同的文件夹,而且不允许不同文件夹之间的切换。

在创建 FTP 站点时,IIS 7.0 提供以下三种不同模式来创建新的 FTP 站点。

1. 创建不隔离用户的 FTP 站点

该模式不启用 FTP 用户隔离,该模式的工作方式与以前版本的 IIS 类似,由于在登录到 FTP 站点的不同用户间的隔离尚未实施,该模式最适合于只提供共享内容下载功能的站点,或不需要在用户间进行数据访问保护的站点。前面所创建的 FTP 站点都是创建不隔离用户的 FTP 站点,所有的合法用户都会连接到相同的主目录。

2. 创建隔离用户的 FTP 站点

该模式在用户访问与其用户名匹配的主目录前,所有用户的主目录都在单一 FTP 主目录下,每个用户均被安放和限制在自己的主目录中,不允许用户浏览自己主目录外的内容。

FTP 用户隔离通过将用户限制在自己的目录中，来防止用户查看或覆盖其他用户的 Web 内容。因为顶层目录就是 FTP 服务的根目录，用户无法浏览目录树的上一层。在特定的站点内，用户能创建、修改或删除文件和文件夹。

3. 创建用 Active Directory 隔离用户的 FTP 站点

在使用 Active Directory（活动目录）隔离用户方式，用户必须使用域用户账户来连接指定的 FTP 站点。同时必须在 Active Directory 的用户账户内指定其专用的主目录。与"隔离用户"方式不同，"用 Active Directory 隔离用户"的用户主目录不需要一定创建在 FTP 站点的主目录下，而可以创建在本地的其他分区或文件夹下，也可以创建在网络中的其他计算机上。当用户登录该 FTP 站点时，将根据登录的用户账户直接访问用户的主目录，而且无法进入其他用户的主目录。

三、任务实施

本任务是在工作组模式环境下，创建的是"隔离用户的 FTP 站点"，具体过程如下。

1. 步骤一：创建用户账户

创建隔离用户的 FTP 站点，首先要在 FTP 站点所在的 Windows Server 2008 服务器中，为 FTP 用户创建了两个用户账户（例如 teacher1、teacher2），以便他们使用这些账户登录 FTP 站点。具体过程如下。

（1）打开"计算机管理"窗口，在左窗格中展开"本地用户和组"目录。然后右键单击所展开目录中的"用户"文件夹，在弹出的快捷菜单中执行"新用户"命令，打开"新用户"对话框。在相关编辑框中输入用户名（如"teacher1"）和密码，取消"用户下次登录时须更改密码"选项并勾选"用户不能更改密码"和"密码永不过期"两项，如图 8-31 所示。

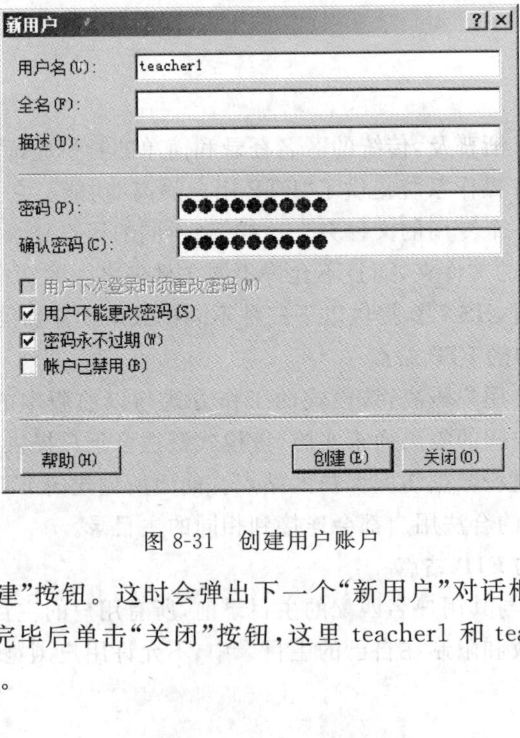

图 8-31　创建用户账户

（2）最后单击"创建"按钮。这时会弹出下一个"新用户"对话框，根据需要添加 teacher2 的用户账户。创建完毕后单击"关闭"按钮，这里 teacher1 和 teacher2 两个用户账户创建完成，如图 8-32 所示。

图 8-32 本地用户

2. 步骤二:创建用户主目录

当设置 FTP 服务器使用隔离用户时,对文件夹的名称和结构有一定的要求。所有的用户主目录都在 FTP 站点目录中的二级目录下。FTP 站点目录可以在本地计算机上,也可以在网络共享上。

(1) 创建用户主目录

在 NTFS 分区中,创建一个文件夹作为 FTP 站点的主目录,这里设为"c:\teacher"文件夹。然后在此文件夹下创建一个名为"localuser"的子文件夹。最后在"localuser"文件夹下创建两个和用户账户一一对应的个人文件夹 teacher1 和 teacher2,如图 8-33 所示。另外,如果想允许用户使用匿名方式登录"用户隔离"模式的 FTP 站点,则必须在"localuser"文件夹下面创建一个名为"public"的文件夹,匿名用户登录以后即可进入"public"文件夹中进行读写操作。

> 提示:FTP 站点主目录下的子文件夹名称必须为"LocalUser",且在其下创建的用户文件夹必须跟相关的用户账户使用完全相同的名称,否则将无法使用该用户账户登录。

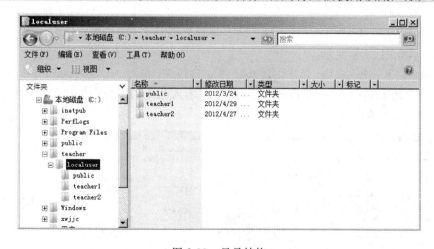

图 8-33 目录结构

(2) 设置用户访问文件夹的权限

对于新建的文件夹 teacher1 和 teacher2,只有 Administrators 组内的成员、文件和文件夹的所有者具备完全控制权限。用户要想具有更改这个文件或文件夹的 NTFS 权限,则必须先设置。设置的方法是:右键单击文件夹,在弹出的菜单中选择"属性"命令,在随后出现的"属性"对话框中单击"安全"选项卡。可以在如图 8-34 所示的选项卡上进行文件夹 teacher1 的 NTFS 权限设置,在这里要设置用户 teacher1 对文件夹 teacher1 具有完全控制权限。同样如图 8-35 所示的选项卡上进行文件夹 teacher2 的 NTFS 权限设置。

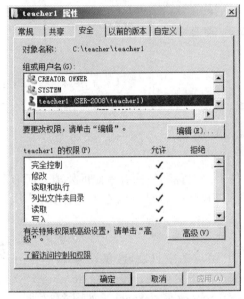

图 8-34　teacher1 文件夹中的安全设置　　　　图 8-35　teacher2 文件夹中的安全设置

3. 步骤三:创建隔离用户 FTP 站点

以上的准备工作完成后,即可开始创建隔离用户的 FTP 站点,具体的操作步骤如下。

(1) 在"Internet 信息服务(IIS)管理器"窗口中,在左窗格中展开"本地计算机",右键单击"FTP 站点"选项,在弹出的快捷菜单中选择"新建"→"FTP 站点"命令,弹出"FTP 站点创建向导"对话框。

(2) 单击"下一步"按钮,弹出"FTP 站点描述"窗口,在"描述"文本框中输入 FTP 站点的描述信息,如图 8-36 所示。

(3) 单击"下一步"按钮,弹出"IP 地址和端口设置"窗口,在"输入此 FTP 站点使用的 IP 地址"下拉列表框中,选择主机的 IP 地址,在"输入此 FTP 站点的 TCP 端口"文本框中,输入使用的 TCP 端口,如图 8-37 所示。

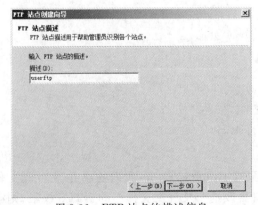
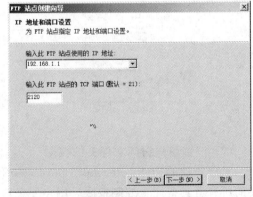

图 8-36　FTP 站点的描述信息　　　　　　图 8-37　IP 地址和 TCP 端口

（4）单击"下一步"按钮，弹出"FTP用户隔离"窗口，选择"隔离用户"单选按钮，如图8-38所示。

（5）单击"下一步"按钮，弹出"FTP站点主目录"窗口，单击"浏览"按钮找到事先创建好的 C:\teacher 目录，单击"下一步"按钮，如图8-39所示。

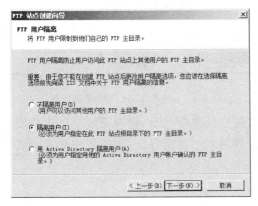 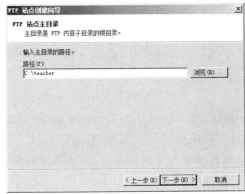

图 8-38　FTP 用户隔离方式　　　　　图 8-39　用户隔离 FTP 站点的用户主目录

（6）弹出"FTP站点访问权限"窗口，在"允许下列权限"选项区域中，选择相应的权限，这里勾选"写入"复选框，如图8-40所示。

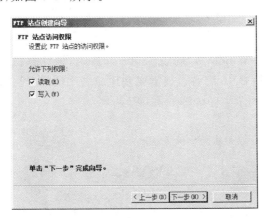

图 8-40　创建 FTP 站点权限

（7）单击"下一步"按钮，弹出"完成"窗口，单击"完成"按钮，即可完成 FTP 站点的配置。

4. 步骤四：测试 FTP 站点

FTP服务器建立好后，测试一下是否访问正常。以用户名 teacherl 连接 FTP 站点，在IE浏览器地址栏中输入 ftp://192.168.1.1:2120，然后在图8-41中输入密码，连接成功后，即进入主目录相应的用户文件夹 c:\teacher\localuser\teacher1 窗口。如图8-42所示，说明 FTP 站点设置成功。

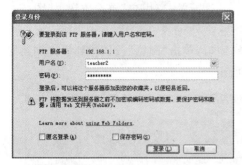

图 8-41　登录身份验证　　　　　　　图 8-42　teacher2 用户登录成功

　　提示：用户登录分为两种情况：如果以匿名用户的身份登录，则登录成功以后只能在"public"目录中进行读写操作；如果是以某一有效用户的身份登录，则该用户只能在属于自己的目录中进行读写操作，且无法看到其他用户的目录和"public"目录。

任务四　利用 FTP 维护和更新 Web 站点

一、任务描述

　　现在校园网中有一台 Windows Server 2008 计算机，该计算机已经为这个校园网提供了 FTP 服务、Web 服务和 DNS 服务。现需要利用域名来访问 FTP 站点，并能利用 FTP 来更新 Web 站点。网络结构示意图如图 8-43 所示。

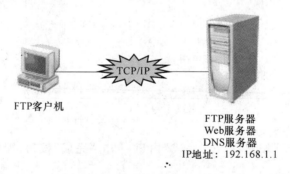

图 8-43　网络结构示意图

二、相关知识

1. 虚拟目录

　　创建虚拟目录是为了便于 FTP 网站的结构化管理。使用虚拟目录可以在服务器硬盘上创建多个物理目录，或者引用其他计算机上的主目录，从而为不同上传或下载服务的用户提供不同的目录，无论物理目录怎么变动，只要使用虚拟目录访问，就能维持网站结构的稳定性。

　　与 Web 站点一样,也可以为 FTP 站点添加虚拟目录。创建虚拟目录的实质就是创建某个站点下面的虚拟站点,FTP 站点的虚拟目录可以解决磁盘空间不足的问题。不同的虚拟目录允许使用相同或不同的 IP 地址。FTP 站点的虚拟目录与 Web 站点的类似,利用虚拟目录方式为 FTP 站点中不同的目录分别设置不同的权限,如读取、写入等,从而更好地管理 FTP 站点。

　　对于简单的 FTP 网站,通常不需要添加虚拟目录,只需将所有文件放在该网站的主目录中即可。如果网站比较复杂,或者需要为网站的不同部分指定不同的 URL,则可以根据需要添加虚拟目录。使用 FTP 虚拟目录时,由于用户不知道文件的具体保存位置,从而使得文件存储更加安全。

2. 利用 FTP 更新网站

　　网站在使用过程中,需要不断地更新网站内容,如果网站管理员经常位于 Internet,或者 Web 网站位于其他网络中,那么,就可以在 Web 服务器上安装 FTP 服务,利用 FTP 服务器来更新 Web 网站的文件,并利用 NTFS 权限来限制用户的访问。这也是最常用的 Web 网站更新方法。

　　如果只有一个 Web 站点,只需将 Web 站点的主目录设置为 FTP 站点的主目录,并为该目录设置访问权限,即可在 FTP 客户端对 Web 站点进行管理。当一台服务器上拥有若干虚拟 Web 站点或虚拟目录,并且这些虚拟 Web 站点或虚拟目录分别由不同的用户维护时,则可分别建立若干个虚拟 FTP 服务器,再将虚拟 FTP 服务器的主目录与虚拟 Web 服务器的主目录一一对应起来,并分别为每个虚拟 FTP 站点指定相应的授权用户,即可由各网站管理员利用 FTP 客户端实现对自己 Web 站点的管理和维护。

3. 虚拟目录的访问

　　(1) 如果使用 FlashFXP 等 FTP 软件连接 FTP 网站,可以在建立连接时,在"远程路径"文本框中输入虚拟目录的名称。

　　(2) 如果使用 Web 浏览器方式访问 FTP 服务器,可在"地址"栏中输入地址的时候,直接在后面添上虚拟目录的名称。格式为:ftp://FTP 站点的 IP 地址或者域名/虚拟目录名。

　　这样就可以直接连接到 FTP 服务器的虚拟目录中。

三、任务实施

　　本任务以更新"计算机文化基础"网站为例,设有两个管理员 lh 和 dxx,其中管理员 lh 能更新网站的主目录,管理员 dxx 只能更新网站中的虚拟目录 ddtpk。这里将默认的 FTP 站点配置为网站的更新站点。操作过程如下。

1. 步骤一:修改默认的 FTP 站点的信息

　　(1) 在 Web 服务器上安装 FTP 服务器,打开 Internet 信息服务 6.0 管理器,启动默认的 FTP 站点。

　　(2) 右键单击"Default FTP Site"站点并选择快捷菜单中的"属性"选项,打开 FTP 站点属性对话框。在"IP 地址"下拉列表中指定服务器的 IP 地址,这里服务器的 IP 地址设为192.168.1.1。避免过多用户连接到网站,在"连接数限制为"文本框中尽量设置较小的数值,这里设为最多 2 个用户可以同时连接,如图 8-44 所示。

(3) 在"主目录"选项卡中,将"本地路径"设置为 Web 网站的主目录文件夹。访问权限选择为"读取"和"写入",如图 8-45 所示。虽然这样会使网站管理员也具有"读取"权限和"写入"权限。设置完成以后单击"确定"按钮保存即可。

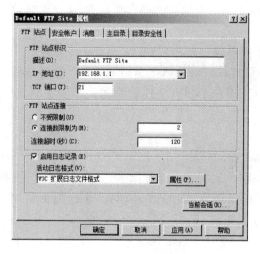
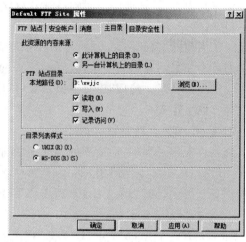

图 8-44　设置最大连接数　　　　　　　　图 8-45　设置网站权限

(4) 在"安全账户"选项卡中,取消选中"允许匿名连接"复选框,弹出如图 8-46 所示"IIS6 管理器"警告框,单击"是"按钮,禁止匿名连接,如图 8-47 所示,这样用户访问该站点时必须使用合法用户账户登录。

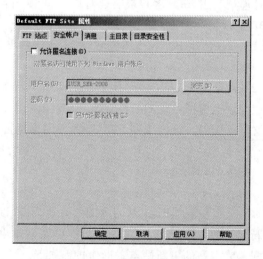

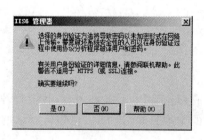

图 8-46　IIS 管理器警告框　　　　　　　图 8-47　设置禁止匿名连接

2. 步骤二:FTP 站点中创建虚拟目录

在 FTP 站点中创建 FTP 虚拟目录来对应 Web 网站的虚拟目录。具体过程如下。

(1) 在 Internet 信息服务 6.0 管理器中,右键单击要添加虚拟目录的"Default FTP Site",选择快捷菜单中的"新建"命令下"虚拟目录"选项,激活"欢迎使用虚拟目录创建向导"页面,如图 8-48 所示。

（2）单击"下一步"按钮，在打开的"虚拟目录别名"对话框中，输入所创建虚拟目录的别名，用于与其他虚拟目录相区分，如图 8-49 所示。

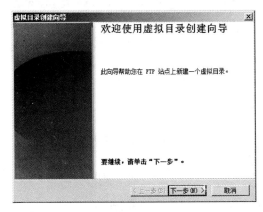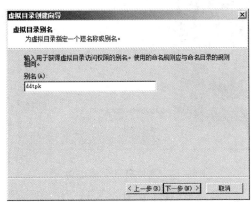

  图 8-48 进入创建虚拟目录向导   图 8-49 设置虚拟目录名称

（3）单击"下一步"按钮，打开"FTP 网站内容目录"对话框，输入所创建虚拟目录对应的物理目录路径，这里是 Web 网站的虚拟目录 d:\xwjjc\ddtpk，如图 8-50 所示。

  提示：物理目录路径一般设在同一计算机上，如果是本机的命令，可以使用"浏览"按钮定位需要创建的虚拟目录，如果位于其他计算机上，则将物理目录路径设置为其他计算机的共用文件夹，此时需在"路径"文本框输入格式为"\服务器\共享名"的网络共享路径，向导接着提示管理员输入用户账号和密码。

（4）单击"下一步"按钮，打开"虚拟目录访问权限"对话框，设置所创建的虚拟目录的访问权限，这里同样为用户选择"读取"和"写入"权限，如图 8-51 所示。

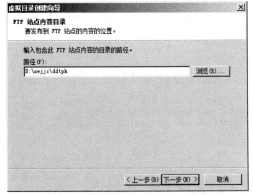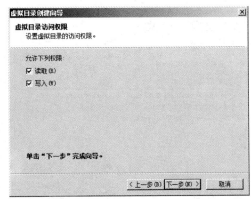

  图 8-50 设置虚拟目录的路径   图 8-51 设置虚拟目录的权限

（5）单击"下一步"按钮，激活"已成功完成虚拟目录创建向导"窗口，在如图 8-52 所示窗口中，单击"完成"按钮，完成虚拟目录的创建任务，这时可在 Internet 信息服务 6.0 管理器的"Default FTP Site"中看到新建的虚拟目录 ddtpk，如图 8-53 所示。

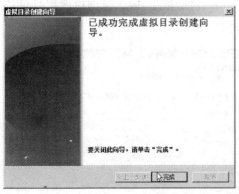
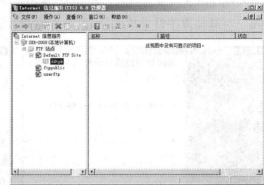

图 8-52　虚拟目录创建成功　　　　　　图 8-53　IIS中显示虚拟目录

3. 步骤三:Web 网站的 NTFS 权限

由于 FTP 服务器不能为单个用户分别指定权限,因此,需要利用 NTFS 权限来为网站管理员指定写入权限。现在要配置 FTP 站点,允许任何用户都能下载文件,但只有管理员 lh 才具有上传文件的权限。取消 NTFS 权限继承,然后添加相应的账户。

(1)打开 Web 主目录文件夹的属性对话框,在"安全"选项卡中单击"编辑"按钮,打开 "Web 的权限"对话框。单击"添加"按钮添加网站管理员账户 lh,并在权限列表中选择"完全控制"权限,如图 8-54 所示。单击"确定"按钮即可。这样,为网站管理员 lh 账户赋予了完全控制权限,就可以利用 FTP 服务器更改 Web 网站主目录中的数据了,而其他用户仍只有读取权限。

(2)按照上面的步骤,设置网站管理员 dxx 账户对虚拟目录对应的 d:\xwjjc\ddtpk 文件夹,设置赋予了完全控制权限,如图 8-55 所示。

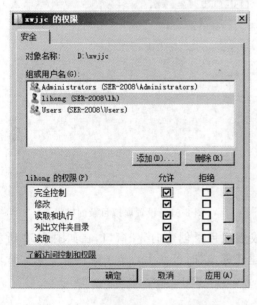
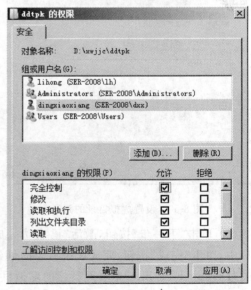

图 8-54　设置文件夹 xwjjc 的权限　　　　图 8-55　设置文件夹 ddtpk 的权限

4. 步骤四:FTP 站点客户机的设置

(1)设置 FTP 服务器的主机记录

要通过域名来访问 FTP 服务器,这里需要在 DNS 中添加 FTP 服务器对应的主机记录 ftp. nkzy. com,如图 8-56 所示。

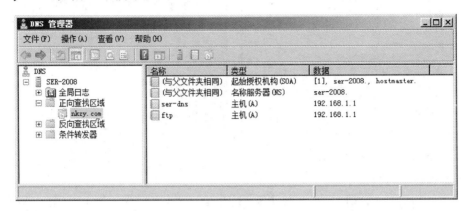

图 8-56 设置 FTP 服务器主机记录

(2)设置客户机的网络连接

在 Windows 2008 网络中,各种客户机在访问 Web 和 FTP 站点之前,必须先对其安装的 TCP/IP 协议中的 DNS 部分做必要的设置,否则将不能使用域名对服务器中的资源进行访问。在"Internet 协议(TCP/IP)"窗口,设置本机的 IP 地址和子网掩码后,输入"首选 DNS 服务器"IP 地址为 192.168.1.1。

(3)依次选择"开始"菜单中的"命令提示符",在窗口使用"ping FTP 站点所在计算机的域名",可以对域名的解析进行测试,如图 8-57 所示,表示解析成功。

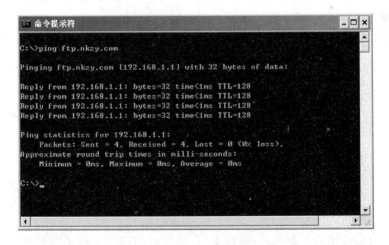

图 8-57 测试 FTP 服务器的主机记录

5. 步骤五:登录测试

(1)网站主目录的测试

配置 FTP 网站后即可进行测试。在远程计算机中,用户可以在浏览器的 URL 中,直接输入"ftp://ftp. nkzy. com/"或者 ftp://192.168.1.1/,会显示"登录身份"对话框,提示需要输入用户名和密码。如图 8-58 所示，输入网站管理员用户名和密码，单击"登录"按钮，即可登录到 Web 网站的主目录。此时，即可为 Web 网站进行更新了，如图 8-59 所示。

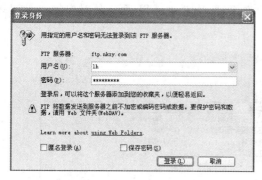

图 8-58　主目录登录身份验证

图 8-59　显示主目录内容

（2）虚拟目录的测试

同样方法，用户可启动 IE 或其他浏览器，在地址栏，直接输入"ftp：//ftp.nkzy.com/ddtpk"或者 ftp：//192.168.0.21/ddtpk，以网站管理员 dxx 身份登录，如图 8-60 所示，就可以登录网站的虚拟目录，进行发布程序的测试，如图 8-61 所示。

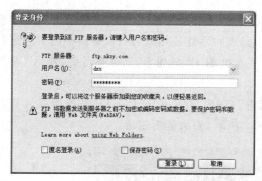

图 8-60　虚拟目录登录身份验证

图 8-61　显示虚拟目录内容

任务五　使用 Serv-U 构建 FTP 服务器

一、任务描述

随着学院网络应用的不断深入，对该 FTP 服务器的功能提出了新的应用需求，具体需求如下：重新配置 FTP 实现匿名用户下载公共文件，网站管理员 admin 拥有完全控制权，管理 FTP 站点上文件夹的内容。使用教师账号可以实现个人数据的上传与下载，学生 FTP 账号访问任课教师指定的文件夹，并能下载数据。设置将所有本地用户都锁定在家目录中，而不能访问其他文件夹，还可以设置相应的安全性。

二、相关知识

IIS 中集成的 FTP 服务使用很方便,但功能并不强,与专业的 FTP 服务器软件相比还是要逊色得多。FTP 服务器软件有很多,其中以 Serv-U 功能最强大。

1. Serv-U 介绍

Serv-U 是一种使用简单、功能强大、被广泛运用的 FTP 服务器端软件,支持全 Windows 操作系统系列。可以设定多个 FTP 服务器、限定登录用户的权限、登录主目录及空间大小等,功能非常完备。

2. 主要功能

(1) 支持多用户接入,支持匿名用户,可限制用户登录数量。

(2) 运行多个 FTP 服务器和多个 FTP 站点。

(3) 可以对用户单独管理,也可使用组管理。

(4) 可以对用户的下载或上传速度进行限制。

(5) 对目录或文件实现安全管理。

(6) 基于 IP 对用户授予或拒绝访问权限。

三、任务实施

1. 步骤一:规划 FTP 站点的目录

在 C 盘根目录下创建 teacher 文件夹,在 teacher 文件夹下,创建三个子文件夹 public、teacher1 和 teacher2。

2. 步骤二:安装 Serv-U 软件

Serv-U 可以安装在所有的 Windows 操作系统上。Serv-U 有多种版本,这里以 Serv-U FTP Server 11.1.0.7 为例。Serv-U 的安装很简单,只需要运行安装文件,全部选默认选项即可,安装过程就不再细说了,安装完成后不需重新启动。

3. 步骤三:建立 FTP 服务器

(1) 双击打开桌面上 Serv-U 图标,弹出如图 8-62 所示对话框,提示用户当前的 Windows 2008 系统启用了"Internet 增强安全配置"。需要用户按照提示将 http://localhost 或 http://127.0.0.1 添加到控制面板下"Internet 选项|安全"中受信任的站点中。

(2) 单击"确定"按钮后,出现如图 8-63 所示的"Serv-U 的初始配置"对话框,该对话框提示用户"当前没有已定义的域。您现在要定义新域吗?",在此选择"是"按钮。

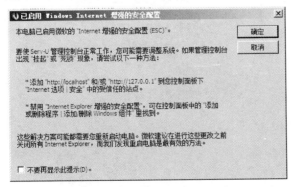

图 8-62　Internet 增强安全配置

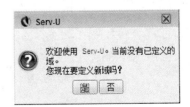

图 8-63　Serv-U 初始配置

（3）出现如图 8-64 所示的配置域名界面，通过域名来访问 FTP 服务器是一种常规做法，可以配合以前的 DNS 服务器，设置该 FTP 服务器的 A 记录 ftp.nkzy.com。

（4）单击"下一步"按钮后，打开如图 8-65 所示的配置服务界面。安装 Serv-U 之后不仅开启了 FTP 的常规端口 21，还默认安装了支持 SSL 的 FTPS 端口 990、SSH 服务的 22 端口、Web 管理服务的 80 端口以及 HTTPS 服务的 443 端口。

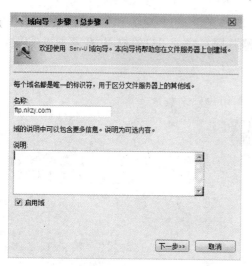

图 8-64　配置域名

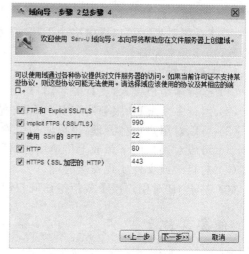

图 8-65　配置服务

（5）单击"下一步"按钮，出现如图 8-66 所示的配置 IP 地址界面，如果保持默认值，则所有本地 IP 都可以发布 FTP，在此选择服务器对应的本地 IP 地址 192.168.1.1。

（6）单击"下一步"按钮后出现如图 8-67 所示的配置加密方式界面，Serv-U 有多种密码加密模式用来保护用户的密码，甚至可在用户忘记密码的时候恢复密码，这些功能都是 Windows Server 2008 集成的 FTP 服务器所无法比拟的，通常我们选择默认的"使用服务器设置（加密：单向加密）"即可，单击"完成"按钮，完成 Serv-U 服务器的初始配置。

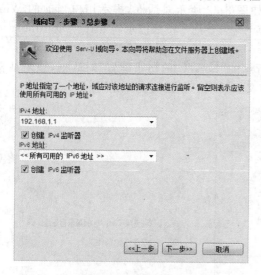

图 8-66　配置 IP 地址

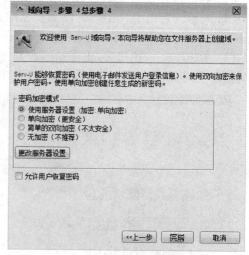

图 8-67　配置加密方式

4．步骤四：配置 FTP 服务

（1）规划用户及其访问权限

软件安装之后，会提示设置账户，软件支持多账户管理，所以在设置时，根据不同需要，设置不同权限等级的账户。

admin 账号是整个网站的管理者，可以向 Teacher 文件夹中上传数据和修改数据；而匿名账号访问 FTP 服务器仅能下载 Public 的数据；教师账号登录可以在自己的私有文件夹下存放和修改自己的数据；学生账号登录可以下载自己教师的作业。用户及其访问权限的具体说明如表 8-1 所示。

表 8-1　用户及其访问权限

用户	文件夹（主目录）	权限
admin	C:\teacher	完全访问
anonymous	C:\teacher\public	完全访问
teacher1	C:\teacher\teacher1	完全访问
student1	C:\teacher\teacher1	只读
teacher2	C:\teacher\teacher2	完全访问
student2	C:\teacher\teacher2	只读

（2）建立 teacher1 账号及其访问权限

① 单击 Serv-U 控制台主页的窗口中，选择"用户"选项卡，出现如图 8-68 所示的"Serv-U 管理控制台-用户"窗口。

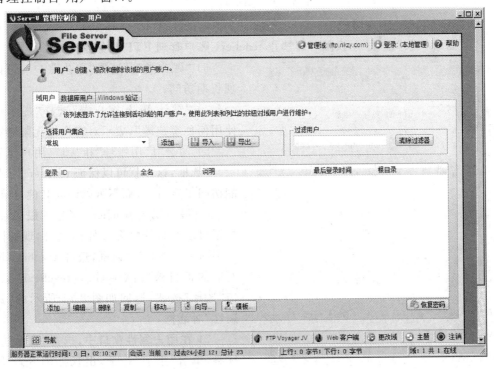

图 8-68　Serv-U 用户窗口

② 单击下侧的"添加"按钮,出现如图 8-69 所示的"用户属性"对话框。

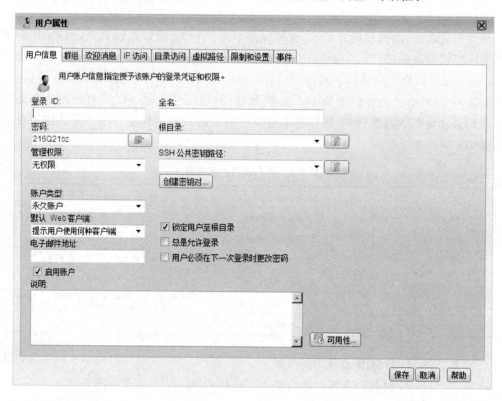

图 8-69　用户属性窗口

1)"登录 ID"处输入用户 teacher1,"密码"为"abcdef123";

2)"管理权限"选择"无权限",即禁止 teacher1 账户管理 FTP 服务器;

图 8-70　选择用户根目录

3)"账户类型"选择"永久账户",可以实现长期访问;

4)"默认 Web 客户端"选择"提示用户使用何种客户端",表示对客户端无限制;

5)勾选"启用账号"和"锁定用户至根目录"复选框,这样就可以保证 teacher1 账号仅能访问指定目录,而不可以访问其他目录;

6)最后指定 teacher1 账号的根目录,选择根目录右边的打开文件标签,出现如图 8-70 所示的"浏览"对话框,选择 teacher1 账户对应的根目录"c:\teacher\teacher1"后,单击"选择"按钮,返回如图 8-71 所示的"用户属性"对话框。

7)在用户属性窗口中,选择"目录访问"标签,单击"添加"按钮,出现如图 8-72 所示的设置目录访问权限对话框,在对话框中,路

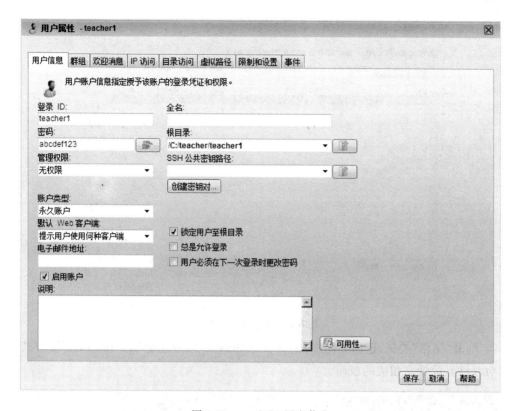

图 8-71　teacher1 用户信息

径设置为 teacher1 账户对应的根目录 C：/teacher/teacher1 后，设置访问权限为"完全访问"及选择子目录的"继承"权限。

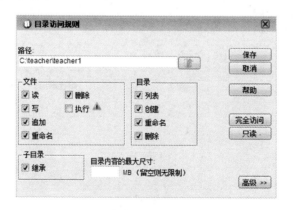

图 8-72　目录访问规则

8）单击"保存"按钮后返回，至此该 teacher1 账户实现了下载和修改数据的功能，如图 8-73 所示。

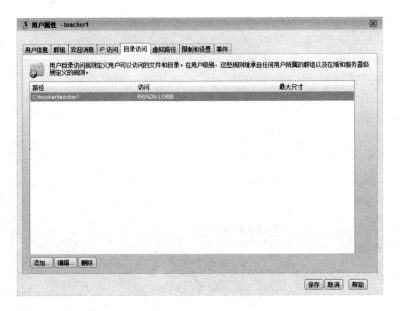

图 8-73　用户权限列表

9）单击"保存"按钮，返回如图 8-74 所示的 Serv-U 用户主界面。teacher1 用户已经创建成功并已经设置完相应的权限。

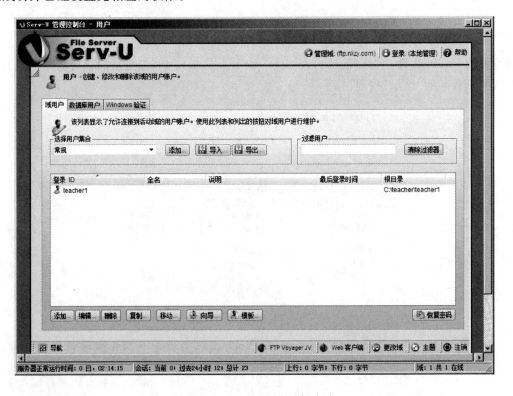

图 8-74　teacher1 用户添加成功

（3）配置其他账号及其访问权限

采用同样的方法添加账号 admin、teacher2、student1、student2 和 anonymous，并按表 8-1设置相应的访问权限，添加成功后，如图 8-75 所示。

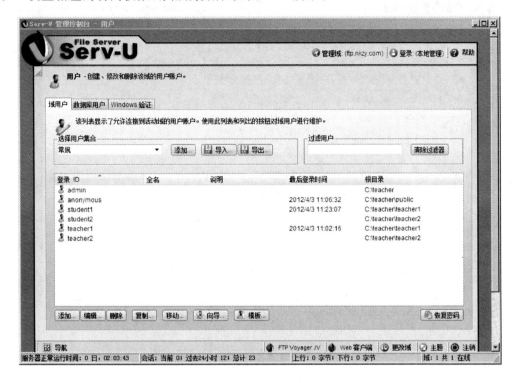

图 8-75　配置完成后的用户列表

提示：如果用户图标上有黄色的感叹号，意味着该账户的目录权限没有添加，该账号不可使用。

5．步骤五：Serv-U FTP 服务器的安全设置

在 Windows Server 2008 系统中，FTP 服务可以执行的安全配置非常有限，更多的安装规则需要通过组策略来实现，对管理员的水平要求较高。而 Serv-U 本身就可以为 FTP 网站或者 FTP 服务器配置安全规则，如限制 IP 地址的访问、限制用户的连接数量、为 FTP 连接进行加密等。这里只设置限制 192.168.1.5～192.168.1.25 的 IP 地址拒绝访问。

（1）在控制台主页中单击"服务器详细信息"，打开"服务器详细信息"窗口。在"IP 访问"选项卡中，即可设置 IP 地址访问规则，如图 8-76 所示。

（2）单击"添加"按钮，弹出"IP 访问规则"对话框。在"IP 地址/名称/掩码"文本框中，输入 IP 地址或者 IP 地址段，这里设置 IP 地址段 192.168.1.5～192.168.1.25，并选择"拒绝访问"单选按钮，如图 8-77 所示。

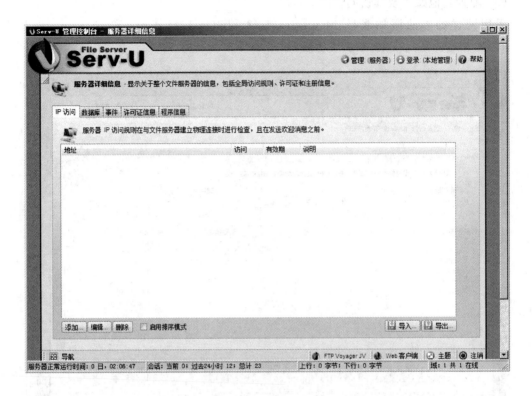

图 8-76　服务器详细信息

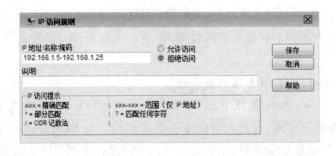

图 8-77　添加 IP 访问规则

（3）单击"保存"按钮，IP 访问规则设置完成，所添加的 IP 地址段将不允许访问 FTP 网站，如图 8-78 所示。按照此操作，可继续添加其他 IP 地址。

6. 步骤六：FTP 测试

在 FTP 客户端上使用这几个账户登录，进行 FTP 访问测试。其中以 teacher1 用户身份登录到 FTP 服务器上，界面如图 8-79 所示。

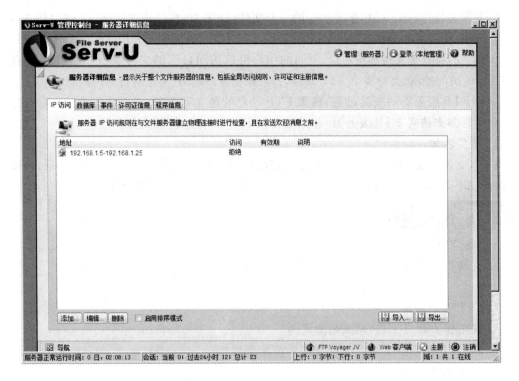

图 8-78　IP 访问规则

图 8-79　客户机测试

单元总结

1. 知识要点

用户联网的主要目的就是实现信息共享,文件传输是信息共享非常重要的内容之一。FTP(文件传输协议)是一个在 TCP/IP 网络中传输文件的协议。在众多的网络应用中,FTP 有着非常重要的地位,各种各样的软件资源大多数都是放在 FTP 服务器中的。

FTP 服务使用两个 TCP 连接来传输一个文件,使用 20 端口传送数据,21 端口传送控制信息。IIS 中可以创建 3 种模式的 FTP 站点:不隔离用户、隔离用户和用 Active Directory 隔离用户。FTP 的特点是支持虚拟目录、不同的用户可以访问自己的主目录、利用 NTFS 的优点实现灵活的访问控制、支持多个 FTP 站点,并可根据客户端 IP 地址进行访问控制。

学会 FTP 服务器的安装过程,熟悉 FTP 站点的建立和管理,应能熟练通过命令行方式访问和浏览器来访问 FTP 服务器,并灵活使用 FTP 命令来传输文件。

2. 相关名词

FTP,文件传输,上传,下载,控制连接,数据连接,FTP 站点,主目录,虚拟目录,物理目录,访问权限,消息,安全账户,匿名账户,URL,最大连接数,目录安全性。

知识测试

一、填空题

1. 目前有很多很好的 FTP 客户端软件,比较著名的有 _____、_____、_____ 等。

2. FTP 身份验证方法有两种:_____ 和 _____。

3. 设定客户访问 FTP 站点的方式为 _____、_____ 和 _____。

4. 在 FTP 服务器上用户一般会建立两类连接 _____ 和 _____。

5. FTP 的中文是 _____。

6. FTP 系统是一个通过 Internet 传输 _____ 的系统。

7. FTP 的主要功能是 _____ 和 _____。

8. FTP 的主要应用是 _____、_____ 和 _____。

二、选择题

1. ( )是 FTP 可以传输的文件形式。

A. 文本文件   B. 二进制可执行文件

C. 数据压缩文件   D. 以上全部

2. FTP 服务默认设置两个端口,其中端口( )用于监听 FTP 客户机的连接请求,在整个会话期间,该端口一直被打开。

A. 20   B. 21   C. 25   D. 80

3. FTP 服务默认设置两个端口,其中端口( )用于传输文件,只在传输过程中打开,传输完毕后关闭。

A. 20   B. 21   C. 25   D. 80

4. 在使用 FTP 命令行访问 FTP 服务器时,( )可以将远程 FTP 服务器上的文件下载到本机上。

A. open   B. cd   C. bye   D. get

5. 在默认情况下,FTP 服务器的匿名访问用户是( )。

A. Administrator   B. Anonymous

C. Guest   D. IUSR_D

6. 如果 setup. exe 文件存储在一个名为 jlu. edu. cn 的 ftp 服务器上,那么下载该文件使用的 URL 为( )。

A. http://jlu.edu.cn/setup.exe   B. ftp://jlu.edu.cn/setup.exe

C. rtsp://jlu.edu.cn/setup.exe   D. mns://jlu.edu.cn/setup.exe

7. 使用 FTP 命令行来访问 FTP 站点时,(　　)命令可以更改远程计算机上的目录。

A. cd   B. md   C. dir   D. put

8. 使用 IE 浏览器访问 FTP 站点时,格式为:(　　)。

A. http://用户名@密码:FTP 站点的 IP 地址或 DNS 域名

B. http://用户名:密码@FTP 站点的 IP 地址或 DNS 域名

C. ftp://用户名@密码:FTP 站点的 IP 地址或 DNS 域名

D. ftp://用户名:密码@FTP 站点的 IP 地址或 DNS 域名

9. 下面(　　)个软件不能用作 FTP 的客户端。

A. IE 浏览器   B. LeadFtp   C. CuteFtp   D. ServU

10. 下面有关隔离用户方式的描述正确的是(　　)。

A. 必须在 FTP 站点的主目录下为每一个用户分别创建一个专用的文件夹

B. 文件夹的名称必须与用户的登录账户名称相同

C. 用 Active Directory 隔离用户创建的用户主目录不一定必须在 FTP 站点的主目录下

D. 用户登录该 FTP 站点时,默认直接访问该用户对应的文件夹,同时也可以访问其他用户的文件夹

11. 连接 FTP 服务器使用(　　)命令

A. telnet   B. open   C. con   D. discon

12. 下列不属于 URL 的是(　　)。

A. http://www.163.com   B. www.163.com

C. ftp://www.163.com   D. ftp://www.263.com:1000

三、实训

某公司企业网中有一台安装了 Windows Server 2008 系统的计算机,在这台计算机上搭建 FTP 服务器,实现企业员工之间文件传输。具体要求如下。

(1) 安装和配置 FTP 服务器。

(2) 创建 FTP 站点,设置所有用户都能访问但不能上传,并设置 FTP 站点的标识、连接限制、消息提示、身份验证、IP 限制等参数。

(3) FTP 站点中创建一个虚拟目录,使所有用户在该虚拟目录中均具有上传文件和文件夹的权限。

(4) 在 FTP 服务器上创建一个用户账户,再为他创建隔离 FTP 站点。

(5) 建立 DNS 服务器,正常解析 FTP 服务器域名 ftp.feida.com。

(6) 使用域名 ftp.feida.com 登录到 FTP 服务器,进行应用测试。

项目九

构建邮件服务器

项目描述

电子邮件用来在网络中进行信息的传递和交流,它是互联网最早、最为经典的应用。它具有方便、快捷和低廉的特点,使用它成为网络中最流行的一种通信方式,可以说改变了人们交流、沟通的方式,所以电子邮件服务是 Internet 网上最基本的服务之一。

为了提高办公效率、强化竞争力,许多企事业单位除了在 Internet 上租用了企业邮箱,也在内部网上建立自己的邮件服务器。企业员工在企业内部网中收发邮件,邮件服务器自动收取企业邮箱中的信息。

学习目标

➢ 能够了解电子邮件的基本知识和电子邮件的格式
➢ 了解电子邮件的传递过程
➢ 掌握电子邮件系统的组成
➢ 熟悉 SMTP 组件的安装、SMTP 服务器属性的设置
➢ 学会创建 SMTP 域以及 SMTP 虚拟服务器
➢ 掌握 Winmail Server 邮件服务器的安装和配置
➢ 掌握 Outlook Express 客户端软件收发电子邮件
➢ 了解 Web 方式收发电子邮件的方法

任务一　安装和配置 SMTP 服务器

一、任务描述

某学校已经组建了校园内部网络,由于电子邮件已经成为现代办公、个人交流必不可少的重要工具,特在校园网内一台 Windows Server 2008 系统的计算机上架设 SMTP 邮件服务器,实现邮件的发送。该邮件服务器的 IP 地址为 192.168.1.11。网络结构示意图如图 9-1 所示。

发件者

SMTP服务器
IP地址：192.168.1.11

图 9-1 网络结构示意图

二、相关知识

1. 电子邮件

电子邮件(Electronic mail)，简称"E-mail"，俗称"伊妹儿"，是指用户利用计算机网络相互交换电子媒体信件，以进行通信、联络的一种方式。全世界每天都有许多人在使用电子邮件，电子邮件已经成为人们生活中的一个重要部分，这都要归功于电子邮件独特的魅力。与传统的邮件相比，主要有两个明显的优势：一是电子邮件的传递速度非常快，通常只需要几秒种，就可以把一封电子邮件发送到世界的任何一个地方；二是电子邮件可传递的内容非常多，除一般的文字信息外，还可以传递图片、音频、视频等多媒体信息。因此，电子邮件正逐渐成为人们沟通交流的主要方式之一。

2. 电子邮件系统的组成

一个电子邮件系统有 3 个主要组成部件：电子邮件客户端软件、邮件服务器以及电子邮件服务所使用的协议。各个组件的功能如下。

(1) 邮件服务器。邮件服务器是指专门用于邮件服务的计算机，能够实现电子邮件的服务、接收与发送，并管理电子邮件系统的用户。在 Internet 和 Intranet 上构建电子邮件服务，一般需要建立两种服务器，即发送邮件服务器和接收邮件服务器。组建大型网络可以选用功能强大的 Microsoft Exchange Server，组建中小型网络可以选用操作系统内置的软件或选第三方软件。

(2) 电子邮件客户端软件。用于收发、撰写和管理电子邮件的软件。例如，Windows 的 Outlook Express 以及 Foxmail，Linux 中的 mail 等。其功能是从邮件服务器检索电子邮件，并将其传送到用户的本地计算机上，通常由用户自行管理。

(3) 邮件服务协议。电子邮件在发送和接收时所遵守的协议，常用的电子邮件协议有 SMTP、POP2、POP3、MIME、IMAP4。

3. 电子邮件服务协议

电子邮件在发送与接收过程中都要遵循 SMTP、POP3 等协议，这些协议确保了电子邮件在各种不同系统之间的传输。其中 SMTP 负责电子邮件的发送，而 POP3 则用于接收电子邮件。

(1) SMTP

SMTP 称为简单邮件传输协议(Simple Mail Transfer Protocol)，是一种可靠且有效的电子邮件传输协议。它负责接收用户送来的邮件，并根据收件人地址发送到对方的邮件服务器中,同时还负责转发其他邮件服务器发来的邮件。SMTP 服务器则是遵循 SMTP 协议的发送邮件服务器,用来发送发出的电子邮件。

SMTP 是个请求/响应协议,它使用的标准 TCP 端口号为 25,它的一个重要特点是能够在传送中接力传送邮件,即邮件可以通过不同网络上的主机接力式传送。

(2) POP3

POP 称为邮局协议(Post Office Protocol),是一种允许用户从邮件服务器读取邮件的协议。它有 POP2 和 POP3 两个版本,都具有简单的电子邮件"存储转发"功能。现在常用的是 POP3。POP3 协议要检测用户的登录名和口令,负责从接收端邮件服务器的邮箱中下载自己的电子邮件,同时删除保存在邮件服务器上的邮件。POP3 协议的 TCP 端口号为110。POP3 服务器则是遵循 POP3 协议的接收电子邮件的服务器。

4. 电子邮箱

在网络中,每个人的电子邮件地址都是唯一的。一个完整的电子邮件地址由邮箱账户名、@符号和邮件服务器域名组成。例如 liming@163.com,其中"liming"是用户的邮箱账号名,@表示"在"的意思,即英文单词 at,"163.com"表示用户邮箱账号所使用的 E-mail 服务器的地址。一般情况下,每个电子邮件用户都在邮件服务器中有一个不同的目录,用于存放用户交换的电子邮件。

5. 电子邮件服务传递过程

如果电子邮件的发件人和收件人邮箱都位于同一台邮件服务器中,它会利用以下方法进行邮件传递,如图 9-2 所示。

(1) 发送方通过邮件客户程序,将编辑好的电子邮件向邮件服务器(SMTP 服务器)发送。发送方先利用 TCP 连接端口 25,将电子邮件传送到邮件服务器上,然后这些邮件会先保存在队列中。

(2) 邮件服务器识别接收者的地址,并向管理该地址的邮件服务器(POP3 服务器)发送消息。接收方登录自己的邮件服务器,从其邮箱中下载并浏览电子邮件,整个邮件传递过程也随之完成。

图 9-2　本地网络邮件传递过程

三、任务实施

在 Windows Server 2003 中已经能正常地使用 POP3 和 SMTP 服务进行邮件服务器的配置了,但在 Windows Server 2008 的系统中只有 SMTP 服务,没有 POP3 服务。在这个任务中,要实现在 Windows Server 2008 系统中搭建出一个功能强大的邮件发送服务器。

1. 步骤一：安装 SMTP 服务

Windows Server 2008 默认安装的时候没有集成 SMTP 服务器组件，因此首先需要安装 SMTP 组件，具体的操作步骤如下。

（1）在服务器中选择"开始"菜单中的"服务器管理器"命令，打开服务器管理器窗口，选择左侧"功能"选项之后，如图 9-3 所示，单击右侧的"添加功能"链接，启动"添加功能向导"对话框。

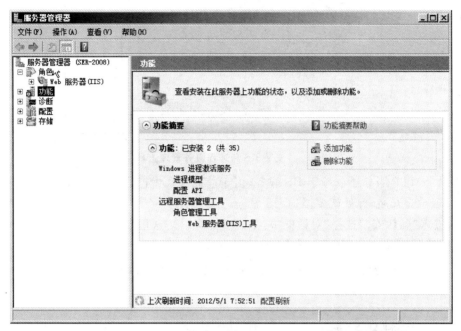

图 9-3 服务管理器中添加功能

（2）单击"下一步"按钮，进入"选择功能"对话框，勾选"SMTP 服务器"复选框，如图 9-4 所示。

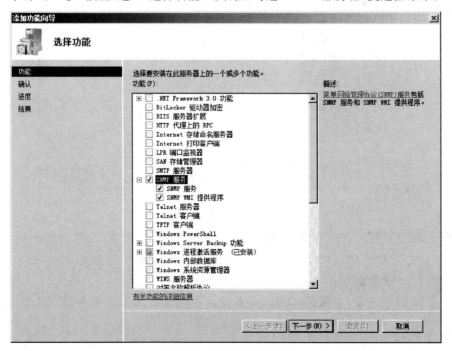

图 9-4 选中 SMTP 服务

（3）由于 SMTP 依赖远程服务等服务，因此会出现"远程服务器管理工具"的对话框，如图 9-5 所示，单击"添加必需的角色服务"按扭，然后在"选择功能"对话框中单击"下一步"按钮继续操作。

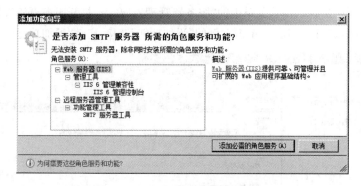

图 9-5 安装 IIS 和远程服务管理工具

提示：SMTP 服务还依赖于 IIS 服务，由于前面项目中已完全安装 IIS 7.0，此处就不会显示，若没有安装，此处就要添加 IIS 服务。

（4）进入"确认安装选择"对话框中，如图 9-6 所示。这里显示了 SMTP 服务器安装的详细信息，确认安装这些信息后，单击"安装"按钮。

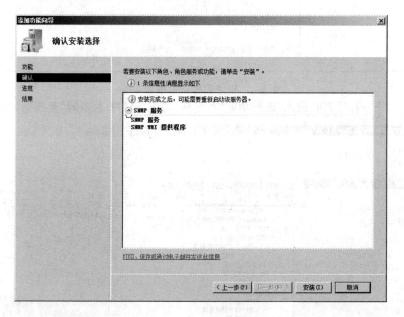

图 9-6 确认安装选择

提示：SMTP 服务依赖于"Web 服务器"和"远程服务器管理工具"这两个服务，由于前面章节已完全安装 IIS 7.0，此处就不会显示"Web 服务器"，若没有安装 IIS 7.0，此处就要添加"Web 服务器"。

（5）进入"安装进度"对话框，如图 9-7 所示。这里显示 SMTP 服务器安装的过程。

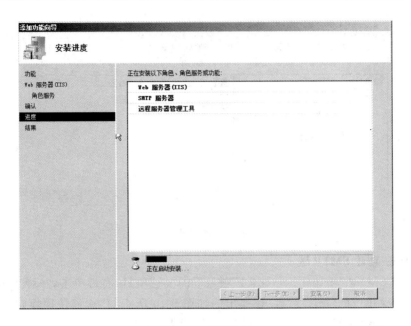

图 9-7　安装进度

（6）安装 SMTP 服务器之后，在如图 9-8 所示的对话框中，可以查看到 SMTP 服务器安装完成的提示，此时单击"关闭"按钮退出添加功能向导。

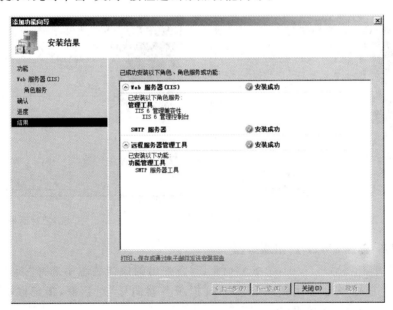

图 9-8　安装结果

2. 步骤二：打开 SMTP 服务

SMTP 服务器安装完成之后不能提供相应的服务，还需要对 SMTP 服务器进行相应的设置。由于 SMTP 服务器还是使用老版本 IIS 6.0 的管理器来管理，具体操作过程为：选择"管理工具"中的"Internet 信息服务 6.0 管理器"命令，打开 Internet 信息服务 6.0 管理器，依次展开"本地计算机"中的"SMTP Virtual Server ♯ 1"，如图 9-9 所示。

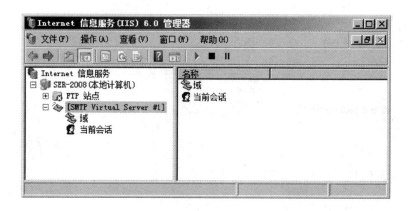

图 9-9　SMTP 服务器

3. 步骤三：创建 SMTP 域

（1）选中"SMTP Virtual Server♯1"项目下的"域"项目，右键单击，从弹出的快捷菜单中选择"新建"菜单中的"域"命令。在弹出的如图 9-10 所示的"欢迎使用新建 SMTP 域向导"对话框中，选择"远程"单选按钮，将域类型设置为"远程"。

（2）单击"下一步"按钮，在弹出的如图 9-11 所示的"域名"对话框中，输入 SMTP 邮件服务器的域名信息，此时输入"nkzy.com"。单击"完成"按钮，这时添加新域"nkzy.com"的过程已经结束。

图 9-10　欢迎使用新建 SMTP 域向导

图 9-11　"域名"对话框

4. 步骤四：创建 SMTP 虚拟服务器

（1）右键单击"SMTP Virtual Server♯1"，在弹出的快捷菜单中选择"新建"中的"虚拟服务器"命令，进入"欢迎使用新建 SMTP 虚拟服务器向导"对话框，指定虚拟服务器的名称，这里设定 smtpserver，如图 9-12 所示。

（2）单击"下一步"按钮，在"选择 IP 地址"对话框下拉列表中选择 SMTP 虚拟服务器的 IP 地址，设置其值为 192.168.1.11，如图 9-13 所示。

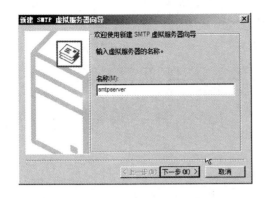 

图 9-12　新建 SMTP 虚拟服务器向导　　　　图 9-13　"选择 IP 地址"对话框

（3）单击"下一步"按钮，在如图 9-14 所示的"选择主目录"对话框中需要设置 SMTP 的目录，系统默认目录为"C:\inetpub\mailroot"，一般不需要更改。

（4）单击"下一步"按钮，在如图 9-15 所示的"默认域"对话框中输入 SMTP 虚拟服务器的域名，输入刚建好的域"nkzy.com"，单击"完成"按钮，就完成了 Windows Server 2008 中的 SMTP 服务器的设置。

图 9-14　"选择主目录"对话框　　　　　　图 9-15　"默认域"对话框

5．步骤五：设置 smtpserver 虚拟服务器属性

SMTP 服务器已经创建成功，可在右部区域中查看到刚才新增的 smtpserver，如图 9-16 所示。此时右键单击新建的 smtpserver，并从弹出的快捷菜单中选择"属性"命令，可以根据需要对 smtpserver 虚拟服务器的属性进行相应设置。在弹出的对话框中共有 6 个选项卡，各选项卡相关设置如下。

（1）"常规"选项卡

如图 9-17 所示，该选项卡可以配置 SMTP 虚拟服务器的基本设置，如 IP 地址、限制连接数、连接超时及是否启用日志记录等选项。

①"IP 地址"下拉列表。选择 SMTP 服务器的 IP 地址，打开"高级"对话框，可以设置 SMTP 服务器的端口号，或者添加多个 IP 地址，通常所用的 25 号端口是不能改变的。如图 9-18 所示。

②"限制连接数不超过"复选框。设置允许同时连接的用户数，如果未选中，则没有限制。连接数最小值为 1。

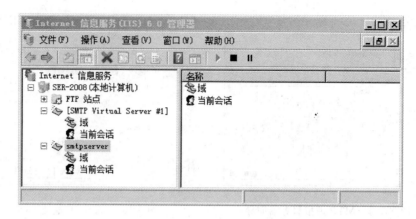

图 9-16   smtpserver 虚拟服务器

③"连接超时"文本框。定义用户连接的最长时间,默认值是 10 分钟,超过这个数值时,则 SMTP Server 将关闭处于非活动状态的连接。

④"启用日志记录"复选框。服务器将记录客户端使用服务器的情况,而且在"活动日志格式"下拉列表中,可以选择活动日志的格式。

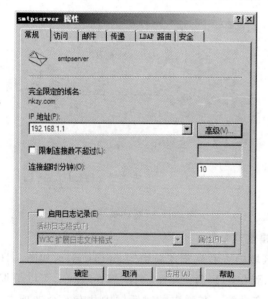

图 9-17   常规选项卡

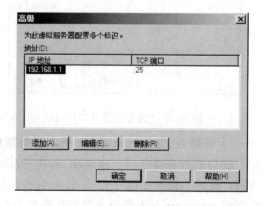

图 9-18   高级设置

(2)"访问"选项卡

如图 9-19 所示,可以设置客户端访问 SMTP 服务器的方式,并且设置数据传输安全属性。各选项的功能如下。

① 身份验证。单击"身份验证"按钮,在弹出的"身份验证"对话框中,可以设置用户使用 SMTP 服务器的验证方式,如图 9-20 所示。

1)匿名访问:允许任意用户连接使用 SMTP 服务器,而不用输入用户名和密码。

2)基本身份验证:要求提供用户名和密码才能够使用 SMTP 服务器。由于密码在网络上是以明文的形式发送的,这些密码很容易被截取,因此可以认为安全性很低。

3)集成 Windows 身份验证:只要有 Windows 身份就可以使用 SMTP 服务器,集成

Windows 身份验证是一种安全的验证形式。

② 证书。如果在基本身份验证时要使用 TLS 加密，则必须创建密钥对，并配置密钥证书。然后，客户端才能够使用 TLS 将加密邮件提交给 SMTP 服务器，再由 SMTP 服务器进行解密。

③ 连接控制。允许或拒绝特定列表中的 IP 地址的访问权限。

④ 中继限制。允许或拒绝通过此 SMTP 虚拟服务器中继电子邮件。

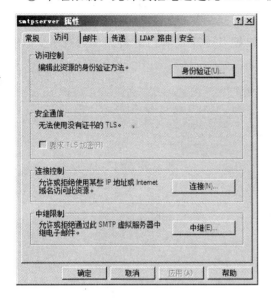

图 9-19　访问选项卡　　　　　　　　　　图 9-20　身份验证

（3）"邮件"选项卡

如图 9-21 所示，可以设置 SMTP 服务器中客户端发送邮件的大小限制、会话连接限制、每个连接的邮件数限制、每个邮件的收件人数限制、邮件副本、私信目录等，以提高 SMTP 服务器的整体效率。

（4）"传递"选项卡

如图 9-22 所示。设置对于不能一次发送成功的邮件重试发送的时间间隔和过期时间。

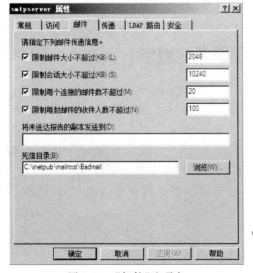
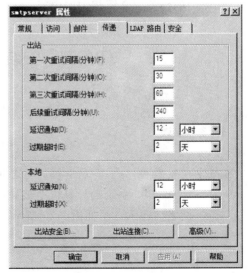

图 9-21　"邮件"选项卡　　　　　　　　　图 9-22　"传递"选项卡

（5）"LDAP 路由"选项卡

如图 9-23 所示。指定用于 SMTP 虚拟服务器的目录服务器的标识和属性,目录服务存储与邮件客户端及其邮箱有关的信息。SMTP 虚拟服务器使用"轻便目录存取协议（LDAP）"与目录服务进行通信。

（6）"安全"选项卡

如图 9-24 所示。可以指派哪些用户账户具有 SMTP 虚拟服务器的操作员权限,默认情况下有 3 个用户具有操作员权限。当然也可以把其他用户和组成员添加到列表中,使他们成为 SMTP 服务器的成员。

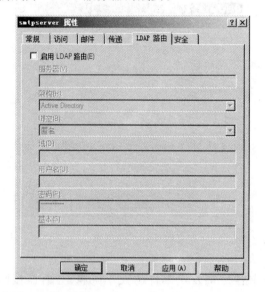

图 9-23　"LDAP 路由"选项卡　　　　　　图 9-24　"安全"选项卡

6. 步骤六:发送邮件测试

可在局域网上使用 Outlook Express 等客户端软件进行发送邮件的测试,这里不细说了,会在后面的任务中介绍相关的内容。

任务二　安装和配置邮件服务

一、任务描述

在某学校校园网,为了满足学校员工之间在校园网正常收发电子邮件,在校园网内一台 Windows Server 2008 系统的计算机上架设邮件服务器。该邮件服务器的 IP 地址为 192.168.1.11。网络结构示意图如图 9-25 所示。

图 9-25　网络结构示意图

二、相关知识

由于 Windows Server 2008 没有 POP 服务，所以不能实现邮件的接收。Windows Server 2008 要实现邮件的接收和发送，必须借助 FTP 服务软件。如果需要使用真正专业的 Microsoft 邮件服务，一般选择 Exchange Server，这是一个庞大的企业级邮件系统。在要求不是很高的场合，可以使用一般的第三方邮件服务器软件，这些软件中国产的有 Foxmail、Magic Winmail Server 等。

Magic Winmail Server 是安全、易用、全功能的邮件服务器软件，支持 SMTP、ESMTP、POP3、IMAP、Webmail(Web 邮件)、LDAP(公共地址簿)、多域、发信认证、反垃圾邮件、邮件过滤等标准邮件功能。这里我们就利用 Magic Winmail Server 在网络中搭建邮件服务器。

三、任务实施

1. 步骤一：安装 Magic Winmail Server

Magic Winmail Server 的安装过程和一般的软件类似，下面只给一些要注意的步骤，如安装组件、安装目录、运行方式以及设置管理员的登录密码等。

（1）开始安装

双击安装文件，看到安装程序欢迎界面，单击"下一步"按钮，进入"使用许可协议"对话框，如图 9-26 所示，选择"我接受该协议"即可，单击"下一步"按钮，进入"选择目标文件夹"对话框，如图 9-27 所示。

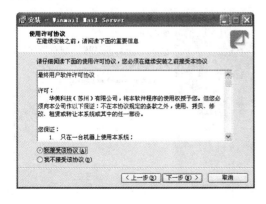

图 9-26　使用许可协议

图 9-27　选择目标文件夹

提示：请不要用中文目录，因为中文目录在注册控件的时候会找不到正确的路径，导致系统可能无法正常地运行。

（2）选择安装组件

单击"下一步"按钮，进入"选择组件"对话框，如图 9-28 所示。Winmail Server 主要的组件有服务器程序和管理端工具两部分。服务器程序主要是完成 SMTP、POP3、ADMIN、HTTP 等服务功能。管理端工具主要是负责设置邮件系统，如设置系统参数、管理用户、管理域等。

（3）选择附加任务

单击"下一步"按钮，进入"选择附加任务"对话框，如图 9-29 所示。服务器核心运行方式主要有两种：作为系统服务运行和单独程序运行，建议作为系统服务运行。同时在安装过程中，如果是检测到配置文件已经存在，安装程序会让用户选择是否覆盖已有的配置文件，注意升级时要选择"保留原有设置"。

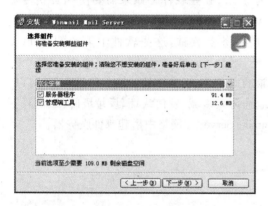

图 9-28 选择组件   图 9-29 选择附加任务

（4）设置密码

在上一步中，如果用户选择覆盖已有的配置文件或第一次安装，则安装程序还会让用户输入系统管理员密码，系统管理员名字是 admin，为了安全请设置一个复杂的密码，以防以后在不注意的情况下这些账户被人利用来发垃圾邮件，这个以后是可以修改的。如图 9-30 所示。单击"下一步"按钮后，进入如图 9-31 所示的"安装完成"对话框。

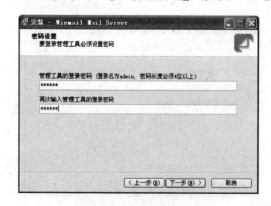

图 9-30 密码设置   图 9-31 安装完成

安装完成后可运行 Winmail,如果系统托盘区显示一个绿色邮件的图标,则说明安装成功;如果显示一个红色的叉,则程序启动失败。

2. 步骤二:Winmail Server 初始化配置

在安装完成后,管理员必须对系统进行一些初始化设置,系统才能正常运行。服务器在启动时如果发现还没有设置域名,会自动运行快速设置向导,用户可以用它来简单快速地设置邮件服务器。

在"快速设置向导"窗口中,用户输入一个要新建的邮箱地址及密码,如输入 tom@nkzy.com,单击"设置"按钮,设置向导会自动查找数据库是否存在要建的邮箱以及域名,如果发现不存在,向导会向数据库中增加新的域名和新的邮箱,同时向导也会测试 SMTP、POP3、ADMIN、HTTP 服务器是否启动成功。设置结束后,在"设置结果"栏中会报告设置信息及服务器测试信息,如图 9-32 所示。设置完毕后单击"关闭"按钮退出。

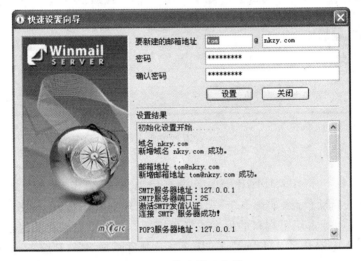

图 9-32 快速设置向导

3. 步骤三:Winmail 管理工具设置

(1) 打开 Winmail 管理端工具

在开始菜单中,选择"Magic Winmail"下面的"Magic Winmail 管理端工具"命令。出现如图 9-33 所示的窗口,用户可以使用用户名和在安装时设定的密码进行登录。

图 9-33 连接服务器

（2）查看系统服务状态

① 系统服务

管理工具登录成功后，使用"系统设置"下面的"系统服务"可以查看系统的 SMTP、POP3、IMAP 等服务是否正常运行。如图 9-34 所示，绿色的图标表示服务成功运行。红色的图标表示服务停止。

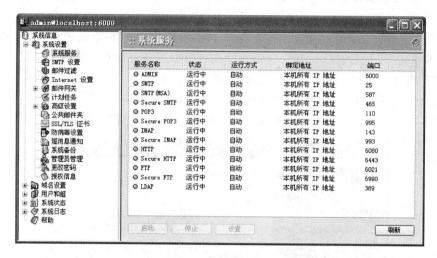

图 9-34　查看系统服务状态

② 系统日志

如果发现 SMTP、POP3、IMAP 等服务没有启动成功，单击"系统日志"下面的"SYS-TEM"查看系统的启动信息，如图 9-35 所示。如果出现启动不成功，一般情况都是端口被占用无法启动，关闭掉占用了端口的程序或者更换端口再重新启动相关的服务便可。例如：在 Windows 2008 中安装了 SMTP 服务，从而导致邮件系统 SMTP 服务运行不起来。我们把 SMTP 服务停止了，邮件系统 SMTP 服务便可恢复正常。

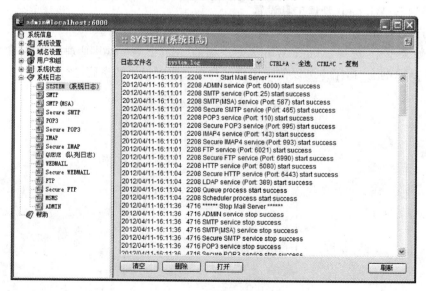

图 9-35　系统日志

③ SMTP 基本参数

在"系统设置"下面的"SMTP 设置"中,在"基本参数"标签下设置有关参数,如图 9-36 所示这些参数关系到邮件能否正常收发,因此请根据具体情况合理、规范地设置,一般默认设置就可以了。

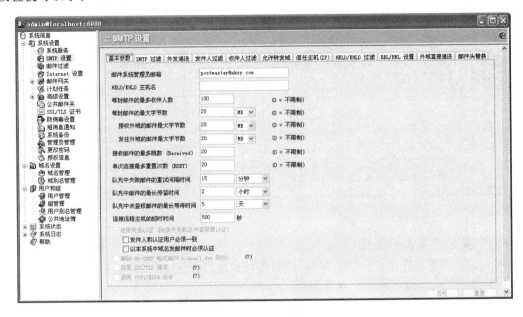

图 9-36　SMTP 设置

④ 域名管理

在初始化设置时,已经设置好了域名和用户名,可以通过打开"域名设置"下面的"域名管理"来查看设置好的域名。在这里可以添加新的域名或者对已经存在的域进行编辑,如图 9-37 所示。

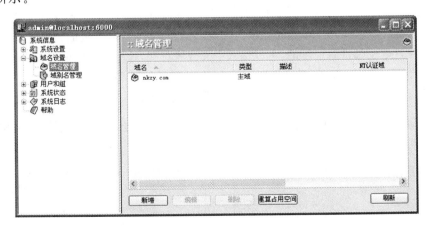

图 9-37　域名管理

4. 步骤四:建立 jack 用户的邮箱

在这个任务中,实现用户 tom 利用邮箱账号 tom@nkzy.com 给邮箱账号为 jack@nkzy.com 的用户 jack 发送邮件。用户 tom 的邮箱我们在初始化时已经设置,现在为用户

jack 建立邮箱。

在管理工具左侧，使用"用户和组"下面的"用户管理"，来添加或删除邮箱，如图 9-38 所示。单击"新增"按钮，出现如图 9-39 所示的对话框，输入用户名和密码，密码不能少于 8 个字符，其他项采用默认值，单击"完成"按钮，则完成了用户邮箱 jack@nkzy.com 的建立。

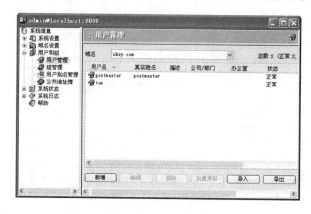

图 9-38　用户管理

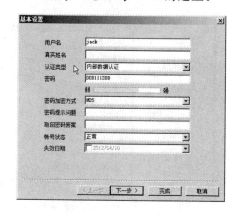

图 9-39　添加邮箱

5. 步骤五：收发邮件测试

Winmail 管理工具设置一切正常时，同时邮箱地址已经建立，我们就可以收发邮件了。

（1）使用 Outlook Express 收发邮件

目前常用的电子邮件客户端程序主要包括 Windows 系统中内置的 Outlook Express 和国产的 Foxmail，本任务通过 Outlook Express 客户端软件验证电子邮件服务，进行电子邮件的收发。

① E-mail 账户的设置

管理员登录到客户机 1 上，设置 tom 的用户信息。具体过程如下。

1）单击桌面"任务栏"的"开始"菜单，指向"所有程序"，单击"Outlook Express"，启动 Outlook Express。

2）在主菜单中单击"工具"菜单中的"账户"，在弹出的"Internet 账号"对话框中，单击"添加"按钮选择"邮件"，进入到"Internet 连接向导"对话框的"你的姓名"页面，在"显示名"文本框中填入向外发送电子邮件时显示的，可以输入中文或者英文，这里输入"tom"，如图 9-40 所示。

3）单击"下一步"按钮，出现设置"Internet 电子邮件地址"页。在"电子邮件地址"文本框中输入刚才在邮件系统中增加的用户的电子邮件地址，如图 9-41 所示。

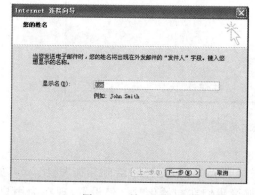

图 9-40　输入姓名

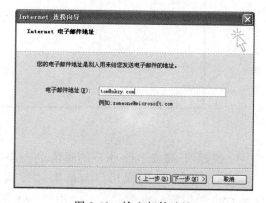

图 9-41　输入邮件地址

4）单击"下一步"按钮，出现"电子邮件服务器名"页。分别在"接收邮件（POP3、IMAP 或 HTTP）服务器"和"发送邮件服务器（SMTP）"框中输入 POP3 服务器和 SMTP 服务器的 IP 地址或域名。如果局域网内部没有设置 DNS 服务器，则应当使用 IP 地址指定 POP3 服务器和 SMTP 服务器，用户邮件的接收、发送和存储在同一台邮件服务器上，这里输入邮件服务器的 IP 地址，均为 192.168.1.11，如图 9-42 所示。

5）单击"下一步"按钮，将打开"Internet 邮件登录"页面。在此页面中设置用于身份验证的用户账户名和密码以及传递身份验证信息的方式，如图 9-43 所示。如果通过明文方式传递身份验证信息，需要采用默认配置，即不选中"使用安全密码验证登录（SPA）"选项。则根据基于电子邮件服务器的要求，需要在"账户名"文本框中输入带有电子邮件域的用户名，例如 tom@nkzy.com。如果通过安全密码方式传递身份验证信息，需要选中"使用安全密码验证登录（SPA）"选项，则根据基于电子邮件服务器的要求，需要在"账户名"文本框中输入不带电子邮件域的用户账户名，例如 tom。

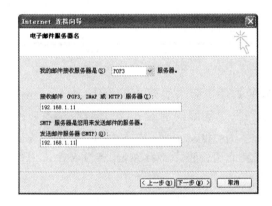

图 9-42 输入邮件服务器

图 9-43 输入登录的账户名和密码

6）单击"下一步"按钮，打开"完成"页面。单击"完成"按钮。此时电子邮件账户设置完毕。

7）设置完成后，在 Outlook Express 中修改 tom 账号属性，单击"工具"菜单中的"账号"命令，选择"邮件"选项卡中要设定的账号，单击"属性"按钮，弹出邮件账户属性对话框。邮件系统的 SMTP 服务激活了"发送认证功能"，则必须勾选"外发邮件服务器"一项中的"我的服务器要求身份验证"复选框，如图 9-44 所示。单击"确定"按钮，即完成了客户端设置。

② 发送邮件

单击工具栏中的"创建邮件"按钮，打开"新邮件"对话框，分别输入收件人邮件地址、邮件主题和邮件正文，如图 9-45 所示，然后单击工具栏中的"发送"按钮，发送写好的邮件。

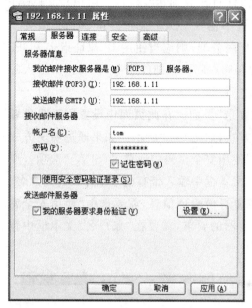

图 9-44 修改账号属性   图 9-45 写邮件

提示:在发送邮件时,由于某种原因,发送的邮件实际未能到达目的地,那么 E-mail 系统将把这个邮件退回给它的发送者。这与邮局发送信函的情况一样。同样,被退回的邮件还附有退回的原因。最常见的退回原因是"User unkown"和"Host unkown",造成的原因就是在输入 Internet 地址时出现差错,或者此用户根本不存在,或者没有在这个主机上注册,或者此主机根本不存在。

③ 接收邮件

以同样的方式在另一客户机 2 设置用户"jack"的客户端配置。用户账户 jack 登录到客户端,单击"发送/接收"按钮,即可收到 tom 用户给自己发的那封邮件。选择"jack"的收件箱,能够查看到邮件的内容,如图 9-46 所示。

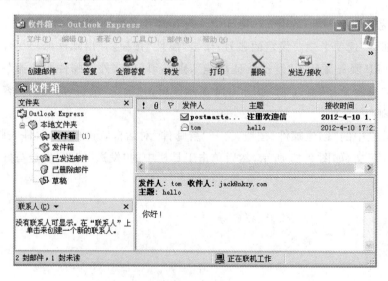

图 9-46 接收邮件

（2）使用 Webmail 收发邮件

正确安装并设置 Winmail 邮件系统后，用户可以使用 Winmail Server 自带的 Webmail 收发邮件，默认端口为 6080，在客户机的 IE 浏览器的地址栏中输入 http://192.168.1.11：6080/，在"用户名"和"密码"对话框中输入已经建立好的用户信息，如图 9-47 所示。单击"登录"按钮，进入 Winmail 邮件系统的 Web 主界面，如图 9-48 所示。用户登录邮箱后，就可以收发邮件了，因为 Web 方式的操作和 163 等免费邮箱是一模一样的，这里就不细说了。

图 9-47　Winmail 登录

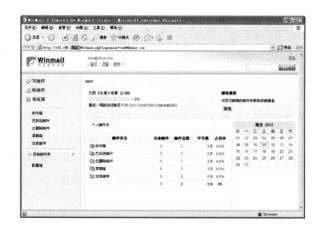

图 9-48　Winmail 的 Web 界面

任务三　邮件服务器域名解析的使用

一、任务描述

在网络中，Web 服务器、FTP 服务器、邮件系统等大部分资源都是通过域名来访问的。通过在 DNS 服务器上添加邮件服务器域名解析的方法，从而实现利用域名来使用邮件系统。

在校园网内部架设一台 DNS 服务器,IP 地址为 192.168.1.1,该 DNS 服务器负责 nkzy.com 域的域名解析工作,网络结构示意图如图 9-49 所示。

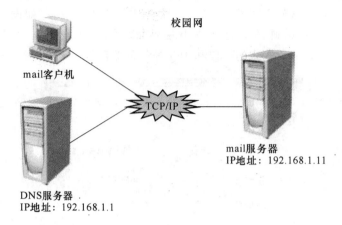

图 9-49　网络结构示意图

二、相关知识

邮件系统的工作方式与 Web、FTP 等站点有所不同,对于 Web、FTP 等站点来说,一般仅需要在 DNS 服务器上为其添加一条记录,将该记录的 IP 地址指向对应的站点即可。而电子邮件系统的工作则比较复杂,在 DNS 中必须同时添加两条记录:主机记录和邮件交换记录。

1. 主机记录

主机记录用来建立域名与 IP 地址之间的对应关系,这样当用户使用域名访问网络资源时,将根据记录信息来访问 IP 地址对应的主机。在邮件系统中,目前已很少直接使用 IP 地址来收发邮件,而是大量使用域名。邮件系统中的主机记录,其功能是建立邮件系统的域名与 IP 地址之间的对应关系,与 Web 站点、FTP 站点应用中的主机记录没有区别。

2. 邮件交换记录

邮件交换记录的英文全称是 Mail Exchanger,缩写是 MX。MX 指向一个邮件服务器,用于电子邮件系统发送邮件时根据收信人的地址后缀来确定邮件服务器,例如,在网络上的某个用户要发一封邮件给 liming@nkzy.com 时,该用户的邮件系统通过 DNS 查找 nkzy.com 这个域名的 MX 记录,如果 MX 记录存在,发件方邮件服务器就将邮件发送到 MX 记录所指定的邮件服务器上。反之会因找不到收件方服务器而退信。由此可见,MX 记录是告诉用户哪些服务器可以为该域接收邮件。

从原理上看,在邮件系统中主机记录对应的 IP 地址既可以与 MX 记录对应的 IP 地址相同,也可以不同,如果相同,用户邮件的接收、发送和存储将在同一台邮件服务器上;如果不同,用户将利用主机记录登录邮件服务器,并进行邮件的发送,而利用 MX 记录接收邮件。

三、任务实施

在 Internet 上使用的电子邮件域名，应当是在正式域名服务机构注册过的域名，而在内部使用的电子邮件域名，只需在局域网的 DNS 服务器中设置即可。在 DNS 服务器中正确设置 MX 主机记录，才能实现在网络上的电子邮件交换。

1. 步骤一：创建主机记录 mail. nkzy. com

邮件交换记录用于指出某个 DNS 区域中的邮件服务器的主机名（A 记录），它相当于一个指针，因此在创建 MX 记录之前，必须已经为邮件服务器创建了 A 记录。

在 DNS 管理控制台中展开对应的区域，然后右键单击域 nkzy. com，选择新建主机（A），在弹出的"新建主机"对话框中，如图 9-50 所示，输入主机名为 mail，可以使用其他名字，但是，建议使用易于分辨的名字，例如 mail、email 之类；然后输入对应的 IP 地址 192. 168. 1. 11，如果可能，建议总是勾选创建相关的指针（PTR）记录，这是因为有些邮件服务器为了防止垃圾邮件，在接收邮件时会对发送邮件的邮件服务器进行反向域名查询，如果不匹配则拒绝其邮件发送。最后单击"添加主机"按钮即可，此时，此 A 记录就创建好了。

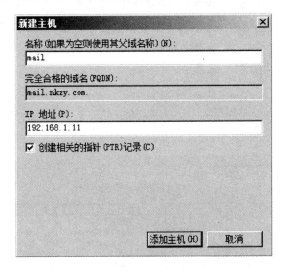

图 9-50　新建主机

2. 步骤二：添加 MX 记录

右键单击域 nkzy. com，选择新建邮件交换器（MX），弹出"新建资源记录"对话框。在"主机或子域"栏输入邮件域的域名，留空则代表父区域。邮件域代表"@"后的域名后缀，例如"@nkzy. com"的邮件域是"nkzy. com"而"@mail. nkzy. com"的邮件域是"mail. nkzy. com"。此处是针对邮件域 nkzy. com 创建 MX 记录，因此留空（代表父域名 nkzy. com），如果要针对邮件域 mail. nkzy. com 创建 MX 记录，则输入 mail，在下面的完全合格的域名（FQDN）文本框会显示出当前的邮件域域名。

然后在"邮件服务器的完全合格的域名（FQDN）"中，输入邮件服务器的完整主机名，在此输入"mail. nkzy. com"。在邮件服务器优先级文本栏，输入邮件服务器的优先级数值，默认是 10，如图 9-51 所示，最后单击"确定"按钮，此时 MX 记录就创建好了。

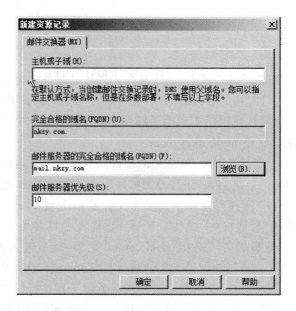

图 9-51　新建邮件交换记录

提示：邮件服务器优先级数值越低的 MX 记录具有越高的优先级。可以针对相同的 DNS 域配置多个 MX 记录，但是邮件服务器优先级数值越低的 MX 记录具有越高的优先级。

3. 步骤三：查询邮件的 MX 纪录

（1）显示记录

主机记录和邮件交换记录已经创建完成后，在 DNS 管理器中可以查看到记录，如图 9-52 所示。

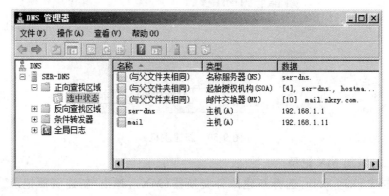

图 9-52　显示记录

（2）查询记录

进行 DNS 查询的一个非常有用的工具是 nslookup，可以使用它来查询 DNS 中的各种数据。运行 nslookup 来查询此邮件域的 MX 记录，在命令提示符下输入"nslookup－q＝mx nkzy.com"，如图 9-53 所示，查询结果显示解析正常，此时，MX 记录就可以正常使用。

4. 步骤四：在邮件系统中使用自己的域名

管理员登录 Outlook Express，修改账号属性，单击"工具"菜单中的"账号"命令，选择"邮件"选项卡中要设定的账号，单击"属性"按钮，弹出"邮件账户属性"对话框。在服务器选

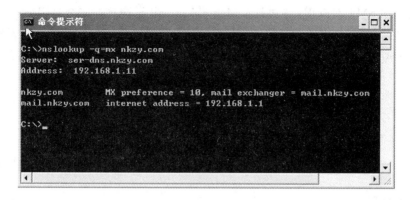

图 9-53　查询邮件交换记录

项卡中,分别在"接收邮件(POP3、IMAP 或 HTTP)服务器"和"发送邮件服务器(SMTP)"
框中输入 POP3 服务器和 SMTP 服务器的 IP 地址或域名,如图 9-54 所示。用户邮件的接
收、发送和存储在同一台邮件服务器上,这里输入邮件服务器的域名,均为 mail.nkzy.com,
单击"确定"按钮,即完成了客户端的修改。

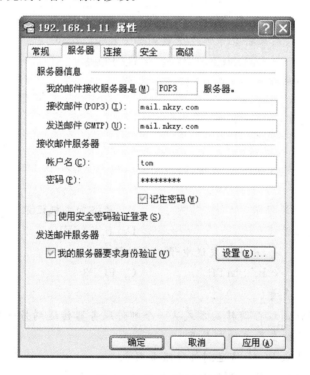

图 9-54　修改账号属性

5. 步骤五:客户端测试

客户端的测试和任务二中的过程是一样的,这里就不细说了。

 单 元 总 结

1. 知识要点

电子邮件服务子系统用来实现电子邮件的服务、接收与发送。电子邮件在发送与接收

过程中都要遵循 SMTP、POP3 等协议。Magic Winmail Server 是安全易用全功能的邮件服务器软件，用它配置邮件服务器。Outlook Express 是邮件系统中常用的客户端软件，用它可以通过邮件服务器收发邮件。网络中若安装了 DNS 服务器，则要添加主机记录和邮件交换记录，对邮件服务器进行域名解析。

通过电子邮件系统的建立和管理，掌握邮件服务器的安装流程与组建方法。应能熟练使用电子邮件系统实现电子邮件的发送与接收。

2. 相关名词

电子邮件、邮件服务器、邮件服务协议、电子邮箱、POP、SMTP、邮件交换记录、邮箱地址。

知识测试

一、填空题

1. 邮件服务器采用了_____和_____两种网络协议，其中_____负责邮件接收，_____负责邮件的发送。

2. 一个完整的电子邮件的地址由_____、@、_____组成。

二、选择题

1. 以下（　　）协议用来将电子邮件下载到客户机。

A. SMTP　　　　　B. DHCP　　　　　C. POP3　　　　　D. DNS

2. POP 协议使用的端口号是（　　）。

A. 22　　　　　　B. 25　　　　　　C. 80　　　　　　D. 110

3. SMTP 协议使用的端口号是（　　）。

A. 22　　　　　　B. 25　　　　　　C. 80　　　　　　D. 110

4. 为了利用域名解析方式在网络上收发电子邮件，需要在 DNS 服务器上为其添加（　　）。

A. 主机记录和 MX 记录　　　　　　B. 只添加主机记录

C. 只添加 MX 记录　　　　　　　　D. 服务（SEV）记录和指针（PTR）记录

5. 以下协议中，（　　）是用来发送电子邮件的协议。

A. NNTP　　　　　B. SMTP　　　　　C. POP3　　　　　D. IMAP

6. POP 协议主要负责（　　）。

A. 将用户的邮件通过存储转发方式从一个邮件服务器传送到另一个邮件服务器

B. 将用户的邮件放在用户的邮箱里

C. 将用户的邮件从 PC 上传送到邮件服务器上

D. 将用户的邮件从邮件服务器上传送到用户 PC 上

7. 在邮件地址 25648676@qq.com 中，（　　）表示域名。

A. 25648676　　　　　　　　　　B. qq.com

C. 25648676@qq.com　　　　　　D. A 和 B

8. 我们通常使用的电子邮件客户端程序是（　　）。

A. Outlook Express　　　　　　　B. Photoshop

C. PageMaker　　　　　　　　　　D. CorelDraw

9. 以下协议中（   ）不是邮件协议？

A. POP3   B. SMTP   C. MIME   D. SNMP

三、实训

某公司企业网中有一台安装了 Windows Server 2008 系统的计算机，指定计算机名为"ser-center"，静态 IP 地址为 192.168.10.10，子网掩码为 255.255.255.0。在这台计算机上搭建邮件系统，实现企业员工之间的电子邮件的收发。具体要求如下。

（1）安装和配置服务器所使用的电子邮件服务软件。

（2）建立 DNS 服务器，DNS 服务器负责解析的域为 kangle.com，正常解析邮件服务器并建立邮件交换器记录。

（3）创建两个用户的邮箱 test1 和 test2。

（4）配置邮件客户端 Outlook Express，并测试邮件的收发。

项目十

配置路由和远程访问

💬 **项目描述**

　　路由和远程访问(Routing and Remote Access)是 Windows Server 2008 中的一个组件,利用它所支持的路由协议,可以将 Windows Server 2008 服务器设置成一台功能强大、效率高的路由器,既可以实现局域网之间的路由,又可以为局域网(LAN)和广域网(WAN)环境中的 IP 通信提供路由选择服务。远程访问控制允许用户从远端通过拨号连接连接到一个本地的计算机网络,一旦建立了连接,就相当于处在了本地的 LAN 中,从而可以使用各种各样的网络资源进行访问。

🔍 **学习目标**

➢ 理解 IP 路由和 NAT 的基本概念
➢ 了解 VPN 的基本概念和 VPN 的相关技术
➢ 能够理解 VPN 的工作过程
➢ 掌握配置 VPN 服务器的过程
➢ 学会客户端 VPN 的连接方法与步骤
➢ 理解 NAT 网络地址转换的工作过程

任务一　配置软路由

一、任务描述

　　某学校组建了校园网,在校园网中有两个子网 192.168.1.0/24 和 192.168.11.0/24,在一台 Windows Server 2008 计算机中架设路由和远程访问服务器,将两个子网连接在一起构成整个校园网,以便及时地使用校园网内部数据信息,网络结构示意图如图 10-1 所示。

图 10-1　网络结构示意图

二、相关知识

1. 路由器

路由器是用来进行数据包转发的设备，不同的网络之间可以通过路由器来连接，然后由路由器负责转发两个网络之间的数据包，让分别位于不同网络内的计算机，可通过路由器来通信。

路由器可以分为硬件路由器和软件路由器。硬件路由器是专门设计用于路由器的设备，如思科（Cisco）和华为公司的系列路由器。软件路由器是通过对一台计算机进行配置让其拥有路由器的功能，这台计算机就称为软件路由器（俗称软路由）。Windows Server 2008 的"路由和远程访问"就是全功能的软件路由器。软件路由器的优点是价格相对低廉，且配置简单，但其缺点是并非专门用于处理路由，因此效率较低，一般只在较小型网络中使用。

2. 路由

路由是把信息从源主机通过网络传递到目标主机的行为。路由通常可以分为静态路由、默认路由和动态路由。

（1）静态路由。静态路由是由管理员手工进行配置的，在静态路由中必须明确指出从源主机到目标主机所经过的路径，一般在网络规模不大、拓扑结构相对稳定的网络中配置静态路由。静态路由对路由器的路由选择进行控制，节省了网络带宽，减少了额外开支。

（2）默认路由。默认路由是一种特殊的静态路由，也是由管理员手工配置的，为那些在路由表中没有找到明确匹配的路由信息的数据包指定下一跳地址。在 Windows Sever 2008 的计算机上配置默认网关时就为该计算机指定了默认路由。

（3）动态路由。当网络规模大、网络结构经常发生变化时就需要使用动态路由。路由器间发送定时的路由更新信息，根据新信息计算新的最佳路由。由于动态路由是靠路由协议自动维护的，因此减轻了管理员的工作负担，并且可以自动反映网络结构的变化。常用路由协议主要包括 RIP、IGRP、OSPF 等。

3. 路由表

路由器内部有一个路由表（Routing Table）。在路由表中有该路由器掌握的所有目的网络地址。每一台运行 Windows Sever 2008 的计算机上都维护着一张路由表，根据路由表的内容控制与其他主机的通信。路由表可以是由系统管理员固定设置好的，也可以由系统动态修改；可以由路由器自动调整，也可以由主机控制。

三、任务实施

1. 步骤一：配置 Windows Server 2008 系统的网卡 IP 地址

准备配置作为路由器的主机应该拥有多个网络接口（即安装了多块网卡）并连接不同的 IP 子网，以便实现这些子网之间的路由。这里安装了两个网卡，为了便于区别，我们将这两块网卡分别命名为"内网连接"和"外网连接"并设置不同网段的 IP 地址。如图 10-2 所示，对应的两个网卡的 IP 地址分别为 192.168.1.1 和 192.168.11.102。

图 10-2   网络连接

2. 步骤二：安装路由和远程访问服务

对于 Windows Server 2008 系统来说，"路由和远程访问服务"实际上是包含在系统中的"网络策略和访问服务"角色。"网络策略和访问服务"的具体安装过程在项目五中已经介绍过，这里不再赘述。

3. 步骤三：启动 Windows Server 2008 路由

（1）打开"路由和远程访问"，右键单击服务器名，选择"配置并启动路由和远程访问"。出现"欢迎使用路由和远程访问服务器安装向导"页面，如图 10-3 所示。

（2）单击"下一步"按钮，进入"配置"页面之后，系统会要求选择此服务器所使用的一个 Internet 连接，在其下的列表中选择所用的连接方式"两个专用网络之间的安全连接"，如图 10-4 所示。

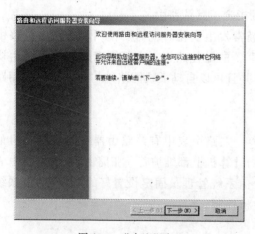

图 10-3   "欢迎"页面

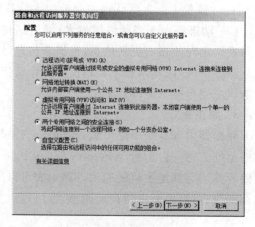

图 10-4   "配置"页面

（3）单击"下一步"按钮，打开"请求拨号连接"页面，然后选择"否"以便不使用"请求拨号"连接，如图 10-5 所示。

（4）单击"下一步"按钮，出现"完成路由和远程访问服务器安装向导"页面，如图 10-6 所示，单击"完成"按钮，则完成路由和远程访问服务的启动。

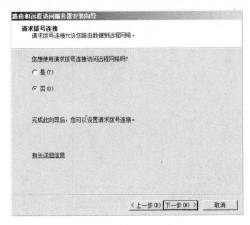

图 10-5　"请求拨号连接"页面　　　　　　图 10-6　完成安装

4. 步骤四：添加静态路由

（1）在"路由和远程访问"中的"IPv4"选项中，右键单击"静态路由"图标，在弹出的快捷菜单中选择"显示 IP 路由表"选项，弹出如图 10-7 所示的对话框中可以查看到 IP 路由表。

SER-2008 - IP 路由表					
目标	网络掩码	网关	接口	跃点数	协议
127.0.0.0	255.0.0.0	127.0.0.1	环回	51	本地
127.0.0.1	255.255.255.255	127.0.0.1	环回	306	本地
192.168.1.1	255.255.255.255	0.0.0.0	内网连接	266	网络管理
192.168.1.255	255.255.255.255	0.0.0.0	内网连接	266	网络管理
192.168.11.102	255.255.255.255	0.0.0.0	外网连接	266	网络管理
224.0.0.0	240.0.0.0	0.0.0.0	内网连接	266	网络管理
255.255.255.255	255.255.255.255	0.0.0.0	内网连接	266	网络管理

图 10-7　显示 IP 路由表

（2）右键单击"静态路由"图标，在弹出的快捷菜单中选择"新建静态路由"选项，打开"静态路由"对话框，然后输入新路由。如图 10-8 所示，表示要传送到 192.168.11.0 网络的一条路由信息，是要通过 IP 地址为 192.168.1.1 数据包网络接口送出。如图 10-9 所示，表示要传送到 192.168.1.0 网络的一条路由信息，是要通过 IP 地址为 192.168.11.102 数据包网络接口送出。

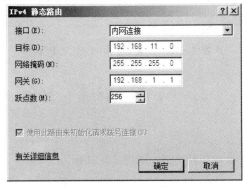
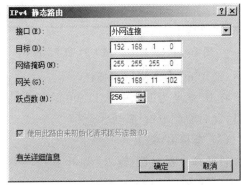

图 10-8　内网连接静态路由　　　　　　图 10-9　外网连接静态路由

（3）如图 10-10 所示为添加完成后的界面，其中的 192.168.1.0 和 192.168.11.0 就是我们刚才分别建立的静态路由。

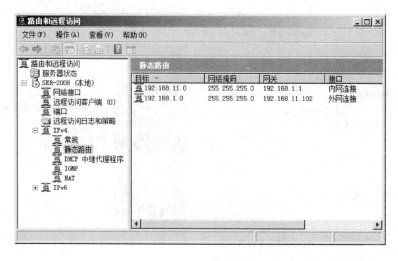

图 10-10　显示静态路由

5. 步骤五：客户端测试

（1）设置两个客户端的 IP 地址和默认网关，如图 10-11 和图 10-12 所示。

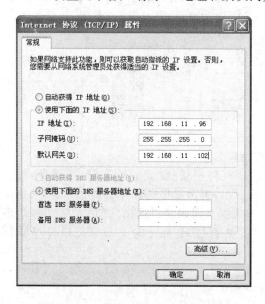

图 10-11　设置客户端 1 的 TCP/IP　　　　　图 10-12　设置客户端 2 的 TCP/IP

（2）Ping 命令测试连通性

在 IP 地址为 192.168.11.96 的客户机 1 上使用"ping 192.168.1.10"命令，测试网络连接性，此时看到 ping 成功。

（3）查看 IP 路由表

打开命令提示符，输入"route print"，即可查看本机路由表，如图 10-13 所示。

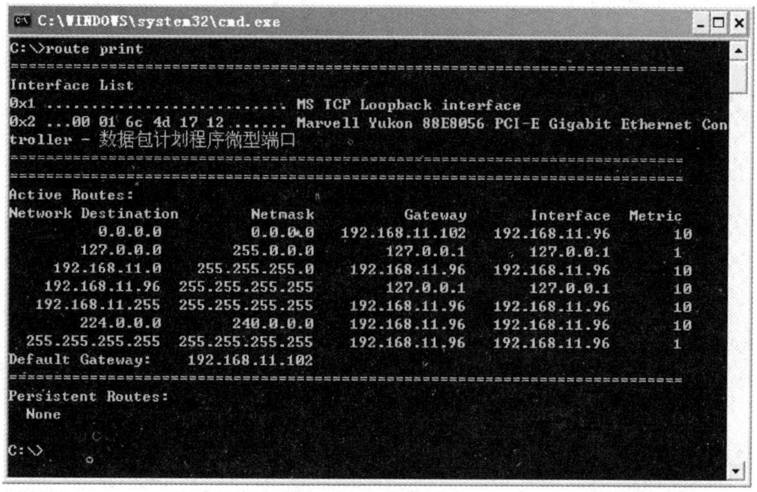

图 10-13　查看路由表

提示：在路由表中，各字段的含义如下所示。

- Network Destination：网络目的地址

- Netmask：网络掩码

- Gateway：网关

- Interface：接口

- Metric：跃点数

有默认的路由表条目如下所示。

- 0.0.0.0：默认路由，代表没有被指定其他路由的 IP 地址

- 127.0.0.0：本地回送地址

- 224.0.0.0：IP 多点传送地址

- 255.255.255.255：IP 广播地址

任务二　安装和配置 VPN 服务器

一、任务描述

某学校为了员工出差时能够通过公网方便地访问校园网中的网络资源，实现远程办公，特在校园网中一台 Windows Server 2008 系统的计算机上架设 VPN 服务器。

VPN 服务器需要有两个网卡，一个连接外网连接，IP 地址为 210.210.210.210/24，另一个是用来连接局域网的内网连接，IP 地址为 192.168.1.1/24，网络结构示意图如图 10-14 所示。

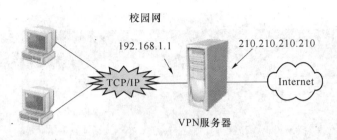

图 10-14 网络结构示意图

二、相关知识

1. VPN 简介

VPN 的英文全称是 Virtual Private Network，即虚拟专用网络。虚拟专用网络（VPN）是利用公共网络来构建的私人专用网络，通常，VPN 是对企业内部网的扩展，它可以帮助远程用户、公司分支机构及商业伙伴同公司的内部网建立可信的安全连接，并保证数据的安全传输。远程客户机使用基于 TCP/IP 协议的专门的隧道协议（如 PPTP、L2TP、IPSec），通过虚拟专用网络服务器的虚拟端口，穿越其他网络（如 Internet），实现一种逻辑上的直接连接。

采用"虚拟专用网"技术，用户实际上并不存在一个独立专用的网络，用户既不需要建设或租用专线，也不需要装备专用的设备，就能组成一个属于用户自己专用的电信网络。VPN 通过 Interne 来提供安全的远程访问，既节约成本，又提高了安全性。

2. VPN 的组成

VPN 主要由 VPN 服务器、VPN 客户端和隧道协议三部分组成，如图 10-15 所示。

（1）VPN 服务器：用于接收并响应 VPN 客户端的连接请求，并建立 VPN 连接。它可以是专用的 VPN 服务器设备，也可以是运行 VPN 服务的主机。

（2）VPN 客户端：用于发起 VPN 连接请求，通常为 VPN 连接组件的主机。

（3）隧道协议：VPN 的实现依赖于隧道协议。VPN 服务器和客户端必须支持相同的隧道协议，以便建立 VPN 连接。

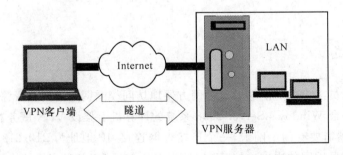

图 10-15 VPN 示意图

3. 隧道技术

VPN 主要采用隧道技术、加密技术和身份认证技术来保证虚拟专用网络安全可靠的连接。实现 VPN 的最关键部分是在公网上建立虚信道,而建立虚信道是利用隧道技术实现的,它让数据包通过这条隧道传输。隧道是由隧道协议形成的,分为第二、三层隧道协议。目前最常用的就是 PPTP、L2TP 和 IPsec。

（1）PPTP 协议

PPTP(Point-to-Point Tunneling Protocol,点对点隧道协议)是 PPP(点对点)协议的扩展。PPTP 可以协调使用 PPP 的身份验证、压缩和加密机制。它是一种用于让远程用户拨号连接到本地的 ISP,通过因特网安全远程访问公司资源的新型技术。它能将 PPP(点到点协议)帧封装成 IP 数据包,以便能够在基于 IP 的互联网上进行传输。

（2）L2TP 协议

L2TP(Layer 2 Tunneling Protocol,第二层隧道协议)是基于 RFC 的隧道协议,它是 PPTP 与 L2F(Layer 2 Forwarding,第二层转发)的一种综合。该协议依赖于加密服务的 Internet 安全性(IPSec),允许客户通过其间的网络建立隧道,L2TP 协议主要用于在公司内部网网关和远程主机之间建立虚连接。

（3）IPSec 协议

IPSec(IP Security,IP 安全)是一个标准的第三层安全协议,IPSec 是由 IETF(Internet Engineering Task Force)定义的一套在网络层提供 IP 安全性的协议。IPSec 由一组 RFC 文档组成,定义了一个系统来提供安全协议选择、安全算法,确定服务所使用密钥等服务,从而在 IP 层提供安全保障。

4. VPN 的连接过程

（1）VPN 客户端使用 VPN 连接到与 Internet 相连的 VPN 服务器上。

（2）VPN 服务器应答验证 VPN 客户端的身份。

（3）如果身份验证未通过,则拒绝客户端的连接请求。

（4）如果验证通过,则允许客户端建立 VPN 连接,并为客户端分配一个内部网络的 IP 地址。

（5）客户端获得 IP 后,则能与内部网络传送数据。

5. VPN 的应用

VPN 的实现可以通过软件和硬件两种方式。Windows 服务器版的操作系统完全基于软件的方式实现了虚拟专用网,成本非常低廉。一般来说,VPN 服务主要应用于以下两种场合。

（1）远程客户端通过 VPN 连接到局域网

公司的网络已经连接到 Internet,出差、移动办公或在家中办公人员在远程拨号连接到 Internet 网络后,就可以通过 Internet 来与公司的 VPN 服务器建立 PPTP 或 L2TP 的 VPN 连接,并通过 VPN 安全地传输数据。

（2）两个局域网通过 VPN 互联

将分支网络连接到公司的内部网。提供企业各部门与远程分支之间的通信,适用于大型企业总部与多家分公司或分支机构之间的连接。

6. VPN 的特点

（1）费用低廉

远程用户登录到 Internet 后,以 Internet 作为通道与企业内部专用网络连接,大幅降低了通信费用,而且企业可以节省购买和维护通信设备的费用。

（2）安全性高

VPN 使用三方面的技术（通信协议、身份认证和数据加密）保证了通信的安全性。当客户机向 VPN 服务器发出请求时,VPN 服务器响应请求并向客户机发出身份质询,然后客户机将加密的响应信息发送到 VPN 服务器,VPN 服务器根据数据库检查该响应,如果账户有效,VPN 服务器接受此连接。

（3）有利于 IP 地址安全

VPN 是在 Internet 中传输数据时加密的,所以用户指定的地址会受到保护,Internet 上的用户只能看到公共的 IP 地址,而看不到数据包内包含的专用网络地址,因此保护了 IP 地址的安全。对于具有专用地址的单位,这种优势非常明显,因为这可避免由于通过 Internet 进行远程访问而更改 IP 地址所产生的管理成本。

（4）支持最常用的网络协议

由于 VPN 支持最常用的网络协议,所以诸如以太网、TCP/IP 和 IPX 网络上的客户可以很容易地使用 VPN。不仅如此,任何支持远程访问网络协议在 VPN 中也同样被支持,这意味着可以远程运行依赖于特殊网络协议的程序,因此可以减少安装和维护 VPN 连接的费用。

三、实施过程

1. 步骤一:配置 VPN 服务

（1）打开路由器和远程访问控制台,右键单击服务器名“SER-2008”,选择“配置并启用路由和远程访问”,进入“欢迎使用路由和远程访问服务器安装向导”页面。单击“下一步”按钮,当进入“配置”页面之后,系统会要求选择此服务器所使用的一个 Internet 连接,在其下的列表中选择所用的连接方式“远程访问（拨号或 VPN）”选项,如图 10-16 所示。

（2）单击“下一步”按钮,将打开“远程访问”页面,勾选中“VPN”复选框,如图 10-17 所示。

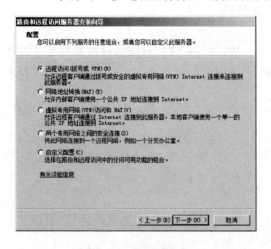

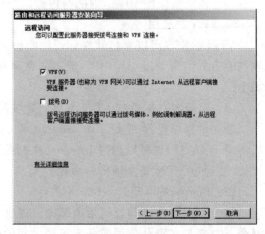

图 10-16　“配置”页面　　　　　　　　图 10-17　“远程访问”页面

（3）单击“下一步”按钮,将打开“VPN 连接”页面,在此页面选择 VPN 服务器到 Internet 的连接,如图 10-18 所示,选择 VPN 服务器外网卡的地址。这里选择“外网连接”。

（4）单击"下一步"按钮，将出现"IP 地址分配"页面，该页面为移动用户通过 VPN 拨号连接访问内部网络选择 IP 地址的指派方式。选择"来自一个指定的范围"选项。如图 10-19 所示。

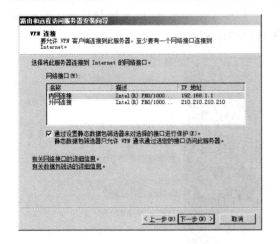

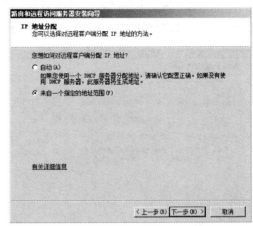

图 10-18 "VPN 连接"页面　　　　　　　　图 10-19 "IP 地址分配"页面

提示：若 VPN 服务器上安装好了 DHCP 服务器，则由 VPN 服务器向 DHCP 服务器索取 IP 地址，然后指派给客户端。若没有安装 DHCP 服务器，则这台 VPN 服务器会自动指派一个指定范围内的 IP 地址给客户端。VPN 客户端通过指定的 IP 地址连接到 VPN 服务器。

（5）单击"下一步"按钮，将出现"地址范围分配"页面，单击"新建"按钮，将打开"新建地址范围"对话框，在此对话框中指定分配给 VPN 客户端的地址范围，如图 10-20 所示，此处设置为"192.168.1.61～192.168.1.130"，单击"确定"按钮，返回"地址范围指定"页面，如图 10-21 所示，刚输入的地址范围已经设置完成。

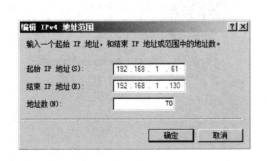

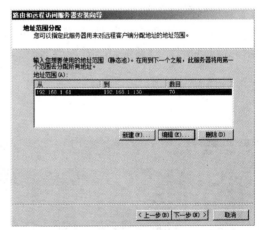

图 10-20 新建地址范围　　　　　　　　图 10-21 "IP 地址范围分配"页面

提示：此 IP 地址范围要同服务器本身的 IP 地址处在同一个网段中，即前面的"192.168.1"部分一定要相同，还应该注意的是为了安全性不要给太多地址。

（6）单击"下一步"按钮，出现"管理多个远程访问服务器"页面，要设置为 Windows 身份验证,这里选择"否,使用路由和远程访问来对连接请求进行身份验证",如图 10-22 所示,即可完成最后的设置。

(7) 单击"下一步"按钮,就可以看到如图 10-23 所示的页面,确认完信息后,再单击"完成"按钮,经过短暂时间"路由和远程访问"控制台启动正常。

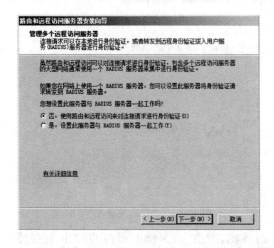 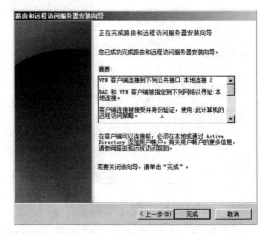

图 10-22　选择是否指定 RADIUS 服务器　　　　　图 10-23　安装向导完成

> 提示:RADIUS 是英文(Remote Authentication Dial In User Service)的缩写,是网络远程接入设备的客户和包含用户认证与配置信息的服务器之间信息交换的标准客户/服务器模式。RADIUS 认证系统包含三个部分,认证部分、客户协议以及计费部分。

2. 步骤二:配置 VPN 端口

(1) 一个远程访问服务器,默认情况下,系统会自动建立 128 个 PPTP 端口、128 个 L2TP 端口、1 个 PPPoE 端口和 128 个 SSTP 端口,如图 10-24 所示,每个端口可供一个 VPN 客户端来建立 VPN。

(2) 如果要增加或减少 VPN 端口数量,右键单击"端口",选择"属性",打开如图 10-25 所示的"端口属性"对话框,单击"配置"命令,可修改 VPN 端口数量。

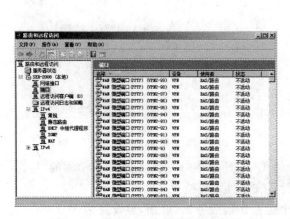 

图 10-24　控制可允许使用的端口数目　　　　　图 10-25　"端口属性"对话框

3. 步骤三:配置 VPN 用户账户

系统默认是任何用户均被拒绝拨入到服务器上,所以必须赋予指定用户拨入到此服务器的权限。

(1)打开管理工具中的"计算机管理",在"本地用户和组"中,添加作为需要远程拨入的用户"vpnuser1",密码设为"ABCdef123",取消登录时修改密码的要求,结果如图 10-26所示。

图 10-26 计算机用户管理窗口

(2)选中 vpnuser1 用户,在其上单击右键,选择"属性",在该用户属性窗口中选择"拨入"选项卡,然后单击"允许访问"选项,如图 10-27 所示,再单击"确定"按钮,即可完成赋予此用户拨入权限的工作。

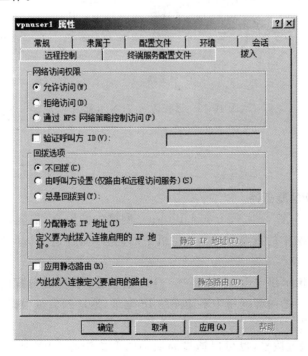

图 10-27 用户拨入权限设置

提示：网络访问权限（拨入或 VPN）选项用于设置是否明确允许、拒绝或通过远程访问策略来确定用户是否可以建立 VPN 连接。在默认情况下，VPN 服务器在进行身份验证时，将首先检查客户提供的用户账户和密码是否符合远程访问策略的条件：如果不符合，则拒绝连接，如果符合，则将检查此处设置的远程访问权限。

Windows Server 2008 有所不同的是，用户账号属性中"拨入"的"网络访问权限"增加了一项"通过 NPS 网络策略控制访问"。通过网络策略来允许达到策略要求的拨入账户访问或有限访问特殊的网络（如企业内部网络）。安全性上有很大的提升，管理上也更加方便。

任务三　进行 VPN 连接

一、任务描述

某员工出差在外，想利用外部网络通过给定的账号拨入 VPN 服务器登录校园内网，访问网络资源。能远程控制 VPN 服务器的桌面，并通过 VPN 服务器连接上 Internet。

在外网上的远程网络访问主机上配置 VPN 客户端，输入合法的 VPN 账户，进行网络拨号，能访问内网，远程访问 VPN 服务器示意图如图 10-28 所示。

图 10-28　远程访问 VPN 示意图

二、相关知识

1. 远程访问 VPN 服务器

通过 VPN 网络连接，任何一个位于 Internet 网络中的用户，都能像直接位于单位局域网一样，来访问局域网中的重要服务器或主机中的内容，而且这个访问连接过程比较安全、比较经济。

VPN 客户端在请求建立 VPN 连接时，VPN 服务器需要为其分配内部网络的 IP 地址。配置的 IP 地址也必须是内部网络中不使用的 IP 地址，地址的数量根据同时建立 VPN 连接的客户端数量来确定。

客户端既可以通过拨号，也可以通过局域网的形式访问 VPN 服务器。远程访问客户端若要建立与 VPN 服务器的连接，首先需要新建一个"虚拟专用连接"并完成与 VPN 服务器的连接,这样远程客户端才可以访问由 VPN 服务器所连接的内部网络。

2. 远程桌面

管理员可以远程管理网络和计算机,可以使用如 VNC 等远程控制软件。在 Windows 系统里自带了一个不错的远程控制工具——远程桌面,它允许管理员远程登录到 Windows 家族中的任何一台计算机桌面,并像在本地一样管理该计算机。

3. NAT 技术

NAT 英文全称是"Network Address Translation",中文名为"网络地址转换",NAT 将每个局域网节点的私有地址转换成一个公网 IP 地址。不仅解决了 IP 地址不足的问题,而且还能够有效地避免来自外部网络的攻击,隐藏并保护网络内部的计算机。

私有地址指的是只能在局域网中使用、不能在 Internet 上使用的 IP 地址。私有 IP 地址有:

- 10.0.0.0~10.255.255.255,表示 1 个 A 类地址;
- 172.16.0.0~172.31.255.255,表示 16 个 B 类地址;
- 192.168.0.0~192.168.255.255,表示 256 个 C 类地址。

NAT 设备可以是路由器、防火墙或者单独的 NAT 设备中,但在微软的 Windows Server 2008 系统软件路由器中也提供了 NAT 技术。NAT 设备(包括 Windows Server 2008 系统软件路由器)维护一个状态表,用来把非法的 IP 地址映射到合法的 IP 地址上去。

三、实施过程

1. 步骤一:配置 VPN 客户端

(1)右键单击"网上邻居",选择"属性",在出现的"网络连接"窗口中,单击左侧的"创建一个新的连接"链接,出现"欢迎使用新建连接向导"页面,如图 10-29 所示。单击"下一步"按钮,出现"网络连接类型"页面,选择"连接到我的工作场所的网络"选项,如图 10-30 所示。

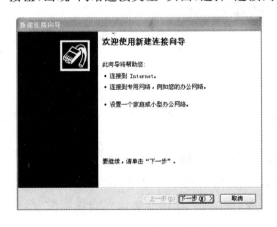

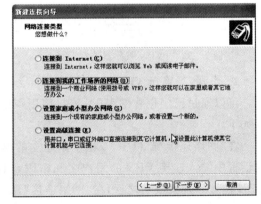

图 10-29　"新建连接向导"页面　　　　　图 10-30　"网络连接类型"页面

(2)单击"下一步"按钮,出现"网络连接"页面,选择"虚拟专用网络连接"选项,如图 10-31 所示。单击"下一步"按钮,出现"连接名"页面,设置 VPN 连接的名称,这里输入"vpntest",如图 10-32 所示。

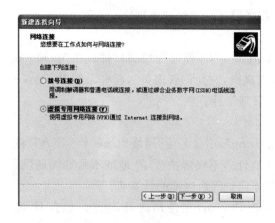

图 10-31 "网络连接"页面

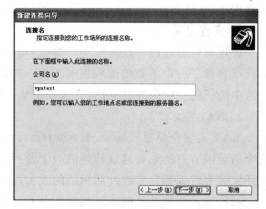

图 10-32 "连接名"页面

（3）单击"下一步"按钮，出现"VPN 服务器类型"页面，在此设置 VPN 服务器的主机名或 IP 地址，这里输入连接外部网络的端口 IP 地址 210.210.210.210，所图 10-33 所示。

（4）单击"下一步"按钮，出现"正在完成新建连接向导"页面，所图 10-34 所示，当确认前面的设置无误后，单击"完成"按钮，完成 PPTP 客户端的设置，并且可以看到本地连接中已经有了新建的 VPN 客户端拨号图标。

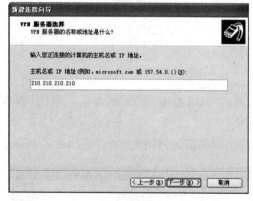

图 10-33 "VPN 服务器选择"页面

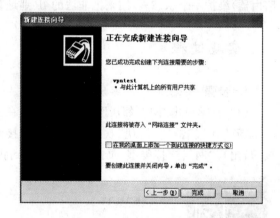

图 10-34 "完成新建连接"页面

2. 步骤二：连接 VPN

可以通过已经创建的 VPN 连接使用 VPN 账户 vpnuser1 来登录 VPN 服务器，具体过程如下。

在"网络连接"窗口中，双击刚刚建立的虚拟专用网络连接"vpntest"，在"连接 vpntest"对话框中输入连接 VPN 的用户名和密码，如图 10-35 所示，单击"连接"按钮，将开始建立 VPN 连接。连接成功之后，在"网络连接"窗口中的"vpntest"连接显示已经连接的提示，如图 10-36 所示。

图 10-35 "连接 vpntest"对话框

图 10-36 "vpntest"连接

3. 步骤三:测试 VPN 连接

(1) VPN 客户端的测试

① 如果成功连接到了 VPN 服务器,此时就会像普通拨号上网成功一样,在任务栏右下角会出现小电脑的图标,双击它即可出现连接状态对话框,如图 10-37 所示。单击"详细信息"标签,可以查看 VPN 连接的详细信息,如图 10-38 所示。

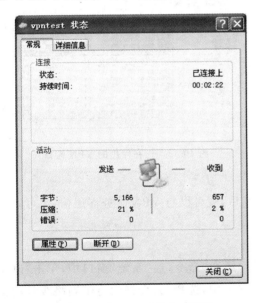

图 10-37 "vpntest"状态对话框

图 10-38 "详细信息"选项卡

② 打开命令提示符窗口,可以使用 ipconfig 命令检查 VPN 连接,查看客户机成功拨入后的 IP 信息,如图 10-39 所示。并使用 ping 命令测试与内部网服务器的通信情况,如图 10-40 所示。

图 10-39　检查 VPN 连接

图 10-40　测试 VPN 服务器之间的连通性

（2）VPN 服务器端的测试

① 登录 VPN 服务器，打开"路由和远程访问"管理控制台，双击展开远程访问服务器，然后单击"远程访问客户端"，在右侧的控制台窗口中，已经可以看到连接的机器名和使用的用户名，如图 10-41 所示。

② 单击"端口"，在右侧的窗口中，可以看到正在使用的 VPN 端口（状态为"活动"），如图 10-42 所示。

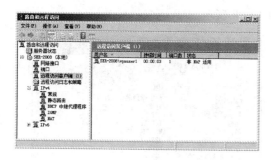

图 10-41　"远程访问客户端"窗口

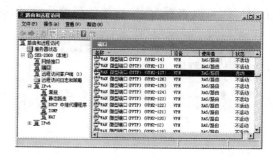

图 10-42　正在使用的 VPN 端口

4. 步骤四：使用远程桌面控制

VPN 客户端连接到 VPN 服务器，建立 VPN 后，就可以与 VPN 服务器通信，也可以与 VPN 服务器另一端的局域网内的计算机通信。

（1）VPN 服务器启用远程桌面

① 右键单击桌面上的"我的电脑"图标，选择"属性"命令，在"系统"窗口中，单击"改变设置"按钮，弹出"系统属性"对话框，在"远程"选项卡中，选择"只允许运行带网络级身份验证的远程桌面的计算机连接（更安全）"选项，如图 10-43 所示。

② 在如图 10-43 所示对话框中，单击"选择用户"按钮，打开"远程桌面用户"对话框，单击"添加"按钮，添加有权控制 VPN 服务器桌面的用户"vpnuser1"，该用户必须是已经在计算机中事先创建好的用户账户，如图 10-44 所示。

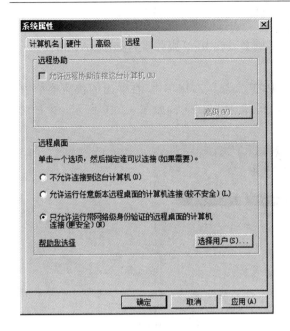

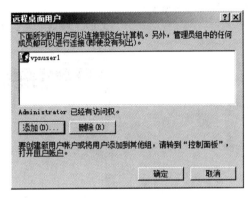

图 10-43 设置允许远程桌面控制　　　　　图 10-44 添加远程桌面用户

（2）VPN 客户端远程桌面访问

依次选择"开始"→"程序"→"附件"→"通讯"→"远程桌面连接"。在打开的"远程桌面连接"对话框中，输入 VPN 服务器的 IP 地址，输入正确的用户名和密码，单击"连接"按钮，就可连接到远程管理服务器。如图 10-45 所示。

图 10-45 客户端远程桌面连接

提示：登录进去就可以看到服务器的 Windows 桌面，然后就像在本地使用一样操作服务器，但是会有点延迟。

5. 步骤五:配置 NAT 协议

客户机要想通过 VPN 服务器连接上 Internet,则必须在 VPN 服务器上安装 NAT 协议。

（1）添加 NAT 协议

打开路由和远程访问控制台,选择"IPv4"中的"常规",右键单击,在弹出的快捷菜单中,选择"新增路由协议",打开"新路由协议"对话框,选择"NAT",如图 10-46 所示,单击"确定"按钮,完成添加。

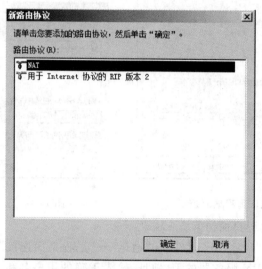

图 10-46　添加 NAT 协议

（2）配置 NAT 路由接口

添加 NAT 服务之后,需要添加网络接口。方法是:右键单击"NAT",在弹出的快捷菜单中,选择"新接口",打开"IPNAT 的新接口"窗口,选择要添加的接口,如图 10-47 所示。单击"确定"按钮,弹出如图 10-48 所示的对话框,选择"公用接口连接到 Internet",并勾选中"在此接口上启用 NAT"选框。

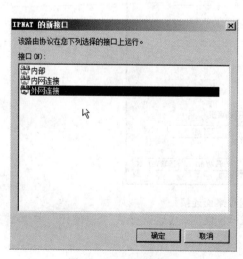

图 10-47　添加新接口

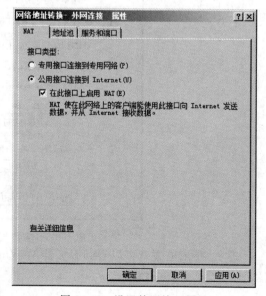

图 10-48　设置外网接口属性

6. 步骤六：客户端测试

配置完 VPN 服务器后，在客户机断开 VPN 连接，重新登录后客户端就可以访问 Internet。

1. 知识要点

路由和远程访问利用它所支持的路由协议，可以实现子网之间的路由。远程控制也是一种很有用的管理工具，利用它网络管理人员可以非常方便地随时随地通过网络对被管理的远程计算机进行状态查询、故障诊断和属性配置等工作。

VPN 技术涉及网络基础设施、信息加密、身份认证等各个领域，它以 Internet 等基础网络为平台，通过遂道方式为用户提供廉价、安全、可靠的服务。VPN 技术可以根据用户需求的不同提供多种服务功能，目前应用较为广泛的是利用 VPN 进行局域网之间的互联，以及利用 VPN 方式拨号到内部网络。VPN 实现体系中最重要的是隧道技术，使用比较多的包括三种隧道协议：IPsec、PPTP、L2TP。网络地址转换（NAT）是一种将私有（保留）地址转化为合法 IP 地址的转换技术。

通过启动和配置路由和远程访问服务器，学会配置软路由，通过 VPN 连接能实现远程控制计算机桌面，并利用 NAT 技术接入 Internet。

2. 相关名词

VPN，隧道技术，IPsec 协议，PPTP 协议，L2TP 协议，L2F 协议，身份验证，网络访问权限，远程桌面，NAT，私有 IP 地址。

一、选择题

1. 下列哪一项不是创建 VPN 所采用的技术（　　）。

A. PPTP　　　　　　B. PKI　　　　　　C. L2TP　　　　　　D. IPSec

2. 以下不属于第二层隧道的协议是（　　）。

A. L2F　　　　　　B. GRE　　　　　　C. PPTP　　　　　　D. L2TP

3. VPN 的实现过程综合应用了多项技术，其中不包括（　　）。

A. 遂道技术　　　　B. 加密技术　　　　C. 身份认证技术　　　D. 访问控制技术

4. IPSec 是（　　）VPN 协议标准。

A. 第一层　　　　　B. 第二层　　　　　C. 第三层　　　　　D. 第四层

5. 在通过网卡接入 Internet 的小型局域网中，关于 NAT 服务器正确的描述是（　　）。

A. 安装了两块网卡和 Windows Server 2008，并启用了 NAT 服务的计算机

B. 安装了 Windows Server 2008，并启用了 NAT 服务的计算机

C. 仅安装了一块网卡，并通过该网卡接入 Internet 的计算机

D. 仅安装了一块网卡，并通过该网卡与局域网连接的计算机

6. 路由表中的每项是由含有特定意义的信息字段组成的，Netmask 字段是指（　　）。

A. 目的地 IP 地址　　B. 子网掩码　　　　C. 网关　　　　　　D. 接口 IP

二、填空题

1. 在 VPN 通信中，主要有＿＿＿＿＿和＿＿＿＿＿两种隧道协议。

2. 在 VPN 技术中，主要采用＿＿＿＿＿＿技术。

3. VPN 实现在＿＿＿＿＿＿＿＿网络上构建私人专用网络。

4. 路由和远程访问服务提供的路由功能实现了一个路由和网络互连工作的开发平台，可以在网络之间将某一位置的通信从＿＿＿＿＿＿转发到目标主机。

5. NAT 的中文名称是＿＿＿＿＿＿＿＿，它可以进行公有 IP 地址和私有 IP 地址间的＿＿＿＿＿＿。

6. 在 Windows 命令提示符下，可以使用＿＿＿＿＿＿命令查看本机的路由表。

7. 作为路由和远程访问服务器的主机至少有＿＿＿＿＿＿个网络接口。

三、应用实践

某公司希望员工在外地出差时仍然能够远程访问到公司网络中允许他们访问的资源。在公司网中架设一台 VPN 服务器。要求如下。

（1）VPN 服务器的本地 IP 地址为 192.168.111.1，外网口的 IP 地址设置为 172.33.33.1，分配给 VPN 客户机的地址段为 192.168.111.70～192.168.111.100。

（2）安装 VPN 服务器。

（3）建立一个名为 user1，口令为 Aa12345678 拨号账号。为这个用户分配远程拨入的权限。

（4）出差员工的计算机的操作系统为 Windows XP，系统中建立 VPN 连接，测试 VPN 服务器的配置。

参考文献

[1] 魏文胜.网络操作系统教程——Windows Server 2008 管理与配置.北京:机械工业出版社,2011.

[2] 尚晓航.网络系统管理——Windows Server 2008 实用教程.北京:高等教育出版社,2010.

[3] 叶晓荣.网络服务器的配置与应用.北京:中国铁道出版社,2011.

[4] 张永周.网络服务配置与应用.北京:中国铁道出版社,2011.

[5] 张蒲生.网络组建的工作过程与任务.北京:电子工业出版社,2010.

[6] 王凤茂.Windows Server 2003 配置与管理实用案例教程.辽宁:大连理工大学出版社,2009.

[7] 王伟.Windows Server 2003 维护与管理技能教程.北京:北京大学出版社,2009.